3.1415926535897932384626433832795028841971693993751058209749445923078164062862089986280348253421170679821480865132823066470938446095505822317253594081284811174502841027019385211055596446229489549303819644288109756659334461284756482337867831652712019091456485669234603486104543266482133936072602491412737245870066063155881748815209209628292540917153643678925903600113305305488204665213841469519415116094330572703657595919530921861173819326117931051185480744623799627495673518857527248912279381830119491298336733624406566430860213949463952247371907021798609437027705392171762931767523846748184676694051320005681271452635608277857713427577896091736371787214684409012249534301465495853710507922796892589235420199561121290219608640344181598136297747713099605187072113499999983729780499510597317328160963185950244594553469083026425223082533446850352619311881710100031378387528865875332083814206171776691473035982534904287554687311595628638823537875937519577818577805321712268066130019278766111959092164201989380952572010654858632788659361533818279682303019520353018529689957736225994138912497217752834791315155748572424541506959508295331168617278558890750983817546374649393192550604009277016711390098488240128583616035637076601047101819429555961989467678374494482553797747268471040475346462080466842590694912933136770289891521047521620569660240580381501935112533824303558764024749647326391419927260426992279678235478163600934172164121992458631503028618297455570674983850549458858692699569092721079750930295532116534498720275596023648066549911988183479775356636980742654252786255181841757467289097777279380008164706001614524919217321472503501409417193568548161361157352552133475741849468438523323907394143334547762416862518983569485560920992192221842725502542568876717904946016534668049886272327917860857843838279679766814541009538837863609506800642251252051173929848960841284886269456042419652850222106611863067442786220391949450471237137869609563643719172874677646575739624138908658326459958133904780275900994657640789512694683983525957098258226205224894077267194782684826014769909026401363944374553305068203496252451749399651431429809190659250937221696461515709858387410597885959772975498930161753928468138268683868942774155991855925459539431049972524680845987273644695848653836736222626099124608051243884390451244136549762807977156914359977001296160894416948685558484063534220722258284886481584560285060016842739452267467678895252138522549954666727823986456596116354886362039766733136954828861243415869291260758539218050803569685713217851717963317986635711049482005736101010503308617928680920874760917824983589007149069759852613655497818931297848216829989487226588048575640142704775551323796414515237462343645428584479526586782105114135473573952311342716610213596953623144295248493718711014576540359027993440374200731057853906219383874808478489683321445713868751943506430218453191048481005370614680674919278191979399520614196634287544406437451237181921799983910159195618146751426912397489409071864942319615678944854603682599638935809907292976106474467348397346094370147734610075645998915059180007181340720972063104056045009715491228014850394935962478178452637175972040631999326128128457611408760270826683046342858785698305235808953065757406795457163775254202114955761581400250126228594130216415509792592309907965473761255176567513570517829666454779174501129961489030463994713296210734043751895735961458901938971311117904297828564750320319869151402870808599904801094121472213179476477262241425485540332157185306142288137585043063321751829798662237172159160771669254748738896654949450114540632436639379003976926567214638530676936571207120918076838327166416274888800786925602902284721040317211860820419000429966171119637793133751751149595015660496318629472654473642523081770367517590673502350728354056704038674351362222477158915049530984449833096340878076932599397805419341443774418426312986080998886874132604721569516239658645730216315981931951673538129741677294786724229246543660098067692823828068996400482435403701416314965897940924323789690706977942236250822168895738379862300159377647165122893578601588161755782973523344604281512627203734314653197777416031990665541876379929334419525154118994528454437456783816249949193131418480927777103863877343177207545654532220777092120190516609628049092636019759882816133231666365286193266863360627356763035447762803504507772355547108585954870279081435624014517806246436267945612753181340783303362542327839449753824372058353114771199260638133467768796959703098339130771098704085913374641442827726346594704745878477872019277152807317679077071572134447306057003734924369311383504931631284025121925651798069411352801314701304781643788518529028545201165839419656213491434159562586558655705526904965209858033850722426482939728584783163057775606888764462482468579260395352773480304802900587607582510474709164396136267604492562742042083208566119062545433721315359584506877246

2901618766795240616342522577195429162991930645537799140373404328752628889639958794757291746
4263574552540790914513571113694109119393251910760208252026187985318877058429725916778131496
9900901921169717372784768472686084900337702424291651300500516832336435038951702989392233451
7220138128069650117844087451960121228599371623130171144484640903890644954440061986907548516
0263275052983491874078668088183385102283345085048608250393021332197155184306354550076682829
4930413776552793975175461395398468339363830474611996653858153842056853386218672523340283087
1123282789212507712629463229563989898935821167456270102183564622013496715188190973038119800
4973407239610368540664319395097901906996395524530054505806855019567302292191393391856803449
0398205955100226353536192041994745538593810234395544959778377902374216172711172364343543947
8221818528624085140066604433258885698670543154706965747458550332233421073015459405165537906
8662733379958511562578432298827372319898757141595781119635833005940873068121602876496286744
6047746491599505497374256269010490377819868359381465741268049256487985561453723478673303904
6883834363465537949864192705638729317487233208376011230299113679386270894387993620162951541
3371424892830722012690147546684476535761647737946752004907571555278196536213239264061601363
5815590742202020318727760527721900556144825551879253034351398442532234157623361064250639049
7500865627109535919465897514131034822769306247435363256916078154781811528436679570611086153
3150445212747392454494542368288606134084148637767009612071512491404302725386076482363414334
6235189757664521641376796903149501910857598442391986291642193994907236234646844117394032659
1840443780513338945257423995082965912285085558215725031071257012668302402929525220118726767
5622041542051618416348475651699981161410100299607838690929160302884002691041407928862150784
2451670908700069928212066041837180653556725253256753286129104248776182582976515795984703562
2262934860034158722980534989650226291748788202734209222245339856264766914905562842503912757
7102840279980663658254889264880254566101729670266407655904290994568150652653053718294127033
6931378517860904070866711496558343434769338578171138645587367812301458768712660348913909562
0099393610310291616152881384379099042317473363948045759314931405297634757481193567091101377
5172100803155902485309066920376719220332290943346768514221447737939375170344366199104033751
1173547191855046449026365512816228824462575916333039107225383742182140883508657391771509682
8874782656999595744906617583441375239709683408005355984917541738188399944697486762655165582
7658483588453142775687900290951702835297163445621296404352311760066510124120065975585127617
8583829204197484423608007193045761893234922927965019875187212726750798125547095890455635792
1221033346697499235630254947802490114195212382815309114079073860251522742995818072471625916
6854513331239480494707911915326734302824418604142636395480004480026704962482017928964766975
8318327131425170296923488962766844032326092752496035799646925650493681836090032380929345958
8970695365349406030421665443755890045632882250545255640564482464515187547119621844396582533743835690941130315095261793780029741207665147939425902989695946995565761218656196733786236256125216320862869222103274889218654364802296780705765615144632046927906821207388377814233562823608963208068222468012248261177185896381409183903673672220888321513755600372798394004152970028783076670944474560134556417254370906797939612257142989467154357846878861444581231459357198492252847160504922124247014121478057345510500801908699603302763478708108175450119307141223390866393833952942578690507643100638351983438934159613185434754649556978103829309716465143840700707360411237359984345225161050702705623266012764848308407611830130527932054274628654036036745328651057065874882256981579367897669742205750596834408697350201410200672358502007245225632651340559240190274216248439140359989535394590944070469120914093870012645600162374288021092764579310657922955249887275846101264836999892256959688159205600101655256375678566722796619885782794848855834397518744545512965634434803966420557982936804352202770984294232533022576341807039476994159791594530069752148293366555666156787364005366656416547321704390352132954352916941459904160875320186837937023488889479151071637852902345292944077365949566305100742108714261349745956151384987137570471017879573104229690666702144986374645952808243694457897723300487647652413390759204340196340391147320233807150952220106825634274716460243354400515212669324934196739770415956837535551667302739007497297363549645332888698440611964961627734495182736955882207573551766515898551909866653935494810688732068599075407923424023009259007017319603622475647894064754834664776041146323390565134330684495397907090302346046147096169686885014083740405460742958699138296682468185710318879065287036650083243197440477185567893482308943106828702722809736248093996270607472645539925399442808113736943388729406307926159599546262462970706259484556903471197299640908941805953439325123623550813494900436427852713831591256898929519642728573946914272534366941532361004537304881985517065941217352462589548730167600298865925786628561249665523533829428785425340483083307016537228563559152534784459818313411290019992059813522051173365856407826484942764411376393866924803118364453698589175442647399882284621844090087776977631279572267265556259628254276531830013407092233436577916012809317940171859859993849235495640057099558561134980252499066984233017350358044081168552655311709957089942732870925848789443646005041089226691783525870785951298344172953519537885534573742608590290817651557803905946408735061232261120093731080485485263572282576820341605048466277504500312620080079980492548534694146977516493270950493463938243222718815974054702148289711177792376122578873477188196825462981268685817050740275502633290449762778944236216741191862694396506715157795867564823993917604260176338704549901761436412046921823707648878341968968611815581587360629386038101712158552726683008238340465647588040513808016336388742163714064354
9

5561868964112282140753302655100424104896783528588290243670904887118190909494533144218287661
8103100735477054981596807720094746961343609286148494178501718077930681085469000944589952794
2439813921350558642219648349151263901280383200109773868066287792397180146134324457264009737
4257007359210031541508936793008169980536520276007277496745840028362405346037263416554259027
6018348403068113818551059797056640075094260878857357960373245141467867036880980060971642584
9759513806930944940151542222194329130217391253835591503100333032511174915696917450271494331
5155885403922164097229101129035521815762823283182342548326111912800928252561902052630163911
4772473314857391077758744253876117465786711694147764214411112635835538713610110232679877564
0246824032264834641766369806637857681349204530224081972785647198396308781543221166912246415
9117767322532643358681461865452226812688726844596844241610785401676814208088502800541436131
4623082102594173756238994207571362751674573189189456283525704413354375857534269869947254703
1656613991999682628247270641336222178923903176085428943739935618891651250424404008952719837
8738648058472689546243882343751788520143956005710481194988423906061369573423155907967034614
9143447886360410318235073650277890897582727313050488939890099239135033732508559826568678
9242612429473670193907727130706869170926462584232407485503660801360466895118400936686
3250021458529309500000907151058236267293264537382104938724996699339424685516483261134146110
8026744663733437534076429402668297386522093570126238464852851490362932019919968828517183953
6691345222444708045923966028171565515656661113598231122506289058549145097157553900243931535
1909021071194573002438801766150352708626025378817975194780610137150044899172100222013350131
0601639154158957803711779277522597874289191791552241718958536168059474123419339842021874564
9256443462392531953135103311476394911995072858430658361935369329699289837914941939406085724
8639688369032655064146245760791471086998431573374964883529276932822076294728238153574099
6154559879825989109371712621828302584811238901198822142945766758071865380650648702613389282
2994972574530332838963818439447707794022843598883410035838542389735424395647555684095224845
5413923941000162076936368467764130178196593799715574685419463348937484391297423914336593604
1003523437770658886778113949861647847714079326385873862473288964564359877466763847946650407
4111825658378878454858149629612739984134427260860618724554523606431537101127468097787044
0947582803487697589483282412392929605829486191966709189580898332012103184303401284951162035
3428014412761728583024355983003204202451207287253558119584014918096925339507577840006746552
6031446167050827682772223534191102634163157147406123850425845988419907611287258059113935689
6014316682831763235673254170734208173322304629879928049085140947903688786878949305469557030
7261900950207643349335910602454508645362893545686295853131533718386826561786227363716975774
1830239860065914816164049449650117321313895747062088474802365371031150898427992754426853277
9743113951435741722197597993596852522857452637962896126915723579866205734083757668738842664
0599099350500081337543245463596750484423528487470144354541957625847356421619813407346854111
7668831186544893776979566517279662326714810338643913751865946730024434500544995399742372328
7124948347060440634716063258306498297955101095418362350303094530973358344628394763047756450
1500850757894954893139394489921612552559770143685894358587752637962559708167764380012543650
2371412783467926101995585224717220177237004178084194239487254068015560359983905489857235466
7456423905858502167190313952629445543913166313453089390620467843877850542393905247313620129
4769187497519101147231528932677253391814660730008902776896311481090220972452075916729700785
0580717186381054967931001678708506942070922329080703832634534520380278609905569001341371826
3683709919495164896007550493412687643674638490206396401976668559233565463913836318574569819
4719621084108096188460545603908455343729141446513474940788484423772175154334260306698831766
8331001133108690421939031080143784334151370924353013677631084913516156422698475074303297167
4696406665315270352546711266752246055119958183196376370761799191920357958200759560530234626
6775794393630746305690108011494271410093913691381072581378135789400559950018535425118417213
0557275221035268037357265279224173736057511278872181908449006117801388971077082293100279766
9358387589093956881485602632243937265624727760378908144588378550197028437793624078250527048
7581647032458129087839523245323789602984166922548964971560698119218658492677040395648127810
2179913217416305810554598801300484562997651121241536374515005635070127815926714241342103301
5661653356024733807843028655257222753049998837015348793008062601809623815161366903411113865
3851091936739383522934588832255088706450753947395204396807906708680644450969865488016828743
3786126465381583428075306184548590379821799459968115441974253634439960290251001588827216474
0068207041937615845471213184600726293395505482395571372568402322682130124767945226448209102
3564775272308208106351889915269288910845557112660396503439789627825001611015323516051965590
4211844949907789992007329476905868577878720982901352956613978884860509786085957017731298155
3149516814671769597609942100361835591387778176984587581044662839988060061622984861693533738
6578773598336161338413385368421197893890018529569196780455448285848370117096721253533875862
1582310133103877668272115726949518179589754693992642197915523385766231676275475703546994148
9290413018638611943196283887054367774322427680912365449485366768000000106526248547305586156
9899914017076983854831887501429389089950685453076511680333732226517566220752695179144225280
8165171667766727930354851542040238174608923283917032754257508676551178593950027933895920576
6827896776445318404041855401043513483895312013263783692835808271937831265496174597705674507
1833206503455664403449045362756001125018433560736122276594927839370647842645676338818807565
6121689605041611390390639601602221536849410926053876887148379895599991120991646464411918568

```
2770045742434340216722764455893301277815868695250694993646101756850601671453543158148010545
8860564550133203758645485840324029871709348091055621167154684847780394475697980426318099175
6422809873998766973237695737015808068229045992123661689025962730430679316531149401764737693
8735140933618332161428021497633991898354848756252987524238730775595595546519639440182184
9841249898262367371467226061633643296406335728107087758164043814850188411431885988276944
1193212968271588413386934468285900666408063140777577257056307294004929403024204984165654
7367054855804458657202276378404668233798528271057843197535417950113472736257740802134768260
4502285157979579764746702284099956160156910890384582450267926594205550395879229818526480070
6837650418365620945554436413513415252700659748819163413595567196496540321872716026485930049
7874895890661272507948282769389535217536218507962977851461884327192232238101587444505286652
3802253284389137527384589238442253547265309817157844783421582232702069028723233005386216347
9885094695472004795231120150432932266282726321779088400878614802214753765781058197022263
717495072127248479478169572961423658595782090830732335603484653187302930266596450137183754
288975579714499246540386817992138934692447419850973346267933210728668707680626399196596504
409954216726788091466985692571507431574079380532392523947755744159184582156251819215523709
6074833292349210345146264374498055961033079941453477845746999921285999993996122816152193148
88769388022281083001986016549416542616968586788372609587745676182507275992950893180521872
4610867639958916145855058397274209809097817293239301067663868240401113040247007350857828724
6271349463685318154696904669686939254725194139929146524238577625500474852954768147954670070
50347999588867695016124972282040303995463278830695976249361510102436555352230690612949388
9015734661023712229954789129254769504767600504797492806072126803922691102777226102544149221576
04508120677173571202718024296810620377657883716690910941807448781404907551782038556539099104
77594141321543284406250301802757169650820964273484146957263978842560084531214065935809041
1135920041975985136254796160632288736181367373244506079244117639975974619383584574915988097
6674470930065463424234606342374746608043170126005205592849369594143408146852981505394717
00451835755154125223590590687264878635752541911288877371766374860276606349603536794702692
2971868327717393236192007774522126247518698334951510198642698878471719396649769070825217423
3656627259284406204302141137199227852699846988474702323823834005565551788908766136013047709
3861168705231055314916251728373272867600724817298763756981633541507460883686364069347043720
66886512756882661497307886570156850169186474885416791545965072342877306998537139043002665
7839877638503238182155355973235306860430106757608389086270498418885951380910304235957824951
4398859011318583584066742370297149785084145853085781339156270760356390763947311455495832
6945702494139831634332378975955808568362972538679132750555425244919435891284050452269538
179131914513500993846311774017971512283785460116035955402864405924964669307077690554810288
50208085800878115773817191741776017330738554758006056014337432990127286772530431825197579
67929699650414607066457125888346979796429316229655201687970003564630457930884032748077811
555330908870255052076804630346086581653948769519600440848206596737947316808641564565053004
988161649057883115434548505266006982309315777650037807046612647060214575057932709620478251
52471459189652236083966456241051955105223572397395128818164059785914279148165426328920042
6091369377737222999833270820829699557377273756676155271139225880552019887620114168005468
655806334716037342917039079863965229613128017826797172898229360702880690877686605923527437
8405397691848082041021944719713869256084162451123980620113184541244782050110798760717155683
15407886543904121087303240201068534194723047666672174986986854707678120512473679247919315
564447753798537997322344561227858432968466475133365736923872014647236794278700425032555892
6884349592876124007558756946413705625140011797133166207153715436006876477318675587148783989
0810742953094106059694431584775397009439883949144323536685392099468796450665339857388878661
476294434140104988899316005120767810358861166020296119363968213496075011164983278563531614
16845769568710900299769841262665023477167286573785790857466460772283415403114415294188047
825438761770790430001566986776795760909966936075594965152736349811896413043311662774712338
1740603731743970540670310967676574869535878967003192586625941051053335843846560233917967492
7844763708474978333365557900738419147319886271352595462518160434225372996286326749682405806
2964211463864368642247248872834341704415734824818333016405669596688667695634914163284264149
74533349999480002669987588815935073578151958899005395120853510357261373640343675347141048
01754648830040784641674521673719048310967671134434948192626811107399482506073949507350316
197318521195526356325843390998224986240670310768318446607291248747540316179699411397387765
99868554170318847788675929026070043212666179192235209382278788809886335991160819235355570
4634911320859189796132791319756490976000139962344455350143464268606449586247690943470482
294140411465409239883444351591332010773944111840741076849810663472410482393582740194493566
51610884631256785297769734684303061462418035852933159734583038455410337010916767637427621
21370135485445092630719011473184857492331816720721372793556795284439254815609137281284063
0393735624200160456645574145881660521666087387480472433912129558777639069690370788285277538
94052460758496231574369171131761347838827194168606625721036851321566478001476752310393578
689611259960281839309548709590738613519145918195102973287855710497290114871718971800469
6977001791391961379141716270701895846921434369676292745910994006000849835684252019155937037
01011049747339493877885989417433031785348707603221982970579751191440510994235883034546353
23498268836240433272674155403016195056806541809394099820206099941402168909007082133072308
```

6211977553066591881411191577836272927461561857103721724710095214236964830864102592887457999322374955191221951903424452307535133806856807354464995127203174487195403976107308060269906258076020292731455252078079914184290638844373499681458273372072663917670201183004648190002413083508846584152148991276106513741539435657211390328574918769094413702090517031487773461652879848235338297260136110984514841823808120540996125274580881099486972216128524897425555516076371675054896173016809613803811914361143992106380050832140987604599309324851025168294467260666138151745712559754953580239983146982203613380828499356705575524712902745397762140493182014658008021566536067765508783804304134310591804606800834591136640834887408005741272586704792258319127415739080914383138456424150940849133918096840251163991936853225557338966953749026620923261318855891580832455719484538756287861288590041060060737465014026278240273469625282171749415823317492396835301361786536737606421667781377399510065895288774276626368418306801908046098498094697636673356622829151323527888061577682781595886691802389403330764419124034120223163685778603572769415417788264352381319050280870185750470463129333537572853866058889045831114507739429352019943219711716422350056440429798920815943071670198574692738486538334361457946341759225738985880016980147574205429958012429581054565108310462972829375841611625325625165724980784920989799062003593650993472158296517413579849104711166079158743698654122234834188772292944635178653856731962559852026072947674072616767145573649812105677716893484917660771705277187601199908144113058645577910525684304811440261938402322470939249802933550731845890355397133088446174107959162511714864874468611247605428673436709046678468670274091881014249711114965781772427934707021668829561087779440504843752844337510882826477197854000650970403302186255614733211777117441335028160884035178145254196432030957601869464908868154528562134698835544456024955666843660292219512483091060537720198021831010327041783866544718126039719068846237085751808003532704718565949947612424811099928867915896904956394762460842406593094862150769031498702067353384834955083636601784877106080980426924713241000946401437360326564518456679245666955100150229833079849607994988249706172367449361226222961790814311414660941234159359309585407913908720832273354957208075716517187659944985693795623875551617575438091780528029464200447215396280746360211329425591600257073562812638733100608591065245708024474937543184149401482119996276453106800663118382376163966318093144467129861552759820145141027560068929750246304017351489194576360789352855505317334164570504996443809363084387448478396168405184527328840323452024705685164657164771393237755172947951261323982296023945485797545865174587877133181387529598094121742273003522965080891777050682592488223221549380483714547816472139768209633205083056479204820859204754998573203888763916019952409189389455767687497308569559580106595265030362661597506622250840674288982659075106375635699682115109496697445805472886936310203678232501823237084597901115484720876182124778132663304120762165873129708112307581598212486398072124076887811450165582513617890307086087019875889807456643955157415363193191981070575336633738038272152798849350397480015890519420879711308051233933221903466249917169150948541401871060354603794643379005890957721180804465743962806186717861017156740976620802957665770512912099079443046328929473061595104309022214393718495606340561893425130572682914657832933405246350289291754708725648426003496296116541382300773132729830500160256724014185152041890701154288577992081219844931569990591820118197335001261877280368124819958770702075324063612593134385955425477819611429516356122349666152226147353996740515849986035532953329245752388810136202347624669055816438967863097627365504724348643071218494373485300606387644566272186661701238127715621379746149861328744117714552444708997144522885662942440230184791205478498574521634696448973892062401943518310088283480249249085403077863875165911302873958787098100772718271874529013972836614842142871705531796543076504534324600536361472618180969976933486264077435199928686323835088756683595097265574815431940195576850437248001020413749831872259677387154958399718444907279141965845930083942637020875635982169620553248032122674989114026785285996734052420310917978999057188219493913207534317079800237365909853755202389116434671855829068537118979526262344924833924963424497146568465912489185566295893299090352392333336474352037077010108438800329075983421701855422838616172104176030116459187805393674474720599850235828918336929223372399948043710841965947316265482574809948250999183300697656936715968936449334886474421350084070066088359723503953234017958255703601693699098867113210979889707051728075585519126993067309925070407024556850778697661262980822516331363995211709845280926303759222462742575599892892783704744452189363203489415521044597261883800300677617931381399162058062701651024458869247649246891924612125310275731390840470071435616231699237169484813255420091453041037135453296620639210547982439212517254013231490274058589206321758949434548906846399313757091034633274141531622328055229729795380188016285907357295541627886764982741861642187898857410716490691918511628152854867941736389066538857642291583425006736124538491606741373401735727799563410433268835695078149313780073623541800706191802673285511919426760912210359874692411728374931261633950012359924050845437569850797570462226646190001035004901830341535458428337643781119885563187777925372011667185395418359844383052037628194407615941068207169703022851522505731260930468984234331527321313612165828080752126315477306044237747535059522871744026663891488171730864361113890694202790881431194487994171540421034121908470940802543023932942945493876402305129271190975135360009219711054120966831115163287054230284700731206580326264171161659576132723515666625366727189985341998952368848309993027574199164638414270779887088742292770538912271724863220288984251252872178260305009945108247835729056919885554678860790

4628053712270424665431921452817607414824038278358297193101788834567416781139895475044833931468963076339665722672270433932167454218245570625247972199786685427989779923395790575818906225254735822052364248507834071101449804787266919901864388229323053823185597328697809222535295910173414073348847610055640182423921926950620831838145469839236646136398910121021770959767049083050185470419466437131229969235889538493013635657618610606222870559942337163102127845744646398973818856674626087948201864748767272722206267646533809980196688368099415907577685263986514625333631245053640261056960551318381317426118442018908885319635698696279503673842431301133175330532980201668881748134298868158557781034323175306478498321062971842518438553442762012823457071698853051832617964117857960888815032960229070561447622091509473903594664691623539680920139457817589108893199211226007392814916948161527384273626429809823406320024402449589445612916704950823581248739179964864113348032475777521970893277226234948601504665268143987705161531702669692970492831628550421289814670619533197026950721437823047687528028735412616639170824592517001071418085480063692325946201900227807409859771921805158532147392653251559035410209284665925299914353791825314545290598415817637058927906909896911164381187809435371521332261443625314490127454772695739393481546916311624928873574718824071503995009446731954316193855485207665738825139639163576723151005556037263394867208207808653734942440115799667507360711159351331959197120948964717553024531364770942094635696982226673775209945168450643623824211853534887989395673187806606107885440005508276570305587448541805778891719207881423351138662929666717964346876007704799953788338787034871802184243734211227394025571769081960309201824018842705704609262256417837526526358324240661253311529423457965569502506810018310900411245379015332966156970522379210325706937051090830789479999004999935221536227484766036136976979785673865846709366795885837887956259464648913766521995882869338018360119323685785585581955560421562508836502033220245137621582046181067051953306530606065010548871672453779428313388716313955969058320834168984760656071183471362181232462272588419902861420872849568796393254642853430753011052857138296437099903569488528519040295604734613113826387889755178856042499874831638280404684861893818959054203988987265069762020199554841265000539442820393012748163815853039643992547020167275932857436666164411096256633730540921951967514832873480895747777527834422109107311351828046063471981856555729571447476825528578633493428584231187494400032296906975831590385803935352135886007960034209754739229673331064935960181223781285458431760556173386112673478074585067606304822940965304111830667108189303110887172816751957967534718853722930961614320400638132246584111115775835858113501856904781536893813771847281475199835050478129771859908470762197460588742325699582889253504193795826061621184236876851141831606831586799460165205774052942305360178031335726326705479033840125730591233960188013782542192070476733719198728738052412124892118347087662966762072723256505651293331312605950577772754247124164831283298207236175057467387012820957554430596839555568686118839713552208445285264008125202766555767749596962661260456524568408613923826576858338469849977872670555191854468698469478495734622606294219624557085371272776523098955450193037732166649182578154677292005212667143463209637891852323215018976126043736840671941930377468809992968775824410478781232662531818459604538535438391144967753128642609252115376732588667226060402523491087026958099647595805794663973419064010036361904042033113579336542426303561457009011244800890020801478056603710154122328891465722393145076071670643556827437743965789067972687438473076346451677562103098604092710909512808630902973850445271828927496892121066700816485833955377359191369501531620189088874842107987068991148046692706509407620465027725286507289053285485614331608126930056937854178610969692025388650345771831766868859236814884752764984688219497397297077371871884004143231276365048145311228509900207424092558592529261030210673681543470152523487863516439762358604191941296976904052648323470099111542426012734380220893310966863678986949779940012601642276092608234930411806438291383473546967762753992623387915829984864592717340592256207491053085315371829116816372193951887009577881815868504645076993439409874335144316263303172477474868979182092394808331439708406730840795893581089665647758599055637695252326536144247802308268118310377358870892406130313364773710116282146146616794040905186152603600925219472188909181073358719641421444786548995285823439470500798303885388608310357193060027711945580219119428999227223534587075662469261776631788551265012870266856106650035310502163182060170921798468493686316129372795187307897263735371715025637837357977180818487848665043358243770041477104149349274384575871071597315594394264125702709651251081155482479394035976811881172824721582501094960966253933953809221955919181885526780621499231727631632183398969380756168559117529984501320671293924041445938623988093812404521914848316462101473891825101090967738690664041589736104764365000682077105656718486281496371118832192445663945814491486165500495676982690308911185687986929470515324816091743243015383684707292898982846022237301452655679898627767968091469798378268764311598832109043715611299766521539635464420869197567370005738764978437686287681792497469438427465256316323005551304174227341646455127812784577724575203865475428282567141288583454443513256205446424101103795546419058116862305964476958705407214198521210673433241075676757581845699069304604752277016700568454396923404171108988899341635058515788735343081552081177207188037910404698306957868547393765643363197978680367187307969392423632144845035477631567025539006542311792015346497792906624150832885839529054263768766896880503331722780018588506973623240389470047189761934734430843744375992503417880797223585913424581314404984770173236169471976571535319775499716278566311904691260918259124989036765417697990362375528652636

7696215649818450684226369036784955597002607986799626101903933126376855696876702929537116252
8005543100786408728939225714512481135778627664902425161990277471090335933309304948380597856
6288447874414698414990671237647895822632949046798120899848571635710878311918486302545016209
2980582920833481363840542172005612198935366937133673339246441612522319694347120641737549121
6357008573694397305979709719726666642267431117762176403068681310351899112271339724036887000
9968629225464650063852886203938005047782769128356033725482557939129852515068299691077542576
4748832534141213280062671709400909822352965795799780301828242849022147048111124018607613415
1503875698309186527806588966823625239378452726345304204188025084423631903833183845505223679
9235775292910692504326144695010986108889991465855188187358252816430252093928525807799673762
0845637482114433988162710031703151334402309526351929588680690821355853680161000213740851154
4849126858412686958991741491338205784928006982551957402018181056412972508360703568510553317
8784082900004155251186577945396331753853209214972052660783126028196116485809868458752512999
7404092797683176639914655386108937587952214971731728131517932904431121815871023518740757222
1001237687219447472093493123241070650806185623752567325407333248757544829675734500193219021
9911996079798937338367324257610393898534927877747398050808001554476406105352220232540944355
6771879456543040673589649101761077594836454082348613025471847648518957583667439979150851285
8020607820554462991732020282229148869593997299742974711553718589242384938558585954074381048
8262464878805330427146301194158989632879267832732245610385219701113046658710050008328517733
1177648973523092666123458887310288351562644602367199664455472760831011878838891511493409393
4750073025855814756190881398752357812331342279866503522725367171230756861045004548970360079
5698276263923441071465848957802414081584052295369374997106655948944592462866199635563506526
2340533943914211121718106910522900246574236041300936918892558657846684612156795542566054160
0501272664176605687427420032957716064344860620123982169827172319782681662824993871499544913
7302051843669076723577400053932662622760323659751718925901801104290384274185507894887438832
7030632832799630072006980122443651163940869222074532024462412115580435454206421512158505689
6157356414313068883443185280853975927734433655384188340303517822946253702015782157373265523
1857635540989540332363823192198921711774494694036782961859208034038675758341115188241774391
4507736638407188048935825686854201164503135763335550944031923672034865101056104987272647213
1986543435450409131859513145181276437310438972507004981987052176272494065214619959232142314
4397765467083517147493679861865527917158240806510637995001842959387991583501715807598837849
6225739851212981032637937621832245659423668537679911314010804313973233544909082491049914332
5843298821033984698141715756010829706583065211347076803680695322971990599904451209087275776
2253510409023928887794246304832803191327104954785991801969678353214644411892606315266181674
4319355081708187547705080265540252941092182648582138575266885135558411319856002213515888721036
5696087515063187533002942118682221893775546027227291290504292259787710667873840000616772154
6384412923711935218284998243509208918016855272981564218581911974909857305703326676464607287
5743056537260276898237325974508447964954564803077159815395582777913937360171742299602735310
2768719449444917939785144631597314435351850491413941557329382048542123508173912549749819308
7143966151329420459193801062314217741991840601803479498876910515579055548069538785400664533
7598186284641990522045280330626369562649091082782761159038569950512465299960628554438383032
7638599890079229284665950355121124528408751622906026201185777531374794936205549640107300134
8853150735487353905602908933526400713274732621960311773433943673385791245081493357369116645
4128178817145402305475066713651825828498099512139193995633241336556777098003081910272040997
1486874181346670060940510214626902804491596465453301077546954130887141653125448130611924078
2118869005602778182423502269618934435254763357353648561936325441775661398170393063287216690
5722259745209192917262199844409646158269645638023950283712168644656178523556516412712826918
6886155727162014749345052276946595712198314943381622114006936307430444173284786101777743837
9770372317952554341072234455125555899986461838767649039724611679590181000350989286412041951
6355110876320426761297982652942588295114127584126273279079880755975185157684126474220947972
1843309352972665210015662514455299474512763155091763673025946213293019040283795424632325855
0301096706922720227074863419005438302650681241421350571541750575086399076739463351462090828
8893493837643939925690060406731142209331219593620298297235116325938677224147791162957278075
2395056525158160313335938231150051862689053065836812998810866326327198061127154885879809348
7912913707498230575929091862939195014721197586067270092547718025750337730799397134539532646
1952699996596385654917590458333585799102012713204583903200853878881633637685182083727885131
1752277696097879621423721625452145912818317982160441113116714069148271709810154577819392023
1156387195080502467972579249760577262591332855972637121120190572077140914864507409492671803
5815157571514050397610963846755569298970383547314100223802583468767350129775413279532060971
1545064842121859364909979177668747744818828706323155158650328981642282882327468661065927321
9709716238464215348985247621678905026099804526648392954235728734397768049577409144953839157
5565485459058976495198513801007958010783759945775299196700547602252520344539887125387801719
6071816407812484784725791240782454436168234523957068951427226975043187363326011103053423335
8216093331912188066082683414289104151732472160533558499932245487307788229052523242348615315
2097693846104258248971496347534183756200301491570327968530186863157248840152663983568956363
4657435321783493199825542117308467745297085839507616458229630324424328237737450517028560698
0678895217681981567107816334052667595394249262807569683261074953233905362230908070814559198

```
3735537774874202903901814293731152933464446815121294509759653430628421531944572711861490001
7650558177095302468875263250119705209476159416768727784472000192789137251841622857783792284
4390843011811214963664246590336341945406571835447719124466212593926566203068885200555991212
3536371822692253178145879259375044144893398160865790087616502463519704582889548179375668104
6474614105142498870252139936870509372305447734112641354892806841059107716677821238332810262
1855877513127211793444820144025745083063944738363793906283008973306241380614589414227694794
4793166571762318247216835067807648757342049155762821758397297513447899069658953254894033561
5613167403276472446921250575911625152965456854463349811431767025729566184477548746937846423
7372389819206620485118943788682248072793520225017965453437572741639107919729529508129429222
0534771730418447791567399173841831171036252439571615271466905814700002633010452643547866590
3290733205468338872078735444762647925297690170912007874183736735087713376977683496344252419
9499513883150748775374338494582597655609965559543180409201784971846854973706962120885243770
1385375768141663272241263442398215294164537800049250726276515078908507126599703670872669276
4308377229685985516912230503746274431085293430527307886528397733524601746352770320593817912
5396915621063637625882937571373840754406468964783100704580613446731271591194608435935825987
7828352665311510650416232953290477721740835593497237585521380483050900096466760883015406128
2430870645594431853413755220166305812111033453120745086824339432159043594430312431227471385
8420303901060709403152355561727679941600203939750998976293353258555756248089966918298642226
7750236019325797472674257821111973470940235745722227121252685238429587427350156366009318804
5493338989741571490544182559738080871565281430102670460284316819230392535297795765862414392
7015497408792731310516361191375770089295648233236482982630246079758757677453771601024908046
2430185652416175665560016085912153455626760219268998285537787258314514408265458348444048746
3178777374794653580169960779405568701192328680411309046293508718271259346687127666948738998
2459852778649956916546402945893506496433580982476596516514209098675520380830920323048734270
3468288875160407154665383461961122301375945157925269674364253192739003603860823645076269882
7497618723575476762889950752114804852527950845033958570838130476937881321123672842813194879
5022806632017002246033198967197064916374117585485187848401205484467258885140156272501982171
9066960812627785485964818369621410721714214986361918774754509650308957099470934337858698167446
5828267911940611956037845397855839240761276344105766751024307559814552786167815949657062559
7550743065210853015979080733437360794328667578905334836695554868039134337201564988342208933
9999716414797469386969054800891930671380571715058573071488156499207140867582596028760564597
8242377024246980532805663278704192676846711626687946348695046450742021937394525926266861355
2940624781361206202636498199999498405143868285258956342264328707663299304891723400725471764
1886853517233266787779217383475414800228033392997357936152412755829569276837231234798989446
2744330454566790062032420516396282588443085438307201495672106460533238537203143242112607424
4858450945804940818209276391400085404220235562602185643489941454399504109805918179488826280
5206644108631900168856815516922948620301073889718100770929059040749092427141018933542818429
9959881696609938369616443815288772140852680885748829325873580990567075581701794916190611400
1908553744882726200936685604475596557476485674008177381703307380305476973609786543859382187
2205839023444435088649798866506040645873460053318274362961778625180818931443632512051070946
9081358644051922951293245007883339878842933934243512634336520438581291283434529730862929303
3006712617981303167943855372629699874035957045845223085639009891317947594875212639707837594
4861139451960286751205616389760088800927461158608002078033415914517970730368351969777660763
7378533301202412011204698860920933908536577322239241244905153278095095866459477634482269986
0748132970263097502881210351772312446509534965369309001863776409409434983731325132186208021
4809922685502948454661814715557444709669530177690434272031892770604717784527939160472281534
3798035396798614243709566832214914654380145938292773933960327540800955223181666738035718393
2750771420467238386246178039769293771312095807893638414479298025880655221292620936239306373
1349664018661951081158347117331202580586672763999276357907806381881306915636627412543125958
9936119647626101405563503399523140323113819656236327198961837254845333702062563464223952766
9435683767613687119629218187545760816170530315907288287007123136663087227549186613957737305
46606599743781098764980241401124214277366808275139095931340415582626678951084677611866595766
0165998178089414985754976284387856100263796543178313634025135814161151902096499133548733131
1150227006819301359295959716401971960536250335584799809634887180391116128135959685654788683
2585643789617315976200241962155289629790481982219946226948713746244472909345647002853769495
8859591606789282491054412515996300781368367490209374915732896270028656829344431342347351239
2982591667395034259958689706972673325827359031212887466604514614878503461428277659916080903
98652575717263081833494441820193533385071292345774375579344062178711330063106003324053991693
68260374617663856578887758020122936653270267100681261825172914608202541892885935244491070138
2062115538277935652969145765020486432828655759347072096348073726921411868954673227677513356
9019015372366903686538916129168888787640752549349424973342718117889275993159671935475898809
7924525262363659036320070854440784544797348291802082044926670634420437555325050527522833778
8870408040335319234076856301093477721256390886404131010738178533383160381352808281190408325
644018420537467929962220376987180180611226244909092426419858208617511177113789051609140381575003366642415609521632819712233502316742260056794128140621721964184270578432895980288233505982820819666249035857789940333152274817776952843681630088531769694783690580671064
```

```
28083598046699884109813515865490693331952239436328792399053481098783027450017206543369906611
77845543646877236318444646768069142828004551074686645392805399409108754939166095731619715033
16696830992946634914279878084225722069714887558063748030886299511847318712477729191007022275
88893486939456289515802965372150409603107761289831263589964893410247036036645058687287589905
14068412381242473863854279082827338279733268855049358743031602747490631295723497426112215177
41715313361862241091386950068883589896234927631731647834007746088665559873338211382992877669
11495492184192087771606068472874673681886167507221017261103830677878566694812948785048943606
30861699487987031605158841082823512741535385133658953329486294944950618685147791058046966039
06937266267038651290520113781085861618888694795760741358553458515176805197333443349523301203
95770739623771316030242887200537320998253008977618973129817881944671731160647231476248475755
19287327828251271824468078242152164695678192940823892628494376024885227900362021938669646882
21562809360537317804086372726842669642192994681921490870170753336109479138180406328738875938
48269535583077395761447997270003472880182785281389503217986345216111066608839314053226944990
54555278678944175792024400214507801920998044613825478058580484424164047750315360549065991430
07815837243012313751156228401583864427089071828481675752712384678245953433449622010096072100
51370606846180118754312072549133499424761711563332140893460915656155060031738421870157022610
31019166038870646614388977363187809471152752817468957640158104701696524755774089164456867770
71715850058326994340167720215676772406812836656526412298243946513319735919970940327593850226
69557470231813203243716420586141033606524536939160050644953060161267822648942437397166717066
12310489750318857321655549883421218028469125290861014855278152776256237504563757694977344336
84601560772703550962904939248708840628106794362242187047470083688426710225583024035998416459
51122485272633632645114017395248086194635840783753556885622317115520947223065437092606779735
10005565493812245754837285457117973936157561676416928958052572975223385586113883221711074362
26581621884244317885748879810902665379342666421699091405653643224930133486798815488662866500
52346997235574738424830590423677143278792316422403877764330192600192284778313837632536121021
53369358126240868666997382759773656822279072158324788886423693463961643633087301398142114301
30600873066616480367898409133592629340230432497492688783164360268101130957071614191283068865
77323532639653677390317661361315965553584993986000565155921936759977717933019744688148371110
32065036931928945214026509154651843099365534933371834252984336799159394174662239003895276733
81333061774762957494386871698453767219493506590875711917720875477107189937960894774512654770
57501871194870738736785890200617373321075693302216320628432065671192096950585761173961632322
62177089454262146098584102378132158177276022227381334954104810030732751077999489919779638883
53073444345753297591426376840544226478421606312276964696715647399904371590332390656072664412
16438605404838847161912109008701019130726071044114143241976796828547885524779476481802959732
60494397004795960404292746292903572099761950140348315380947714601056333446998820822120587281
51072918297121191787642488035467231691654185225672923442918712816323259696541354858957713321
08339911288775917226115273379010341362085614577992398778325083550730199818459025958355989261
05532996737704917224549353296833000022301815172265757875240588322490858212800897479093261001
76257877042865600699617621217684547899644070506624171021332748679623743022915535820078014111
65348065647488230615003392068983794766255036549822805329662862117930628430170492402301985711
99789488366897183043805182174419147660429752437251683435411217038631379411422095295885798066
15293875275379903093887168357209576071522190027937929278630363726876582268124199338480816600
21603722154710143007377537792699069587121289288019052031601285861825494413353820784883465317
16326504076424283908701201519423196165226842200371123046430067344206474771802135307012409890
86035339915266792387110170622186588357378121093517977560442563469499978725112544085452227488
10914874307259869602040275941178942581281882159952359658979181144077653354321757592555536157
81280011638467203193465072968079907939637149617743121194020212975312516525376801735910155776
33815377200195244454362007184847566341540744232862106099761324348754884743453966598133871744
66093020535070271952983943271425371155766600025784423031073429551533945060486222764966687622
40793243531929926392537310768921353525723210808981933916866827894828117047262450194840970069
97576092098372409007471797334078814182519584259809624174761013825264395513525931188504563622
64188300338539652435997416931322894719878308427600401368074703904097238473945834896186537979
05941185993103561684368692194853820557803957738813606795499000851232594442529724486666766834
64140218991594456530942344065066785194841776677947047204195882204329538032631053749488312211
80391279678446100139726753892195119117836587662528083690053249004597410947068772912328214300
46353372835199536482743258331191444590178096077828835837301118575436599589827245319253105888
11502630754257149394302445393187017992360816661130542625399583389794297160207033876781503300
10280120095997252222280801423571094760351925544434929986767817891045559063015953809761875922
03589373419789623589311259839025983102671933041892151096891562250696591198283234555030590811
73073519550372166587026805399213857603703537710517802128012956684198414036287272562321444827
54302210909472721073474134975514190737043318276626177275996888826027225247133683353452816699
27795913288613817663498577289369009657495622871030243625907724122190943008717556926257580665
70991201665962243608024287002454736203639484125595488172727247365346778364720191830399877176
27037515724649922289467932322693619177641614618795613956699567783068290316589699430767333500
82349907906241002050613405734430069574547468217569044165154063658468046369262127421107539990
04218871612761778701425886482577522388918459952337629237791558574454947736129552595222265786
```

3646211837759847370034797140820699414558071908021359073226923310083175951065901912129479540
8603640757358750205890208704579670000705526250581142066390745921527330940682364944159089100
2202966805233252661989113118420162916310768940847235643668081821686572196882683584027855007
8280404345371018365109695178233574303050482653738073531074185917705610397395062640355442
5156101107261779370634723804990669922161971194259120445084641746383589938239946517395509000
8594799901360266742614942900664671150671754221770387745076735637421547829059110261915755
7023895700140511782264698994491790830179547587676016809410013583761357859135692445564776446
4178667115391951357696104864922490083446715486383054477914330097680486878348184672733758436
8927243104474068076852786255851650920882638132336231487333367147645204508766276149503899495
0480956046098960432912335834885999029452640028499428087862403981181488476730121675416110662
9995553668193123287425702063783520200868636913117334697317412191536332467453256308713473
7921749562270146873258678917345583799645135880095935087755635624881049385299900767513551
2779241242927748856588856651324730251471021057535251651181485090275047684551825209633189906
8527614435138213662152368890578786699432288816028377482035506016029894009119713850179871683
6337441392759736440170070147637066557035043381211135761501845182141361982349515960106475
1257593518530433287553778305750956742544268477122196187091785607839361445113833356491032640
5733898667178123972237519316430617013859539474367843392670986712452211189690840236327411496
6012434830989299417380305884171666130730400675883804321115553794406054977217059428215148861
6567277124090338772774562909711013488518437411869565544974573684521806698291104505800429988
7953899027804383596282404921860556287788428802127553884803728640019441614257499904272009595
2046541705981049899675045119364711727222043610261407975080968697517660023718774834806123
1023468056711264476612347462785219024120256994353471622666089367521983311181351114650385489
0251206557726361454736044268594980743969323312971273771573470997139522911826534851555871373
3662912024271430250376326950135091161295299378586468130722648600827088133353819370368259886
7893321238327053297625857382790097826460545598555131836688844628265133798491667839409761353
7662517982584966345877195012438404035914084920973375464247448817618407002356958017741017
9692507781489338667255789856458985105689196092439884156928069698335224022562345704973122452
9354193837004843183357196516626721575524193401933099018319309196582920969656247667683659647
0195975473934551433741370876151732367720422738567427917069820454995309591887243493952409
4167899884631984550485239366297207977745281439941825678945779571255242682608994086331737153
8896262889629402112108884427376568624527612130371017300785135715404533041507959447776143597
4378037424366469732471384104921243141389035790924160364063140381498314819052517209371039640
2680899483257229795456404270717577229041732479607361878788991331830584306939482596131871381
6423467218730845133877219086975104942843769325024981656673816260615941768252509993741672883
9517440669325496534031014522253161890092353764863784828813442098700480962271712264074895719
3900291857330746010436072919094576799461492929042798168772946487729952858434647775386906
0148984133924540394144680263625402118614317031251111577676428299146445334089209769616990983
6523617687456058947049681701369749095230720826828878907301900182534258053434217059287139317
3799314241085264739094828459641809361413847583113613057610846236683723769591349261582451622
1552134879244145041756848064120636520170386330129532777699023118648002067556905682295016354
9319923059142463962170253297475731140942201801993680350264956369558664259067626856873721103
3915679383989576556519317788300024161353956243777784080174881937309502069990089089932808839
7430367736595524891300156633294077907139615464534088791510300651321934486673248275907946807
8798194250195826223203951312520141099605312606965554042486705499867869230217469890095478507
2567297879476988883109348746442640071818316033165551153427615562240547447337804924621495213
3258527698847336269182649174338987824789278468918828054466998230369899397834131747075805716
3494135684339293960681920617733317917382085624364336353598634944968907810640196740744365836
6707158692452118299789380407713750129085864657890577142683358276897855471768718442772612050
9266486102051535642840632684818072879407171279668200607275595559040402331787494473464547
6281895415121391629184442976510669479693540168660100551960776873539651161493093757096855
5938151378956903925101495325628147011998326992200066392875374713135236421589265126204072
7716578584052196460541054354434621665622445650429990102565869272791427529311720827939377
3261060528812353734510683729389935808712438693859343891757133763007203197608166044646839377
2580690923729752348670291691042636926209019960520412102407764819031601408586355842760953708
6558164273995349346546314504040199528537252004957805254656251154109252437991326262713609099
4029022620628367521323050651839340574501120993414649184333236465693717259144893241590062420
2061288573292613359680872650000456282845575745965921205303413101118275013069615098355156320
4310784601906565493806542525229161991819959602752327702249855738824899882707465936355768582
5605180689642853768507720122203479209939361792682065901421656159253067379445689490708532635
6819683186177268249911472615732035807646298116244013316737892788689229032593349861797021
4981925739617673075834417098559222170171825712777534491508205278430904619460835217402005838
6728497094110232669539214454610662150064106747402070091899119513764669044812672536915371622
9079138540393756007783515337416774794210038400230895185099454877903934612222086506016050035
1776264831611153325587705073541279249909859373473787081194253055121436979749914951860535920
4038302357163527276308746932196221900642608861836761033460022554774778136410126919065696864
9501268837629690723396127628722304114181361006026404403003599698891994582739762411461374480

```
4059697062576764723766065541618574690527229238228275186799156983390747671146103022776606020
0612468764777288190967916133540198814027579921741676787992316039635694928515136336472195406
1117176738737255572852294005436178517650230754469386930787349991103521825329297260445532107
7887711449898870911511237250604238753748412570860640690520584521227545338480082053024504564
5176695185769132000428167580549248117805198326460324457928297301291053183856368212062155312
8866856495651261389226136706409395333457052698695969235035309422454386527867767302754040270
2246384483553239914751363441044050092330361271496081355490531539021002299595756583705381261
9656831442860579566966221547216956208700137277685369608407048333251327931122325071486302069
5124539500373572334680709465644830892098015348787053491092366057554050864111521441481434643
0437273271045027768661953107858323334857840297160925215326092558932655600672124359464255065
9967717703884453961816328796144608177892721718369088801267782074301064225246348074543004764
9288553409062185153654355474125476152769772667769772777058315801412185688011705028365275543
2148034880044429799806215790456416195721278450892848980642649742709057912906921780729876947
7975112447305991406050629946894280931034216416629935614828130998870745292716048436308184
0412646963792584309418544221635908457614607855856247381493142707826621518554160387020687698
0461747400808324346653823545510944949843109349475994467267366553525176627067721941831919777
1963780157021699336750837600571634546436717767233875886434056448715669643210412825956453498
4138841289042068204700761559691684303899934836679354254921032811336318472259230555438305820
6941675629992013373175489122037230349072681068534454035993561823576312837767640631013125335
2121419946118693508331765878520471123643312267512996471325217513553261867681942338790365465
6890800182713528358488844411176123410117991870923650718485785622102110400977699445312179502
2479578069506532965940383987369907240797679040826794007618729547835963492793904576973661643
4053597922192858705749574816966940623342726197335181366260637359825755524965098072601236682
8360592834185548026958413772558970883789942910549800331113884603401939166122186696058491575
1485733568286149500019097591125218800396419762163559375743718011480559442298730418196808085
6472657135476128316292004498803154021055305970766636274932830891688093235929008178741198573
8317192616728834918402429721290434965526942726402559641463525914348400675867690350382320577
2934132981593533044446496829441367323442158380761694831219333119819061096142952201536170298
5751055943264614685054526849757648078080092213358113781979492717685450755383287688744745915
9373116247060109124460982942484128752022444625944776387494919978404468292573609685345498432
6536862844489365704111817793806441616531223600214918768769467398407517176307516849856359201
4868929431059402024579696229245666448819675762943495353263821716133957577907663707645695702
5973880043841580589433613710655185998760075492418721171488929522173772114608115434498266547
9872580056674724051122007383459271575277152185899469481179406444663994323700442911407472184
1802248258377360173466853007449855647154200361235939373129144585915228870487195087086322188
3728826282288463184371726190330577714765156414382230679184738603914768310814135827575585364
3597721650028277803713422869688787349795096031108899196143386664068450697420787700280509367
2033872326296378560386532164323488155575570184690890746478791224363755566686780676105449550
1726079114293083128576125448194444947324481909379536900820638463167822506480953181040657025
4327604385703505922818919878065865412184299217273720955103242251079718077833042609086794273
4289557535559252723805511440438001239041687716445180226491681641927401106451622431101700056
6911217331894234005457959684669804298017362570406733282129962153684881404102194463424646220745
5575643960452985313071409084608499653767803792018991408658146621753193376659701143306086256
0098295669917638846056762972931464911493704624469351984039534449135141193667933301936617663
6525551491749823079870722806085962611266050428929696653565251668888557211227680277274370891
7389639772257564890533401038855931125679991516589025016486961427207005916056166159702451989
0518329692789355503039346812197615821839896056252309146263844738629603984892438618729850777
7592879272206855480721049781765328621018747676689724884113956034948037672703631692100735
0834073865261684507482496448597428134936480372426116704266870831925040997615319076855770327
4217850100064419841242073964001396036015838105659284136845741191027364202741637234882145241
0134771652960312840865841978795111651152982781462037913985500639996032659124852530849369031
3130100799977191362230866011099929142871249388541612038020411340188887219693477904497527454
2880728035093058287544207515134816660928789353566521255620139988249628478726214432362857657
0259145046837763528258765213915648097214192967554938437558260025316853635673137926247587804
9445944183429172756988376226261846365452743497662411138451305481449836311789784489732076719
5087841586188796929558197332506999514026015116755297505754378102422389579257865621284327312
0220071673057406928686936393018676595825132649914595026091706934751940897535746401683081179
8846452473618956056479426358070562563281189269663026479535951097127659136233180866921535788
6078127599105377174102204506186075374866306350591483916467656723205714518861707909846959322
3672494673758309960704258922048155079913275208858378111768521426933478692189524062265792104
3620348852926267984013953216458791151579050460579710838983371864038024417511347226472547010
7947939969535546696197267632552299146493349966323418595145036098034409212206712567698723427
9407088570704742931733291885238967219713539244924261786411886377909628144869178694681775917
1771506691114800207594320120619696377951032270890295660855622254526026104607361313688690092
8172106819861855378098201847115416363032626569928342415502360097804641710852553761272890533
5045506135684143775854429677977014660294387687225115363801191758154028120818255606485410785
```

7933598921064427244898618961629413418001295130683638609294100083136673372153008352696235737
1753307386533382048421903081864491840937239440334052449095545580164064607615810103017674884
7501766190869294609876920169120218168829104087070956095147041692114702741339005225334083481
2870353031023919699978597413908593605433599697075604460134242453682496098772581311024732798
5620721265724990034682938868723048955622532044636026398542252584164643242716114198178024825
9556354490721922658386366266375083594431487763515614571074552801615967704844271419443518327
5698407552677926411261765250615965235457187956673170913319358761628255920783080185206890151
5047133403861003100559148178521103847545429333891884441205179439699701941126951195265649195
9418997541839323464742429070271887522353439367363366320030723274703740712398256202466265197
4090199762452056198557625760008708173083288344381831070054514493545885422678578551915372292
3795554943334101744201696000909694156127322977702212179518683763590822551288164700219923488
6404395915301846400714321186360622527011541122283802778538911098490201342741014121559769966
5438877197485376431158229838533123071751132961904559007938064276695819014842627991221792947
9873489018684716765038273285520590829845298062592503521284519259279865935061329619467962523
7397256558415783744567558998032405492186962888490332560851455344391660226257775512916200777
2796852629387937530454181080729858919897153817973434961872329276147478501926114504132748373
2429705834084711123337462746172746265824153242710593225062553023147387592517247873228814914
5591560503633457542423377916037495250249302235148196138116256391141561032684495807250827343
1765944054098269765269344579863479709743124498271933113863873159636361218623497261409556079
9206283169994200720548115253533939460768500199098865538614334957816500899616490796781429011
4838764568217491407562376761845377514403147541120676016072646055685925779932207033733339891
6369504346690694828436629980037414527627716547623825546170883189810868806847853705536480469
3509588180253605297407935386765111950793732820831462689600710751755206144337841145499501364
3244632819334638905093654571450690086448344018042836339051357815727397333453728426337217406
5775771079830517555721036795976901889958494130195999573017901240193908681356585539661941371
7944876320798688003716073032205474235722668968018821234243918859841689722776521940324932273
1479366923400484897605903795809469604175427961378255378122394764614783292697654516229028170
1100437846038756544151739433960048915318817576650500951697402415644771293656614253949368884
2305174001299205568542898538979426699567770270891465137368922061044154816621568042198384767
3087178759027920917590069527345668202651337311151800018143412096260165862982107666352336177
4007837783423709152644063054071807843580610729611055500204151316963730468492133568372654000
3075098290893646120478911147530370498939528334578240828173864413227100029683119402033234564
2082647327623383029463937899837583655455991934086623509096796113400486702712317652666371077
8725111860354034784186935197335656217723592293967764632515620234875701137957120962377233
4313702120310049651521119760131764194082034373485128526029133349151250831198028501778557107
2537314913921570910513096505988599993156086365547740355189816673353588004821466509974143376
1182777723351910741217572841592580872591315074606025634903777263373914461377038021318347447
3011130326702969173350477016321066162278300272692833655840117914194478087482533607144032962
5228577500980859960904093631263562132816201453406104224112083010008587264252112262480142644
7519426184325853386753874054743491072710049754281159466017136122590440158991600229827801796
0351940800465135347526987776095278399843680869089891978396935321799801391354425527179102253
9701081063214304851137829149851138196914304349750018998068164441212327332830719282436240673
3196554692677851193152775113446468905504248113361434984604849051258345683266441528489713972
3760403282126602535166939140820499473204860216277597917712347510975024030789357599377150950
2175169355582707253391189233407022383207758580213717477837877839101523413209848942345961369
2340497998279304144446316270721479611745697571968123929191374098292580556195520743424329598
8989805292333664154192563673806899492014712413405250722040617943552525552250087487900865683
1454283516775054229480327478304405643858159195266675828292970522612762871104013480178722480
1789684052407924360582742467443076721645270313451354167649668901274786801010295133862698649
7482121186290403376915685762406992963724930972016287072001898354236903641492702369619385473
7248032985504511208912879829874467864129159417531675602533435310626742545071141814832398988
0607297140234725520713490798398982355268723950909365667878992383712578976248755990443228895
3883773173489411227570714109597900479193010467407504114353817824646307959895556389919847737
8134134707024674736211204898622699188851745625173251934135203811586335012391305444191007362
8447567514161050410973505852762044891909789019843154852805339857778443139338839943104444655
6692445508859463140817512203313906815965925105468580131338381521764182104334297888261196304
4311138879625874609022613090084997543039577124323061690626291940392143974027089477766370248
8155499322458825979020631257436910946393252806241642476886849545532493801763937161563684785
823715902385421265840615367228067131702674740131145261063765383390315921943469817605538038
1061288785205154693363924108846763200956708971836749057816308515813816196688222204757043759
0614338040725853862083565176998426774523195824182683698270160237414938363496629351576854061
3973427464708996856181701605511048809715548591186171896680259735417054239851355600187203350
7906094642127114399319604652742405088225359773481519135438571253258540493946010865793798055
8620143366078825219717809025817370870916460452727977153509910340736425020386386718220522879
6944583876529479510486607173902293274554267856697768659399234168341222746630150621553205026
5534146099524935605085492175654913483095890653617569381763747364418337897422970703354520666

3170929607591989627732423090252397443861014263098687733913882518684316501027964911497737582
8889134503411488659486702154921010843280807834280894172980089832975369406449699031253998639
1958160146899522088066228540841486424747862819755466292788146216071713818801808405720847158690683691939338186427845453795671927239797236465166759201105799566396259853551276355876814021340982901629687342985079247184605687482833138125916196247615690287590107273310329914062384640833378638257926302391590003557609032477281338887339178096966601469615031754226751259933155296742133363002229649064809345820081810618021002276645804002782133367585730190113717546727630590443531313190369248909724642792845554991349000518029707082919052556781889913899625138662319380053611346224294610248954072404857123256628888931722116432947816190554868054943441034090680716088028227959686950133643814268252170472870863010137301155236861416908375675747637239763185757038109443390564564468524183028148107998376918512127201935044041804604721626933944578837709010597469321972055811407877598977207200968938224930323683051586265728111463799698313751793762321511125234973430524062210524423435372905655163406669506165892878218707756794176080712973781335187117931650033155523822487730653444179453415395202424449703410120874072188109388268167512042299404948179449472732894770111574139441228455521828424922240665875268917227278060711675404697300803703961878779669488255561467438439257011582954666135867867189766129731126720007297155361302750355616781776544228744211472988161480270524380681765357325578602505847084013208837932816008769081300492491473682517035382219619039014999523495387105997351143478292339499187936608692301375596368532373806703591144243268561512109404259582639301678017128669239282310576588517140202111969570647998140315056330451415644146231637638099044028162569175764891425697141635984393174332702378123369380430128926263753826677950341669334323607500248175741808750388475094939454896209740485442635637164995949920980884294790363666297526003243856352945844728944547166209297495496616877414120882130477022816116456044007236351581149729739218966737382647204722642221242016560150284971306332795814302516013694825567014780935790889657134926158161346901806965089556310121218491805847922720691871696316330044858020102860657858591269974637661741463934159569539554203314628026518951167938074573315759846086173702687867602943677780500244673391332431669880354073232388281847501051641331189537036488422690207047805274249060349208295475505400345716018407257453693814553117535421072655783561549987444748042732345788006187314934156604635297977945507535934795687209316724536547208381685855606043801977030764246083489876101345709394877002946175792061952549255757109038525171488525265671045349813419803390641529876343695402056080277614421914318921393908834543131769685101840103844472348948869520981943531906506555354617335814045544837884752526253949665869992058417652780125341033896469818642430034146791380619028059607854888010789705516946215228773090104467462424979799926271209516847795684825833430140226647721084336243759374161053673404195473896419789542533503630186140095153476696147625565187382329246854735693580289601153679178730355315937836308224861517777054157576561759385120166929431111388635821596676188303261041646517148469793854226216871614001223782137797741312689772667129992025922017408770076956283473932201088159356286281928563571893384958850603853158179760679479840878360975960149733420572704603521790605647603285569276273495182203236144112584182426247712012035776388895974318232827871314608053533574494297621796789365846816988955351850447832561638070947695169990862471000197480892050095219436323787197648703392238115403634754886268459561597551937654101150140670012269274743938855899438597302454148010612359080362745852884935632515853843832424932526660875889083187007091002373771065769850564339288543376583425967506537150053335144899082938877373520514593330496265314151413861244379358850709446880454869753581702129084907873478068143663233228194158273456713564431715379678180581958524684008403290998194378171817730231700398973305049538735611626102399943325978012689432605584710278764901070923443884634011735556865903585244919370181041626208504299258697435817098133894045934471937493877624232409852832762266604942385129709453245586252103600829286649724174919141989661295580767709795947953060131191590117739431042090490794244488685130868444937059090260061206494257447103535476578592427081304106185462198818300906345881870387558562749115873754210646679513464875867715438380185213482819158124625993351601989355951679689328522058247994210345127158771633452229954188396804488355297533612868372259353900792016669413390911687588039888288692160023732573615882071635162711332810518187602104852180675526648671283908900907195138058626735124312215691637902277328705410842037841525683288718046987952513073266340227851905941733892035854039567703561132935448258562828761061069822972142096199350933131217118789107876687204454887608941017479864713788246215395593333327556200943958043453791978228059039595992743691379377866494096404877784174833643268402628293240626008190808180439091455635193685606304508914228964521998779884934747772913279726602765840166789013649050874114212686196986204412696528298108704547986155954533802120115564697976785738920186243599326777689454060508218838227909833627167124490026761178498264377033002081844590009717235204331994708242098771514449751017055643029542821819670009025156158441742059336581481349026931151709387226002645863056132560579256092733226557934628080568344392137368840565043430739657406101777937014142461549307041360805442100295600095663588977899267630517718781943706761498217564186590116160865408635391513039201316805769034172596453692350806417446562351523929050409479953184074862151210561833854566176652606393713658802521666223576132201941701372664966073252010771947931265282763302413805164907174565964853748354669194523580315301969160480994606814904037819829732360930087135760798621425422096419004367905479049930078

8372421581954535418371129368658430553842717628035279128821129308351575656599944741788438381
5651484342298587042455924346932952328218035083337262837918302165918361815542171574484657784
2013432998259456688455826617197901218084948033244878725818377480552226815101137174536841787
0280274452442905474518234674919564188551244421337783521423865979925988203287085109338386829
9065719964149062902574276860388505110326385445404191849588665385450405712362968106914681484
4786965916686184275679846004186876229805556296304595322792305161672159196867584952363529893
5788507746081537321454642984792310511676357749494622952569497660359473962430995343310404994
2096778838270027144784940690370732491064441516960532565605867785741747211082743577431519400
6075798356362914332639781221894628744779811980722564671466405485013100965678631488009030374
9338875364183165134982546694673161181233648543976493250261795493572043054021829748712511077
4040116114058999110930624923128131163405492625713567218186289327861388337180285350565035919
5274140086951092616754147679266803210923746708721360627833292238641361959412133927803611827
6324106004740971110481400036233427145144833346416754663546997314947566434236594934968458844
5515241507563766050866328272424794136062876041290644913828519456402643153225858624043141838666
6959063324506300039221319264762596269151090445769530144405461803785750303668621246227863975
2746667870121003392984873375014475600322100622358029343774955032037012738468163061026570300
8722754629667968808905871276763610662257223522297392064430935243272281008599730951325286306
0110549791564479184500461804676240892892568091293059296064235702106152464620502324896659398
7324933967376952023991760898474571843531936646529125848064480196520162838795189499336759241
4856261369959453072872545324632915291101287637706055706095313775277518679232921349552451330
8986796916512907384130216757323863757582008036357572800275449032795307990079944254110872569
3188014667935595834676432868876966610097395749967836593397846346959948950610490383647409504
6952260638580467580730699122904740898791668721171475276447116044019527181695082897335371485
3092893704638442089329977112585684084660833993404568902678751600877546126798801546585652206
1210953490796707365539702576199431376639960606061106406959330828171876426043573425361756943
7848484952501082664883951597004905983808121052211110919433239511360514464598342107990580820
9371646452312770402316007213854372346162726099787038565709199850759563461324846018840985019
4287687902268734556500519121546544063829253851276317663922050938345204300773017029940362615
4340013227639109129883278639204123004455516840548898090807791746360924393349126411642400938
8074635660726233669584276458369826873481588196105857183576746200965052606592926354829149904
5768307210893245857073701660717398194485028842603963660746031184786225831056580870870305567
5958613417007454029656876347741764310517510367328692455585820823720386017817394051751304379
9486882232004437804310317092103426167499800007301609481458637448877852227307633049538394434
5382770608760763542098445008306247630253572781032783461766970544287155315340016497076657195
9850417481990872014908756860377835919947193433527729472855379257876848323011018593658007172
9118696761765505377503029303383070644891281141202550615089641100762382457448865518258105814
0345320124754723269087547507857765972542844459353044992070014538748948226556442223696365
5441942254413382122254774975354946248276805333369832841561386923643433585538684711114304982
4839899180316545863289353799130535222833430137953372954016257623228081138499491876144141322
2933767106563492528814528239506209022357876684650116660097382753660405446941653422239052108
3145858470355293522199282727605748212660652913855303455497445514703449394868634294596584310
2419078592368022456076393678416627051855517870290407355730462063996245330779578224594971042
0188043000183881429008173039450507342787013124466860092778581811040911511729374873627887874
9074652855654347488868310641100510230208751077689187815256227352515503795324448577872776170
0196485370355516765520911933934376286628461984402629525218367852236747510880978150709897841
3086245881522660963551401874495836926917799047120726494905737264286005211403581231076006699
5185361248627467563758962252991164960668765082617341784847893372950567390078786179253514406
2104536625064046372881569823231750059626108092195521115085930295565496753886261297233991462
8358476048627627027309739202002014322487058233735491524608560821032888297418390647888699232773
6913600488374366152235170584377055452108155133612621429118156153017588825735948925071088792
6212864139244330938379733386780613179523731526677382085802470143352700924380326695174211950
7670884326346442749127558907746863582162166042741315170212458586056233631493164646913946562
4974717419583542186077487110573384584336899396459137406033821593522435947516262391886853078
2282176398237306180204246560477527943104796189724299533029792497481684052893791044947000459
0864991872727345413508101983881864673609392571930511968645601855782450218231065889437986522
4320506773799661969554724405859224179530068204517953700434724517628935667705084902131077366
2575169733552746230294303120359626095342357439724965921101065781782610874531887480318743082
3573699195156340957162700992444929749910548985151969586647401482251063353679497371425102934166
8825851173719944991150975837463010555050641977215319293548775317119163026203032858865852884001
9350922587577559742527658401172134232364808402714335636754204637518255252494432965704386138
7865901965738802868401894087672816714137033661732650120578653915780703088714261519075001492
5761129276751930967284539711602136063030905422439663206743235827978893232440577919927848466
3333977773765590187057480682867834796562414610289950848739969297075043275302997287229732793
4442988646412725348160603779707298299173029296308695801996312413304939350493325412355071054
4611825911411164545347103298810478440677801380771314654000993863064812666143308582068113958833
8319169545558259426895769841428893743467084107946318932539106963955780706021245974898293564

6135607889834724199794785643620420946134123876131988653523583129968622689486084084566556068
7695450127448663140505473535174687300980632278046891224682146080672762770840240226615548502
4008952891657117671743902033758487784291128962324705919187469104200584832614067733375102719 5
6539946971625172483122306339193287079838007484857265161234349332735566644733585564302352808
8392434827876088616494328939916639921048830784777704804572849145630335326507002958890626591
5498509407972767567129795010098229476228961891591441520032283878773485130979081019129267227
1037788898053964156362364169154985768403984688616843754070651210390625061281076637990479088
7967477806973847317047525344215639038720123880632368803701794930895490077633152306354837425
6816653361606641980030188287123767481898330246836371488309259283375902278942588060087286038
8591688497306939480205112217663591382515242786700944069423551202015683777885182467002565 17
0850924962374772681369428435006293881442998790530105621737545918267997321735029368928065 21
0025396268807498092643458011655715886700443503976505323478287327368840863540002740676783821
9635222265392909398073673913640828987220177767471681181958561337215831190546829360832369761
1345028175783020293484598292500089568263027126329586629214765314223335179309338795135709534
6377183684092444422096319331295620305575517340067937406141612079236334238056468050092037167
1526425563718538895714164197723874226105966673969997173168169415430952831935564177056686222
1521799115135563970714331289365755384464832620120642433801695586269856102246064606933079384
7858814367407000599769703649019273328826135329363112403650698652160638987250267238087403396
7443978302582968942568967418643361349794752455262914265228424192430833881035800537870239995
4217211368655027534136221169314069466951318692810257479598560514500502171591331775160995786
5551981886193211282110709442287240442481153406055895958355815232012184605820563592699303478
8511320686266275887714460359966561084307256965000563064489187599466596772847171539573612 1081
8084154727314266174893313417463266235422207260014601270120693463952056444554329166298666078
3089068118790090815295063626782075614388815781351134695366303878412092346942868730839320432
3338727754968052103028215443247233888452153437272501285897476914608083144041258681815400491
8777228786980185345453700652665564917091542952275670922221747411206272065662298980603289167
2068743654948246108697367225547404812889242471854323605753411672850757552057131156697954584
8873987422281358878958407831350654829055148287852948911219053831956242287194847594078593980
4790109419407067176443903273071213588738504999363883820550168340277749607027684480028191222
0636888636811043569529300652195528261526991271637277388418993287130563464688227398288763198
6457098363089177864870866761854856800476725526754147428510281458074031529921978145577568436
8111018531749816701642664788409026268282444825802753209454991510451851771654631180490456798
5713257528117913656278158111288816562285876030875974963849432756766121689592614850307 85362
0452745077529506310124803418045840594329260798544362009370809182152392037179067819192 2804
9606973823874331262673030679594396095495718957721791559730058869364684576676092450906088 20
2212235719254536715191834872587423919410890444115959932760044506556206461164655665487594247
3692523369559930303550958176261762318495619069494839673002037763874369343999829430209147073 6
1894793269276244518656023955905370512897816345542332011497599489627842432748378803270141867
6952621180975006405149755889650293004867605208010491537885413909424531691719987628941277221
1294645682948602814931815602496778879498137772162293594378110044480607976724292762450701 7841
5344642915084276452000204276947069804177583220909702029165734725158290463091035903784297 757
2651720877244740952267166306005469716387943171196873484688738186656751279298575016363411 314
6275304990191356468238043299706957701507893377286580357127909137674208056554936246464126002
4379684543777339026472512819416320076848736251764065967540693621758879307855916478777274739
2720029103429495624476613082007292507345291707642266210467303786316995423745511745652 20227
8332409680352466766319086101120674585628731741351116229207886513294124481547162818207987716
8346341322362223411778283102765982510935889235916205510876329808799316517252893800123781743 4
8968321515905624933473702068322321001186373957705674738671021732123752243252416263580343762
5360680866916357159455152781780392177432282343663377281118639051189307590166665074295275838
4008544635419317190531363659724905158409106582201814734799022359067138146905116051922301269
4823161134174399447148330408624842691395023367134124251238640266572581309439676219396554073
8652422989787978219863791829970955792474732030323911641044590690797786231551834959303530592
3789817515891457650408025109479123421758482844188195013854616580301755035580054944894884817
3516053755934023457489795166024423382140603009593710558845705251570426628460035440282367 87
6855098267816176552037579565548167789603892749835560879154117749425734007641610932940038 9
9982199267257086957326068774974224802023307525187650255968420760693229988587579898896460744
3817881700815488952265167228340452772191069914157646394852311267947308658031950764551976 756
2895742888179681209002638714525785831527761510908863174024369568056787301523542780479341426
6495223833707117511265375503942372098784668049139473444635071407962259728713050307725871487 5
5705025825734668666138023514260561161974055434365486980054448792959702875903522584097826835
9866644658604569424139072909526624993290297344056816068380572662605277708840707347149606006
4561454070734432782514087474275506722304845357006092214390002992981608211717047917614505191
0081326703752149307405678533111060583529127810073917499491197845112915913681107394055175 2080
1963053935074024850955377250036705466516233043042508744232426240463211507899733692998540704
1656261041976700202415094892411856092409637604429612002364590706449770627207919019235964807
0489236369798601982830872842285647523531628827913242955248144475055219096720460806895451817

1220493032185374062724742151974030576904360268636078079200477623242955182947352202724437633
9027721392087767065716241639751785859254426923428535274328856336850789651962072519416556061
8703705502184628454342578503830000953745182929584404649188368857934839611512971605816657450
9670367749583666669312188176367964449436171304160372430506584851317492640558551940180051809090
8475211868224616976149243238319486434415908558011073070311201502224341607315792952875293683835
8203970033891121141706852193665897894595031543895890153038271430019295890741499435928940830
9707707836287591448403704503861896697581120185231923186865996803858381237032915620757883594
8780941688205531605128190152647592807574958154564221341459378167056992868299895611982353837
1578804804787045841753946654976901732203108900703033629117673084484503721456696444014695451
7385743415781015861878383927855260939913057025557559060947051498093487773320072797573033824
5989466809680822221348485873822992281794090825665209581655472475244566743697594474686376332
4289042697761067919339109833004223102937282987989032093910926828363061736101738781236798986
4514931170243712828588263048629888449220741564060714705913740552466575697187021735528724543
9427714809179364437650637861861324348635797411258520863459927803688792498354363298457687650
1650651153450086957212395075447856831736315571535270465242352597375134088254616096614407466
7551422683603195980107215246355106917187133573168548563128085783443562367095965094994696882
066118511808603420282133180124941099150260143545001743273079362511307029825049941799284451
1464793291545995559095878076216366685917910654359660652535253202736507259891212556868428020
7724648772201099663182955955290339331228436486447597356085984076094729838954243393262315323
9918981852264180831296333546356874828863465618504810632288805596737844562000941465603499280
8794051153100575871295525719641115068503407737106043803712595755969859493620584775120263549
4734753474818926225419035267161442928489985753674069216527163008606065437373682355682688642648
6343689153218095572204456777137368310458075584529612832832606319629728527966674362974800821
3186279218690442843426307357607039996694307895081472697302538173756949227517953543261569120
4059483286094999236641228788122641914850485632807206641855705952037503229168944894275783030
6090910852410601400683274205583969773823150734996108758763704255564964086855071942256344966
7324306562592504745817627332818160170196981665424263787636014530359465384503254766749997373
4083566513818602515652028363738917101654541488267444800910570418616262683797112088614135727
9611099088292970229692128180978798951391504270936786449831964201345668339087759430006442485
6230121246145116979219396344095080832292812942704365991464827499843759421130204182973084171
7881309037955854560324717081919530277146579455547554475428443440813938890860977601785738930
7518661906505018077165001840744325854024184360501118242990702323417243674525365349594799063
3345407543718126993998337192184854187359798453489345922685150681826624900780293350126588249
7422624188535252663670282766249934982948874833106176420842901692305289960897860413006510902
8179805040587107671179041130217482796682353001960220253185675678984331758680637835996879601
5389222202365757655815866114091993486159920915991755334178303347643131636501270539069707093
2656781241590643428472136023521823674121473312449994334155915274315931687477882533155093277
0336202901222597794809855392200064527162228085539827890658423344755282127651765057266326769
1410750348458718969964348757751384791481836351006214668185850963488870814569767220201679911
9946241777668890791713686594596072646853881077878300216136827669702622345941873747673353799
8884403427046803042551694127158793203984443746045478161130566251764127598211819396611101850
5628805559425660603231216180994622129301002470913347150682268430458680300904242861682025
6214094608790006519109945570815816550582898334073946608445756578063669027284346201858732825
2924796505286681408503538519837523637451925622795490290557907030283950104854835929834542814
4873043580470533150815105030015214281171753936491331661726212354055278633080020831770556302
9496359420165433309409417719632623411938710516157010719805355167937086029136675698609712412
0368583812957695307798141365700174761356969686146068491439699578837631695824602513342108072
6217136019430180872098885514150241638183297525959316553186583311712685794152720661221842266
6141182515465748478312610347834546749258308729985447421206445095233245050877431496166555525
1797168020991720026409374921907569936896330281391647208963581771735555848592706524504862516
4195405508013435103233898133783024977018227549063814999647233340796130414697394763726508692
7334710841568560843092131620434629863920841660055904598506491243052647660676003444441618180
6403670083774114101094320588955986586700778636718969440896223213740341135971991331359934553
6854466923676525890121084137743248219181274784789228726489297003237187345615798159983483391
0041260105074696459943033197881063491392381249050306143340791832800406390709867259619709831
1265960147437253305268537177421465540058739246237276173649051987133680677239525707813606686
6832613950143295094748515947246675272016843165866088075127685847555411843811690116220055521
1348448896606682592274313190079630115870846701176549353930465633562253112447277966690058311
061610197266307397054253143981845737944948678013461821787593907699960202908396567728786905
73640156401504769644899394754147460833991869688927115694234549265124664550779255402810503766
2203596753055860185649205606287909076945333920880884947782889485112215474323019138324556299
3881020614490266876010207753210915684977830740859649857967152617010039475494539917698791323
5465501064073558169994097562481499674432784292027626441897939181583945627081733015821602255
1965989876937616401986120746675504886110855726764507052622446130222335852072273620485057285
9238815884938754535229186399714380884061757286220950122506515863104258884134355431973729856
2177530720226294755524830444453404348887858117034134534252235431940787797284677601815832270

9774518092934219318981581248283265895004070485520609989378390034191416304463916388054965878
6501375046341695655156618298878630705842306967660254053024811471007899784211830489010464056
8965397028855953092555863605215895737511408956490584415677493710585964801431587461449125055
4925319116465382158519737009328019453032057262845265804604633781663142993307664664653076059
0548962888724189716060225882617577539922055131509377200624863085562820493575727249955567089
2216342339836025653287310291940070411769192208500151167356701019589710017970195781208929109
6941775436990436820256302405482262540190569650771058157424072149633956036527028333440730575
0073674562260584649886151016896121811190584717144610687197610174565873737967406971374232387
5383903031720020020720592848878512391174647167374373792328388196620168762219134623389376255
9952702567213862211245898021213050140728890430032253550409586681872413936993819306914874471
7186646183111942603161664070377316487001864799600243044003242241809402278533309011509880870
6782688353172007652255313800881878043169019007280483179928741412547612308960683309582837766
7688287578688683092976001011974533898331952588619630132917094385816615374171794496319177155
4312506959853481285684619377669894277459170918802520012749905559407289696594793331672243621
5678967769667080352290390184857308062756708676586271047694092035655930253527434189659270022
2704923318682999156093641375700498853730459639615273462939697495174806269645179301871998678
8537581415975799314806608557232568374305282764175670050288040489429899580948103534833934144
9278859252621924154723199714338508663732092663272824351493364070458968385234562474436117522
5676698776759722343920635750747155291810276261401299248042288399029787992541851749912963028
3990729635588579890593317795908769073905646025623533567221552259468838298452882922966275137
1624221729546786707158409241840841475575825393852409633020513497047406953995678979817278609
2046228683973577981511186815265988460694975896548131465115039262637779451376155724819511619
8772503445647107385134359273555387124623755981938132142384415819290700463897716838872079163
6174143249707910965816274642971072871725142745898356897095534626820169085356108944898407105
0581920302176945120771774588795519510473384184739980796306767885841675757299043069715426423
8349800987086993367091210839445350624592243231234827854966037465718801489293794514787054067
0924575900601219622123928720017215588666345734971409533721151655985757941724419889026167010
6101611557834315025460328781198424027484608510722406676778760855247617773833089502610064388
3505502054563243461678594519417956698749685152448838475136181806671083161655642093692705206
1198517292617141714436555087063060635510129494003097591677991584260491971209543227026784326
5429657240327208871432199964513202587109677165128549669962552698607311763718207498827399
7706019913620930832073683820645573256376598291257813149222420427971241441629951265945639
9275938038380478262316042432539913285511230322470375619423217330478540785762440132917179929
9240783390715757981426816864655382946847399205888631655934919867896962840447344968024077092
8313764081033522554271740410767356542444100448334744010172641105295478729634589864050120367
0802445119035099497449397361718157527709378020923666813584163626831926340671418279742134254
6220705415600050959674045616840451771747952790353254932589120483385746590096781730416000521
0889346107687540042419778030828851200173369559127137714195011361304409753279190504891583
4639914348353164868154857917863293512392555251021118278857369606027693130146966143344964230
2114382483705633532793858895267672076688971274435815632088106650149568143558796576909857765
9027687074536592763649755534496173080781609871032480137951361703677634575949756862080139963
7455176242514778062872226597145548290676929571364357215267446898788941882075129222575650914
3552828874614195097862427527881571566400763721037803194043095844272549269987169234331890022
1415031139987652606887615667402101972017196023908610829749276395695411530322754601738707956
2599357978530244364767163995914623179312399899869284379757024923695515872976838540052276514
5614447105971962889888157109415171051811474351364385400511624620213117480079198374700100
4713634325232815789113554504533719052750682291561850033284695679262620819044247334036250388
9279207158596003936315336884272437536677996986479347411331983286194414606539227840999031438
4035456504705678955202482717601187433564369024350308563130955905525039049273161331173492258
4644609024535079190184411299321699770451832853586480428556822208737213616490586303256368913
0841037602156799270200053223554398046531193397754590440450785680213984650096934295473102692
4994758646605809166998416068464608729394380827430828581747969417287299031101319267557389798
4091364253479694943480377703364634958476862982590103470727861218623001986607987782684245933
8356389195702068535216032116352306498874460020017041305698536515466875202385937518328037285
1143274811699683692849220447380570633496618711240947835915869626858643589141359854253577688
7749327436345147544886408688180303696524175568830020586077325695971608648541583446843248996
3077011371344675156930244885482077124133557732306949458067267845235943631507872728157901573
0700331787968544362795257190236232746142628687327380094977411228562376632149046532940720226
1975390717404222595392428881645597965700309571413891069368450362682310539867437532400527015
3474589332567951494185453780882706345729596216908538353537038141811557381637820903256151986
9745357646412125498076005156141707298046994813593483150568116642793219335279822714715767340
1860887215187996693502527007575560997198828630642854481282751392806947027501481632897273143
4734852852950460488327167397898156367880478044360210900732072736974934463049973144257156043
3133690387618100948873120713482710815889857483265854207510077953118326861708037070935927614
9367825308583404823510036321663789574262025503501168615434073795045164828967556983589355220
2017367954807578190950269798127114870343119036311224612829530382051287043092947197459469082

```
1025634788995431771524379696211281224503426066399268852133079196370277780448857920573046990
8009234401866381132520971230964760599899479257598510081730396068222199753273016065826285275
8257669507854726034938298133582528178670608512656002268871781125359782933734779141273628418
8656175920832879447410969703879854736984025458063294835022359393543587480223989760916296250
1104739311694491006669072306346931301697118206325352692440438400937242844282097093648569094
6892008737175325255703054353982872781230113980809386701547488580344563187131960267854879389
3316205007675264112044390237583342724298699654786368534102848857370254725502365663418680919
0383886707879072084036194021646701215348379815183282642572862881520710108149958980338118 9
6156944175676134071704653851217090212377884333649651872119905407581877394397528364143953 04
4245913903178813004188791887114553148267469987055587931040240388884083850687341625071657274
1851349520849636709555424504394839480459791562282824837879341527203622633695618055563710768
1488889361927574265993582355943153088793305276755874751236506584396947560429719200231986802
4351719937868100361102312568364256079597410574153628297180046497748573718378639037039015397
3749116546854997164539416112641761071714540176519056505252066227788312904571969320599024 13
7539598386198260320549583950167555250964413711822256149601400302303540789920969867750786720
0038074267970530307167932296015648622808518403352350170608589512912222324611783025316362894 3
9460736527713365116316464461990990212249224123151689927678558637363155260025034884878132330
0191018939961670273141699962651194574263676196500243473172729028462209798394871065982270 00
9954918877696188505432653211802219444282228425152556141187434018041946141394514712872527592
3912559644373568339728963312676782349103563329612947191015157143115795490933903261411918654
7523762472153110207936911584874220582274743201735585077122437969857965491580627950274097 71
6886114807616315168553068566924571717692204436684331273989337941116297224516999854685622 15
7024175947117699529165502116855001089857619346394559088262707753114657752238846343519376539
7349848024549760760244030808448901068387869726123709783578245166801171485983679405529046198
2621656691720274262854823933960018254599409254308169691032978411234022885600190549342750223
1852947128296096939768137341977042781213001473286776057194059699792755124617184349569856417
1287248118346542064231871455182415286763056751311626717730617511245463387994265291270105 7
8995671805721436557918350691777930704075732904397494995822410623810514917650238504182730096
6201717509405908054089572837554063551522199658207573513157075923615398639459211155864000988
0975526105383825689927215847850417460651615113378833609760121148487005560165812492470682568
4427204547289630942030665044529864622359422600855499158914995360649842803457949275700949795
9450602378775019470624632394954957823082283066840818802521076639074230973720916285337176806
2164469354323179178553058331714208479886303408465726426939557002685760575393478885870946005
8272323051910811751423491268733658589607998917329289158960018150918163374008060354752000515 1
1751029012299248709615459280262060761698272181029167315548929423740854851967433079166078499055
7821019357136624359908836138598085161564174769460547855400819535306708030896976304529468682
3321053287823743894411568517627171116363094014799096494563545929501307390036268210073263700 8
2356150691269643183351716254390304698989314261544263595113634660573786549512445747526216789
5470362890483048499680403772251343193737344123661858694458806401858407314763379294038634043
5919419872355263015654608051868676068043160845128459160424413269879125385602991599672787661
9519505317648831346932573668946443825581391084862096637426745798313012223438723531244220330
9457145754147047929387585823899773851521352372389559664312235643262628601147489086817159281
0668727084008203377186921535235269263472268090825998989840026208152178282611229313118208660
0709968603654098183268075582477670695041099758614362435521619453530292002546673679964850433
7313349520821075119925892663899564756985870790185612379157886437446903787150950011255021003
8845311923652965599464190047484662064234794232967006052900370917557818870819352214687142723 5
2776325598980869487211138459800141238421638278244127365424446748833816797162011288619141540
1936712909478990264666443156098372961501968624228250672306166720943546571425149308642488778
5986827595887490650772602509518295367651811823686169447243607837642947624692263194989219646
4406831692876616150605081384631941511620257790786307180123115945860389656252655422334623445
4507394788690268159497513116885143694521021688319044616862976332522986385181885004928693572
7647668238555646365544964006317648285557578586661022855156485990882095868944362546986795238
2268611569910056366082926791533753816066112247869531326158531871763885989377929188902998 79
3879810003697307848952706254104848593158542339568310423902990702634437978756918554340897 6
4407601308444819786265079476440830134942435834281885915259293471436317533749589701072873501
2707889804816350456766676932075530518404324461007403216764718360837084750651269307076608498
2529900031785030585368213951273503863824605642510337755809866464339801718620814266307417259
22260005110913426810746701290143016541010649332122837908275150010035300156545975083237729 65
4396973820477416265710657408216499606262274961879533479076598897487177956433406484174564 57
4790692517014949981009553413548908754836327579522407206986291024671703579251441766703886 60
9906985726260581240825336225218992000418975745765315123000064445715931701771688635483333051
9215820559461173577163211322339319653203861990051161781713340010705676526899197081692022194
6470432379535641186606392055860903445706415179778214504722278852987210197858846070047420 02
8468873795844228949974333656271877991721137916164492541329715652879529532639759538535920950
1386333805075613695308995475848830242619627598985941513780515805025767540401785795852448831 1
72105089277089227273431973823884687307168230248788688585510108073522781405371406520758107 27
```

0848167263977098731455162646911423286103036932984330300323676162714264067587806731883971515
0027981633747790787503830798675940459107392103458740421961703492580818990720596129158642020
0288573400911495523886510791137149533463976398818394880453007507474037228093682053543049495
1948332833470075161979008687285439962981575605891637624723069162871111137676086480323752459
6649304117539461364643378046711650555046706718362212857950480671656304276267114299991134876
9844705037063790018109688862972175795173243380278061747049630204249291661917188624335559928
2093243919445711886321556320161654247055375938696624656334121541014032286990930159132885808
8312412428828767387274283803859071029274863335150309044532805259779565892055456243297982700
9413489175638240077161217332473642854016061004433764145722078592171559140103783202013213383
3096380778904095723810558829392796374381660686835195059277019515361601722158904287856784820
6829194416987181928627308270444163039625471305328438833791337476873582612211625836027289616
2455904189677024745382758396652299371235163048983301242141745578859159425605979242772181990
8556279848605617453684478923796907975594555154646853163024462325674034895845462256744858202
0424573919942530942642245042026890381501526836024125598075975236481628093048912746151196231
5461140082205639678065853540766868822754265038122599916207601708955674744652423445201766165
0325945665912966786324621379919222961458671422482492880647680321086477994100410060033906792
7523736254602774296007347880383566875220034824576949084568626960577157019191748922606352081
2973879744383548328613693956245039297680578322340217167655591776684037572348440946176293128
8492689936871389838822271060279037990019045583360079739277410926655739233147025909233890654
3884223513241153880185592349561399302239196450504503693529270115663015335519186418648234424
9991927202729534595990630487236080415957600296681211168317236603811054280359144572024825645
6105714055462420821343520948108417158289572445072063546816002305120140848054358742526171017
6818538835575587174154247754497722214192613155252691091755633193232224321852542218272914910
5981058368970250352281300214119248601424806807953699647771939490680468355280834732761030600
4940973309169031678309793463661183278453186871646268073883365670456601042376850580139507443
6479639222841126979451347730049249878649656367949099291327125289776519181754279628060849323
7552081536111324033971316550439188796019838213858500077324246177884918758145964264233788979
3330819488160040113126525635693244659398400636890315254722923991414474377069633893576192603
9189247936317800831026114195485436051577871600495578865657970665885510428824663630572077789
0226677704251268157197953322510763890368197628440286102588053923393294746720240885412764923
8644760216116262082421299166036229918492378223630098347811952291382184732634228575912097980
5478285250591837983368017874112426447460022562414980691400740979721023278539575615128345806
1654111179267104279905793944971349463289504565128688478418717580205045832838748531373691135
1025506201027753458094391050010218339732456504728894768792989259450198750767122363791875864
7201214966061151280487096488630562284408393694438721692120849200855583812510707419551872080
0937469424597311728117210519289038963703942357768621276682109318276364984042124938144097950
9863114225436483965499983479084307021764385554351257436828281530322223808347679511135570140
8063182004532207237948918635721491062425269939946710153668462341051533381426847706275852035
2409920797208699145373010955164150331762820019691641154602682072366925527514184299699205398
5343307306805737238050416719722112737405078927266340638850686734458560773266648384578827718
9114758013231055198784133652185190714606813898688671031475982646112937954395266728672759948
3359025974458786876849646826834844344141359177145877660880778453571839329371937393236408356
3375766884682111179935055410208556188490102016005063954168745108220603555410817666460524124
9662244228045452432160320360194641356097920019590240497929236732989245539901019801121402908
6869992057589177718807414612220502472858571536753074781438973057178726836636015761361007722
8631963885264462351255380773194595635676538236249992655180433079635962110674552852142902629
4982656755335273100468788657310472466493326567927331345122955059186232937393326086077451350
7753090157444382948733977960532284935830136183795862648032129736847481751647691366211036036
9509106666505171711508278200932788358722598394046306837631811808904423626219988123682680785
7952621972166872017455174726278180326830585488039709770479348310354398559078435527766760331
3988460527150313885633246768892710459585193289513916782385773577265810047982563935519352005
5204080028705967824973937478860528356493591497838037796496000521244583477900175604246586665
1998077028839438516380955043049219603244360903400805174660429627430976838715194598264473594
0234248211044757291117779587731341553609527595708986125867714562523994500759380206093550248
9200847673322930857422225502064556902391265436635785242724290560532057540308210145123820902
1746697579765347517250146583747884808053773515042222404295760361375432486199655891939220504
6999821062931609675651790751322960777857553310265858425760866686764535520927748275567545177
1695508789411805936305249944967012375980065534998739666395399441701705969810151271933311840
7679232718539539809764048527846743872316432910029065495308612833302664007580129618499207022
0025559721569575883761687843643467927558635739722535648841330601192895746428093578580811323
3143311528748217976603971257952890036407198923328131611640416937736628013259738222237426818
9176489596422703380390592959649696482133114473166765041976781108490966469425717069457007871
2640144865224284694889761725674653522050616210730010192624831468212035516995015220073163840
0413203033324231216708268546893175843663043078435078592810447849266395265239871864417338008
5681692321347429754583269402161253332837900960648627785494126679513674045877416945596140762
6566250299006922672678760365871379327960418488393933934692635434154809518362332331752293703521

029146413312752003711716675487206347389232937851072902951446292741546761947942747166916030497829288961474587026499797079206387240825023006425544995904011974108535167844409018806462937483544396144003535233103040411784572289029581805810321237438258987027473704010683777715925126453570650830092147925834989247512745362200610585457599736931352970781437428413405519544467214894150574528391716037154530825255583432025125424166244575245629644579107697171521470951850550035505439063168825810578507463565620479146676805569843845520277099697198898072337148695635670317768776378974327349282934390514556706074460797047693164627812141713818274378561462197088087021064211057377851471358837377388240765280451942713748811055974471831009393751976598021002410125112308136826033847449108771613225766026393884928495989823656572720426357202637482564949491262914191713064628059566982549360326132019252804341670439028926027993140436137026582012131285148815857311178210413103357288871817295262711200081475064026830464189887697478791731737038139991888242416994212152776045185956711909418073734793310970928315546816563952710104611376254066449586183854638982208996778329550111431499593680398222303713632957423217357446473421097414917436419947319588400526387269592318364232549184559550453437784670947045095942012021142208641912790493599452137392487110743231495113804293793655436372172634819075711353127093079527295221124795314989699080894665747695565124360561142008663990560990003803025061242360775032934134728905013167728097131626834959634092922430311950848788671035335200237127302029165929752526570392104214963495238570856057234346215769569851340683045483315459075364711469968242091023214311717692277385347704177940764410013010485960927072113205231853822274448702433271039878114791275460808361156877921513113104500836636310075175110259002808642771502096271366239740107528844546833161821150278926430729763557610551124620332480053105995115054314848295534329598305742724517378865271930007323217362375873273148909109455374027048118555719905168393874535206797085921189640785489504109405699659887159886336207795504521932156336124685303174705443940294182926355240155452316098682553138970188015397045962501691796648125015559323114826730056338357972603286017784741496004569725783495620587328730124514555763452302986481495441009078835298012070126541095251846066620176742045257367994690771908453787482060802904825167017661982073061833123921935356900407052154989390344659388090475077241695436518580750664904594431888629787235716030224813522046010903652145082806397492755128476943549962033991644887919743790209571888632002475020791023790730729637463263366745942755637845356913673455240148971259094803685662823210050039400731066320752572831471151926332892852069672393471750982952602125494764330195357438350925828311133911539063376617373077236302798898699857994501659237690675488379889294006051628261400481504694828140330839164342486509363545890913280595111633455036563482451915058317949808318272813479505077271733594966337188214919283787116463903566692577994345574304493555939684803279020861419681508260648109246885433832298663907454780526362916156279880318782827074516303278639076665336219750632242486457694597535966732006038982629300007612514947980089567124525695598275854857690124636865949422422772717715184964175107159841635720724122437196806720392706478942789421712842641334271183184794413346064724314115015509855117124146682433123520628406572269260690474791964472975283227495698196327787281625954012020538073295825004944593080978240952991296542331849879880077168163198608651208831586725605994414061844683749631892913745934216034848228831582897309421614736892558516992715531155888760072170341024458744020486544282730046730979555566681150130033888958302314643138290026007632285034758307808788951803139810207627889851743534782251208467594974300244378958428956807526632036276962994601808349419949127065591308400586265639963911040685104128200715324625642637145635575769452849271126355771963250658965455364821245926335525729259528149934158787765156922311915102337344071699165647639820008969846298439977593853981121332181032819896994579261764935829748375235928546403513823823062694536345810031936725020698280738433341175283157314342639896416347127053034775699155800311815918091137880268838547576972923398882860323029977043066628869553012102727057633959897689410249968479498168420119925613480756440406559462383708723688812548949148794873480861416810552114001845517008444484294847550732736642827222063365824017454988082913018839140156809050000849546573730003274779720991750746178595157995320223728523592040074251522563861667562031883981176186119602216284743190797025036745928204678178536647393560035403827828184574566947823374571138221219326167295010427069409520265028052288590935002394490874562620534522173119409577830195360518503854961406218253061820365182733706211198939024488975386358180994491815784878336528865436542248302027892417049689651104172759450178122678581439174869424357300909171264877160595920974458114629554223100220085120522589764778114827039426776664278274625939511743807198618722265586504030028469146927864680031836034638172640570270742262034297187555809938687124046562233389146465830554301315509528510972630050805188265272685335372937338569182693717167730316118647494810424215127915910146065697953313377409593674932644146370242752453933503013099283364854070698403439912124524927558029979882409206646404258596620088874191649877302754037292042158109378147131362262886669454741244955284909149219337193623402943371255755699886529662364503535192026777637942482082860568936231521523178850145213132149146986854835944706865850109813142058926764161151621094053567807368100897342458729327052108535726763805642288409296658844777952795467107351932954747130150792208403282320442894446782183965471109021173407251397247573570085553127432199967512595825680632358808838843662032622661914149347404364980002473983320924118386674296092694607014183881781107142824396577963884398647823137154249894725830411451495268724236 1899

```
2437267662584689519510699867374022732300260261505970642152746023269994970061582359282822297
8328684019972903653781681600288411730673324496628384032435365041397536205509105219749095799
8605957269413840242675559674863774293085831406648031844531532908153215494345828804429373556
8005276670180009478873358860913649494583852689279136559434288174186455594102961792995812608
0970645474650902342618403450108124033539000610734694120978386716277216137083614515110500772
0117042140575102955114913702554533502068141165244769178458694354034118791350719472868333896
6247610118301700497261895611839898160539092008911727724528273299586808380107378131400187606
7250126926454645097673374700236767820135235673242624788804823436290009996330109765730571074
0862132187796828074343989648355242714487573058303218024945210923199120417862983211064561898
2345049505439716180303956851265380149225169487847955472418638278627582327821299397820742867
5547109249821824468614795808140835500466875596261579061717590219271869723784547241129855757
3179374795351829558429913369281405884804215715380746853113023354946272141844005632397445875
3772751807146601657065053750000780005476100367863699111323985862132218224624643435010363322
3985967017289928425234113154343262930390735953429144139338742821872148418613127907162685826
6847205954664035651133279272928367042153333781564897878723472316577108118905881159220535413
4477675212977463550655110980181145470892170124410634923949242422672838349439407865465836386855
9700260199154168385586155789670127220032320031686195419702892475742166676680152480824022111
1561908290952882934227840649039533967200864995696544707521118461343409778577773642631658691
6987627495418868313324751453159002335440951714914081359273191146192006775792158563310761254
7070933961164415088007272939456368492532718589155168841720960114154056640038921028118648545
9504119005580079283947416199676003018770007299166134878103899189799277933082603333833405791
9338601259926635435064710091260634625238574346352684749297906578001728766596825621946854107
7987421844550471048251138993654279944593202444389898513442567266932786132950485170204267041666
8104239887877662828350193125454951010870376696381206031276179962188931877783052045019481204
7427052045732125487339039302866808539289855145395183070167737253339156792769039073362485903
3351476117870517797664710107502450768161655725395482009480911058631732989175311841603640219
5034635732195947558600832082926751238849555167250649220720609741203129313574353714553855454
9830258041565179862278016468937481723971338112369536373581105739391053691797392934319775188
0325243525860808275537409997210154008004697992794342234547468970580313149065499764572771996
9962803326920908915583817603213989264488023769100827420906680800437399250454122368497194097
7467046731673788785204941656447370713254372831395409623181337647384889412182775687605827547
2115348406411192866091980614228229552490758852587114072134140163523811998912747789131397574
8280934247282311021898430070244399964290644450844788027668653946357835978633014357430738552
2480118057855163003059480351702305291761937668044897455190062298141740225468793859809142285
8374494142946684056784478629968730373668633975101391007984558831971893984042058517831262556
0990751642566660914485766068367937448065297240370993339629283434833266104136871344725962944
1715366168325692987460751934900436754871245012517388228959426432206171837705951665664903889
6234159034283659246762389215431621094739650098692570895075041141578197189457994851682923997
6768526059094084769255556032094730179889261822947383468868847877421474782112462900504876162
4209757229517860733959886964186053995691274261105379964864827288214729865444793727051143103666
4153995043024924890389871904738048121737057256637134651471541312220563195699529710744845423
2578540931960703748062432887305740374143132382158355626714275687575575136182019176330108628333
7972585511567417230504719060873616277083262964429580482979563630823764361615455540616980045
8196446706678102433478459880692484772748952982620451694370037112019129535311291971380175955
7797453217970689981078697996711614064725835573138528037814479461864582163474520398558975123
1713640797468385145592041450052177212291446699278647652010036539788997094195677954229000414
3845487143488525556517630802992516764442476821864906215121917234256868516006058597808966236
6883201283965312270307465481821199948225388143004016811445036211672024446204828296777616016
5637897576349795548725510809105781339420347277448474876989841921828085630416492602991762303
6263225044182962965215438562876070374218681400473863094501591091325421030325613511075755828
7347865626080932564507434633723342240855858163385371530694587826920205239506727247536900139
8011496431659458297164868632204841795219642449832794880631346462010891393287053134556150378
8769211459272685051467713559958906322386507647782826901680360130617085698288633635339821664
1166133554804037038210044583808150558303401797120822493909503856609585571395374634762832240
4217519342656686392559177433782554820703861056330126237628769817347282242509461531890702155
0820504218103977489407657214990832478528545951002467959739308411062752254156964938923682733
5814346077275980334626431259827888944181849173802687044960388670718647708315647875891178035
4308201318656582034354073422928347455769651498683915039761412613360789480997559164824906255
1685536794824740509846496085681889172036998737579643980011652952702772372260193575557202326
3101476869284762636285189304849269092640985472493648181412831689382831257956621359883554455
2066740895840923148625755911051962200050308020425737002899660124136355648802803399956946560
9588576321992603000468539755980287655583171070639975066604761486777635632261161271522426710
9673618402529108255244615388577666027796080898302837068778139849238125451717898757790676916
5132460310875518147960012167620168554361388753511114464644596594898628685003842938167759796
1912729990459134396042836227821457438491080662673720398159683311458313277557371939647621394
7036948713448379653367208865076094944310674893862810166860809354876204062953142683679016223
```

```
24344216250096191988652825018478075009309298961687893514404852784485210194972931491229336642
838361095835911792669732105032865863719619130649857332086615243198917751756133072533690606
289440140362467357916861241907679730721538960992609147780039218290966056780515742453948127
5158278656086176628088767548528264353457929751091037432431480490509972013400938712099679922
6673274569721997573974983529556634445324345570326260278293136893889629676914900511179164157
396415162234596241438799849972397210625910452426655628296014596790128617641535247864330478
5814962571113956032515036318374506194258790732974799065403378129323435496477095994159702169
181036814733833330641513877132215173398409381746568333237521245212042635149480179573706485
482558812962411141464692661774781738601561556967768080635428081339262222680573586043957391
273877143508484770186626531697488864738682430941960189287589120213872770961538488095065653
073442058984978568214481099344327143794129234072975479326476182962040361443641127465240436
17542835856614059594332610091323144864164204976494795520171710865170698122416084821707217
164948247980774918016666318076045716395251838609582718327208657052982558926649231274050673
23487720349779982956094106360305165816819038480111470304239018204575837273165208592253994
10938900121122194266654459086779269137115495078966657667654609628827777519957055450729792
662085235078168943400320475437404007621799091881351094993966943134279859921580629270421382
75621435340592467202350206425854109685955128295988801679474853488276232260898821426027966
94883399735380911531026157275260615166467574723112673113045630210164427562827821914879246
89753209783265292168258433047908547833654269758433077955719520001012078724019881349498443
836763827041174210036951169011180168326999466120100860532094157901928897613978403516511599
642044414827682054550634184830616197994602704896489524389702584341717731903153309321479083
20208961951250759293649016278147407732247725732201913504568055999785692775430546578798428
468408586784134114538241240720656755982648262576190303383417425184853854038470371006908765
808535086402176210101567282914356736771103511643978363440428302347807354566914381770474508
458721178783915416653092472697951952686392823300371685067876207877548178391081973218290478
993291396078874176833081865318199940659792678221322713459632471409529463076197396749984634
36360975806725366155180785981453495358216014802602331762520150636639939135142877511535322
11225150570657231152085376502843221015840618982570047043917186490724120891714561202491730
3799349994206586637985787346060480619228119464331562925686710879697123496236406193738811218
02073791598180109750801132725784300250111378803495792043918992883005162429217600337641079
337196813319206758299182607848524757117752420168349348194140053916463935218273710489150036
804792597615834365135534943843191509214629308199501835916709425302654032980324967615843963
711435324714370392214861784382826113866885521598461344550803302636914394174355991753787166
881404529689343519876527230084584655015656598952113011048528816939415686706351783192218559
5530500029864832544774777199550165082658896713964089898056795806691606580609404851392801022
2769761561382608319076033245484652866146494294839667733008070732006751042625141429624471453
6875097068785066005939402651877861032765470280632572990619689759188738667230511012379493292
59764957482625519592739447176400925561852118577244308889458931304570975272586707145565142
6034181989031595457218862114917103453059657845082618680743649773583175770086475879964322
454895007809667119616215136769508530892336123866628348110293980460745534272724428104903280
767670033772711209491284344874508135688221560330504388351754108148303753443420841220816836
0581326234576775427931619860454305044485105558004116794337671320558147058727208825360473106
4967931847963735278844788520587318286600656334493256023590888983537772507970200505414402105
94610720764924409136337227897399466397512341178836631250900614162322765702854104850679744
127181467643084414030023752565373049527672754845459997871633253310506190240215181468100146
12628510397598394128823698621131831524776496795777441913323947985528716530231998698023938
4731981788171331034433989083795800005131965345233833901090970444714347942650262857403151
520354650728231183851986580293621352243795431938019834329143125027577667543168698886028656
7701350037258969644586868341764738783906544421819235857731078700231917445428714160030268
3724049464360347876903573326188114310108132188552798589730345053440330372276915140453182361
8783217199889890550829089662419765855980578341428737306480985290782145941126494992196511361
256777307699460580206407239180866900201756956417595527211359337589791160475982315587253564
56825714374658566889820373705497045290715846973763555870609280120176978053293579678380795
279220010520167689887325410389319250907174288810810708623207551018480041769696826290392399
83938116236638478713081932018555926786589870985022953739494217542469625354704395473241339
47648521037611777311231385001618713047106477839324875850063619911967787753268071392468984
388265936051085465236922261927240349912103831622629724114408355686804998074604837135925207
5390170144693739164092864686391905375739329455653677543563294895308547919735618116894346944
4364303087144425491060982948288158115956356299337794739220978511040672166448032053106709130
3759488434578734398473707653747404793080903438244339705830532695856299847938304808177975089
019323978819644747281348548648563997367907690393025128591950959453303137975185298186626201
176126095321392633918271825632758305911893721069157764383887227842285290091226125140805231
081202726247737066716153729796236517171183091817152280526537593373755812823486429693226678
713386959887691580950811504993633735690590084289200705482525461768954164710778011758607143
86624044830552364259377579855244869608072673059076502488514081476189179998962929079540606
65098627507033091008866119931836534781106895005532321232310409943156697571284321105892729
```

```
5626652983068346126881174350276344573487313081278785396682594804502445089945385062622281565 7
2066562590807106009071947415806434289617313151570605581139989607656842772395481206246549279
2246644108673930170526784065224750410536043235086881525438218840578152295198789560649956069
8274532892273270385375845209270924294667346895933777896580676951285904490573991307948762539
7989989468534486708427632847644098046534885512094360642889373837105351559587950751036819995
8600924794052205154880777749983061313790264128273715757106128173624978364745020722775619521
2674327358168549611969888258311261669505222402188114669306257495384708699586574599887892786
8473871986438379048046374622281612687127634511309478316617599707595085332574602849374001043
6450345565800449442950345318338129078508883338583786977108498206651020627957076698334451779 3
4527180376911410207557477431542932903262953211497882620351598741254642288439527779549928956
4754347105898585159005508490056969036939946380541274407827207958812061095018266675052829100
4286440115969091560260245872117456045510940768469797368274814597904045521904841801154566347
8335343808815341403723981788190775763064723383684807661718788752544407318658305011864756320
3017139833900789875244411026277749295455787263151608748702504806203816260628415675429971100
8457236079436838831775697116071774760197736299860847092256124190334430386806075160778365027
8916662836093176759695530149368127979354666523938986549220821261327763789820294679958162439
8705936239170511750705049392442937122875207210047900369520353054174702688100313142753117445
6246407354520013033515441611612845306363822062031827141203471057333057060956104199977441294
3789723336195293680711629464974174674606161944284195771506421244911540670731221384206414126
9671545664389159471777969493519583468433678322141303743107342917437343755344159073773807768
3355454522041607558324500141271289974101494705488647243415899129609228298624074551605891496
3102100059587134719209797239836831280110175264318686111835170173586754064926579151374058216
2972420188375102977202769228078017323536585248661037355246360519741758718234908738197745199
6041351604688086082725590610482822575767463581916629034390705475970348090440043043333174 13
4614234541274567798725892324090915108730592024279001496737015134772151425714802387818972789
0993192321188518040030497628938731198868763397705690319074145176297505582950790551571289772
6034354672225187519472277750347806298881580276408830585887321140899356256544526325626293042
8543993328255032950289369907770549029470796220083902932214441126578208956854344785225 35584
3731269337547937659943069910056990821560314508198864943894886795977365202776380526949555 87
1454270658517474445964682352694105685193373700491448623760659795743742949313762849542374769
6298423620404069903223286254828223354201652282912884434215751270602021538317845218564841150
6693943643644633903294628692150012003317372231594599370244046654644010709546377862736676904
5642599775860341423376275925853631264370897307579552699685031320690918306791326542030640031
4824559862392657597573177591286253089464512516622840716337014979026738432530161901013729788
6469540342569455726305220387629423264806499623816308550031265168054478856819973108967 95755
4422683922048513091902688240337712017786398604639800256037206069295346015367351300935166 4904
7599690415348442284064946435783962739597969701199959968970550071398026714315391239146116 135
8183406808760534667255305042239792809656622109111184778965033519003128193081404706478740367
1555521140304070303989072232339159423512652971711214491591287469696454455709228043473384101 3
8588742805072514932018367654986544261906876750303979569390242134374752592028444937070321982
4095085287439294127815958647543036695336546465043812295538569601870814630360006810223193535
6775884221706627177875228953937497394498460688195899260579042663242818188329768257087830890
1643540546417536779752140149169816134993044910420427417299073183796985131245595860639919965
9668996108005049400729639709895951757463495011315239540543638424771576730579689978093511231
0127000606831560134705616884208186210590658438546853522653099408095506864518196431045500569
8528640369722726449640722091072805065651759005363319425717882619016852091109446230493872762
2601300966509801815021611618931499175544866484510193964089242453518586296685358807237025208
6290396375135442408416767961062540774535439718702220389829258815048817462632144019324591263
8467764538782149003218736052884016158146769340972434249669596797455129521524754130038382417
5967755422515486890349846758461066315941988121179713345250927530701408561426350301527147370
8797902296635683001787990288084193893922491884489117670080380387588878016977011134533491153
4802106585085700255173632568820097595527487122535718255169787531509556908689854648379484 30
3518706149231357340296313652791276152623061043140923956535229749326101802357414494002010757
5292488958929324580351889348336232266211070472227951789643113533222151331112813026996570565
4236660712427360675833767835191012510994437030462907634661496449559967303212585228400681 28
8632060138439153523932091157906047341393629732349275918089423365652609394831336481029064358
6311830825965878597847150234490787476787995667424852051040103999757103940220630691734742020
8969917560052888987367593966293674017209821954183371282339328862477317196438625665314 5512699
2223677667770819864349679984152604519464045901639578960492791392910434902756838172684047052
2981408906713149152625044175452710112357868012989368284933913963833660781422917945543449168
0970664913188453781202579621552321288398882948309602541545158301556456231328450317418576979
9799107895565679960825291655375861223383807006921957963941983742611767676910050735750147104
1273917783596347944115924160740964918923861421443150984337999995741238608455687906501 7966
0465904011900931064914597645508744169170936159780546717465899301704137539046825444198493069
7739603336143300403226370441388424564853196000910240359148604341956718891985856156554657750
8901443177712861645686219001284594607421607429571045831400462012463901102101932368874623 187
```

```
4639063905184609082474661222258683171698906360640254048935087506001935383235847779777771841
5669271122400445516770541931073038836943879788904624217590046666091040163622700645067167256
3298135619169577585613333903982775996522509904038709327898622159549437997063064807096494177
0800581227055933091621184400463589378563243586419106154006820478790162140445787717398102952
6071730009912179711375424333488226661867180593453500359794026210169455894879852873823946192
5927383005865786236901271929638265926393781959687776344919278138391527346851031712835011677
5412896966340176336880334761324250065479448355160024231256646080107867025860376099390800451 7
5626009065555413098404273574300500668774331352820617072990338937053222546700420588964046523
9361428307918540416966678324070955958770942320094156109555343343491385438840861082486 2 4289
8596197412565717042400678767123685935372271091567040606219434726020409941395472013175524491
5834594427491919291350235583440418720697434588605383370185897657206225466863899147406171384
4091114054244489241812528058737844437599033702714432320785204641931475594758314291941697190
6297697904498821308019258759048587570102804989009276466743181741931273879879190866705646017
4141045183654736392112018312726421352990750753167418604113908507917404417265800928896640035
0856182993724721368434131495692957040198130016060875412795746641903179733259392402107416767
0242353517422118285715161832976814222607309029636948713308807785556663239728334225270656507
3072518903090395022975145545081413444428165414364410492175062270643628610175717112048366581
4970582463578007550456264537446280525932841567885798506901058045297562628572208304783 54 366
8131330317233238135264707527795233015289166395286543189995731745780167826728146022264 03818
9956693799484242109824897420088233111400134104409516093083130905465503159555154739774802214
6240676110527161375799862835439696578355245670079369497518767985004347859444483487473 92241
5707285777998802963528900698400767818969756354021766194294424753725649845722655067873 59093
4057238979378191460803198271139248049794110049229814317594991993103280897957472533768146061
7454331326448924803701346264266926317342443574270517747565067556341333600591783137637375920
3890204265171691865422448413609465986362677543332217290972806772121812294501776642327167331
0919275233772424505908085892756556434411548443888953213270285605406000643524034011 7 7 4 3942638
3149269420366767712492334460461527922287117473732068207379504077538070248751397369748 7 2208
0794183627245792671586058756843738256966015288450153963605799764879554648491238782696 7 041 582
6714098393026058444373118321952735782499238053046097925217595294376466967178599565547 9752
6010481116090019255987703160369289053546421969361790098547207855125725975325768780341842823
9419301167647127802001324490541706871940608748642509924900412437799025672362387521344 87546
8680180570026771659045717416750935853746632784661471702229127753816489358140375420413163179
6620462601683005835840278084250847061028563214676349216441559656539951244111527225209885576
3180788086283744449537336866289139439904591869356297993169132074310849123878269670817 37983
8027600732835237130570383538812019217807455705392131250482197669340639428023453350969805452
1919641649696642051922322293325224980990608094382986082393386867739544526736321944401 5986590
4066528670206510049097867130245089605063631147497897543186323776379320227953001087717 68440
2618218003859090607702934597864093296951123385326149456558596771175442461946208674178988143
4778027023789183865475073672507012314659542104230368253015499272923049706500688744552908893
6646551481938480563745544703197171864227209658706300498343665718303094585252856298925461326
0790172374623360138208947640472176710210783653063283918528942630970835241842688066639 72454
3519498745949527236882351106475938370531361494523326299006061354420207900800784435918514238
1095406246359288007491747232601428291506647356469491490753130404119487461275842517254229933
7656191322834413615988451230509792290809347780610001202430793367546069567188678475890 29167
1628151047910984819968795053757476103438392892981834755913533728342888492285393965950164594
2296849021635769846036566677068849790614937895866238978513950301955252071159479162430380571
3391044123512797717425894997181320899397240945763050438176542023774937292923666640858263563
0470188942847136621796280779475814106472039686900573358837832383938515643676929109532126309
5302372341887763775951325585719886841563511434654449213461836258200177391119635659736209174
8028951071191193121616150493566140019891540677191474060450200848900785210448984071558724913
1814241237453147390958592854919261955127528154045555489486053043951830551638652963511435855
4267895788433224703032239846296940370036386670597551896228216684947215516799401023726052761
9206175045604966371707626384595300533444438789944328543663014641420751502676529987148414 8385
9242046843515052858926483541295999641906383622550061620298517908079995171614289274332 2162
8069635121629029650503454559800242920380661131224998757487778145433495781365580083004 58790
5455655237596430899472829415658468980629431127597554693021887912731035300216864227633 66103
1890511086335963986070974737419552934178507801365337868776791151473833252513002371910235875
8867980393855297049983218303899853337353315103458044340257304227586826097239834223150176408
0332731762263196756598977297183942297165227761967340857344413747591477931793339892435994058
1396032281346592478558756550575159428611613176739552834815080851852071547951439266728751057
```

5275677719539311203573194334593434733729518994157214722761903678004308795904799926642428196
2016300988837148845043980122446245560266040861613319972328497876159317126814004045056189668
6909847082394137085518132619963768897021241523137818733130015601121995657035414106535356384
5243965564267272174345053170897086203476547586741281464071979228057446954068492795994590458
2090187317658661625178733129693572624876301827480530656002946241810151431318690240874938411
2421582150837307412833731003222668395769073506988176827548481773049953913103184653278383865
6267174760018062788758049254008878403927985646496451552789273450200154100313190509627108096
2889523768982872651391408194511671795916663181885337312798227947809638418633081232493436827
2708847168484082306510680498401989966141848682192923712432262932844248302361017983910042699
0407744799190837610211112396067250719299793136517706731645047986232255197970299256653151015
9660459669015088706888298252728640598951425047655646438613971390930202571945855825271392719
8113277588869554462920605202687675221367966827468775874528760778634491382699563480082544144
1318253472049480142126543298296784668605437790613389102060765389746783799090419822642829171
3569800434724666969930157511495371520437403191810795486689432406229094586232624522096675744
5285660164657873688424654026560457697329001295837874201711510057426597492533286825866257024
5837811521822012775760787227875362544176785168184919799494497649100036934909550819450205563
1122496479676624965078580232712368944622866979631971539024990109911767205329659201024327415
8366462851035194005414571907148638824694469038224568838850078244103925016359715374849056945
2456053125403791760331016534775001998649580583553661420716997411733105525404205521107731858
10458946104627355807094714668352878352224424395195109596480193399728225441237291197533523333
9788200500320948307780662833646063246671001800870666288977157613180394453085177859979679161
7562364245799131874799529518736756020672433607862783164465504713334255774562203297058370652
0846148146180327955657231128913791506107878236724170631574279086027582680483282048253059594
4865355305335573608943668378778877908835773316581566564046333631178965577553867451359654743
7928824432776177665299775378844321226267587896126638330684384900580057761373094604324573314
1597876165553722630161642335345100237463536829894247824255806480766433618052377415631403789
3371269990081154608408142405869284464087423891245775193646669946373591584411931779500858480
6528052045138617897232991096461177097629716988054744864040358883927950040568096688268825267
8332587535835160050579458531484837770296761832636064913660564711850804916359111816805735686
2567675748362796259542314440842689444178084654590010983008324701273276732518629652810119877
5667425123718547191741964461099638143692252764876865242964332848802671048804488801559106447
6982918336443256383798347892249924247347347492558557293151861103453413733567227462578276718
7551285222961571935018632517217599994227794412512769491665964117645331130767839435875570151
2683397880778230893276729219673906565016790988495989997183620183772466979164681588840040150
8326413390170244028639070088310664906834976728800880971315772643341647052515364717730661398
2722405632571001397299899095593747730559636348560061598496125351831074504282805991011356152
7646137187323074054864438709510376239129317441392679964474732361821363311858580406993658377
7606558414953328326602877854696894300229268531019343019873705871735821809800669389125076625
7084746595062899184683469499119620505628810062352434005024075121256597621835683455225766840
4916525157075841461441328952097009306872902271637056385906105921696945735131229699292583567
5318834452109537570173563261816644245918307191732592805735184818309872294562621725404444189
8640397503845136061110062107180886892905388556538032123197766450079788089229139071971832155
3376607146881588861466593708218118486409491244157801586964737239095958580311735493963934423
2398121883583222690622730436915479647732903620310231584622821186608285896081690940900061899
6442134617344682521433863060864107649130309630386061561226947756727056616419832266128295594
0541852670099389441814456266998151219653967190513843135365503213130682424517348894759250312
1924841752557403812351139026163553709368646884710152598668200629666043326715884702846725228
2736751363691589349857215149576969579379312933387868587015586438472121908813119471337087383
3823270005623992374477172103479216899587001504698058956236518854268293985666712723058331877
4739467989387917984475726396699725651509335049449623932989441183809511522027385936199162089333
15593735213193801270298481882968245692466401589102452240833407352947237676601871908356625733
4394683547048362244546169937129219945521600770522653798347510666769463255511566449491168070523
0528173086908826823801294125418146730584593435812734334074634710981016973375451137000361466
6147779737566767622118782539423603706549237225664751927002508248886040622340981154511333442
2390173684113599153372373184676634050715689668193810358548079907399613453888826857567243500
4591899740069104470411162876652679201061613247199984482371523349978363752301431351328269553
9529010864942058186043961590530582597540015734752997498272309538705772100053964188697048745
2897359156879270799441658104944268793902227820026173884246389592211392638749541141959433002
7084671423706812813778229848745386201960673229557664622256072650083204373463689290697442573
1014887778328145970055062112529709439551348206970678092045789009005563559319303007467104257
0179184746799520164509853815101539696173545527780430626775794877109799136259366223493706483
7059816841914409008692838417581369607702626526373984217927518655855340018024947388424795076
3593696251658159800549011079707269532448861374349938844083661468592090201387462929729093845
3956893091552470325456494848342558435392750026839808919512438571472788922881800472797910594
1649371664175676509443374654097289014406328130189143863392806334434942400260228810471699972
5533939570764107067895059052416329022129176157072028133796306498598823224267102982642645482

2793271548045876499212413212681827672309034755957930311584824894830141731719343104663561998
2934226608452419772430008947575190644364250704011573813177948095995339269155798840054782899
5365239563674165729648804634630573673711721580999020989445373325540664924455565704797520791
4581230450618880669347731611549213528598081110964035642010320650313878329814443085638720657
9389407056232795868744608528406980628390128319994040317536981729101193027421648744601861963
1594468453807557098722129647584261058043710144144891074881337667213835454142478713666653871
8207128484761707002802307713986200152328528467498051716009417700848306078163074067412915857
0458579809143541609290613494597096889257105679100556752900747504379946338211192119990091221
5396556317263329873593583866650018970210376810565539125811274256503658921429101919356774007
9666127138230714081882841864932545670050478902357998346296652053903452672297367971122296475
7638427953370703079415632893117466348996286910518604722726888778758797953654811330971852577
4883625499507809623831168239465051168547086261364021782044527622621850946877145846667658899
9947937102845702785828864945578192102470884098054884049428920275863251351203276836916550933
3757568774231103616106683832158080256433346454271722024956621806059358605778368398254618223
4498335419919081817549239621687105280495142246375891201136159799843803455389874368637941643
0030513037889583127924845498683990658600640789933528127851940984016719729727069932213390718
4209551782475206802684636165397716512345734303044324661478177119961085537282430917112635195
0119153810332261700960781979229460355260187876692362124863624885129035442839737923251389555
0640142391307665467538114524402470683765280641424872089134513796385999449351608677107460143
2747723851028474946466363346194172301607736297628897725128300258084687726530151682029250873
0134621992315653871990410605507419303633901844423978744233849982606967605702053536845646427
2727034894392366484590024597949473948604166711335717028120922680527815688335313264331759029
9465385748521847109720477182480567215619231319966276378282067062797786438225580872740355388
7557637225829990506735915414714947437264983978705766331150533421161217453408965415215549774
6247888629118303526040368732822025070893530843523458081507195695889241260528757183964963055
0766286009111672617530072817388845881237359853726929926266266600217297690409322916645780080
2861573105013834059960521518020233746749329410957691399996766385217537464885072146422768364
8609183193323639215924903900096978881210112974635837340525868785445702221462087368587279669
4145301762633541558879405907321222539467037826546756081074649604180433957953872113306464677
9928612294857139333856329761617850891155827661197902337999866357704749637968223993509579545
0820550511189303477935702443035283044283470241059046122468081137539970742874343512072417982
1000829331913714192887714098986370546271136142170603160388771587341075626603462603469320575
7463632653061205961474109678643663281284892462172769906044003564831372701718432611076286907
0629628767824833725218167849520870187388883526681880688561553821029179384688125975922387175
7568737766365217279182935988891248129048499965476445965554595153192301986734214396269052453
3746344986037179272054279681688929555879457553413146588128331024557479280502008666957169395
7780153414390677074688444371997229473142096243098464505318539652190602671100605662171450565
2396167629158214100393073338929186256703337144724170924079448220819579349698115524925573254
0880883164819519948492518859797181791650718864975353694319576366026242617229242548005605957
2174815355934092538283243334477794234508946594682954801561640088402355037323496549878662171
0766801062510274472340547773872282337063244223465713099833535636179045129664535920772793879
3927009546601461050918027326975551357136549094051709869143338343735386223956625316705081322
1234673687814427618547883058500581078515556788076939732421220873066182620090830504150607987
8672078000863874831471046796221804394757556309908624424438280907075163603921360979671934940
8198200518930846341841851377586942138597002519235721035235978147565628370064989358061942774
7837673671656860440124253539425460837473462224960829827247240218753734151044388427140893032
9039663170598527274357572249198043964068936908330704606903363403761135669272008017206016525
8701660292465653183217835903483184668496336231773544630393379348923795838233801483524662070
7688841775646825727171361914835528944036115796246825347099957785414816484667357356113380319
2065822135496782962945837948992590906571508585899240368772470956002252060304105945472235734
3076199202003870342402223490949671809511947981181231766216132812657418887926717804023855780
0559852923256156882467651635904834058800448384582302419984176242039750282144420332371364695
6129181609088070522692744785023579437156142854961033099970139477214606174500788247541700679
1781881337307355387867960101241921943417398732897632280986762293745343728998117259300822232
6243759854001837266087383264712072554491306433644995100194782544525542561198544468963386192
3341088611902366362520061677734072684448767087078633992885187857488689069559520575608065533
5972362554486657680659973002696144997913863949137643343951178186561697245750119555271398766
6331024199364961593673423336765935189951082105085455868659024045243950149586570975168801772980
0819922259725289161528326432871330191207202622505599302105520059364272067206743658081959198
3894686241507538027516566228260425584487236963423152737049647360124729374705823518946377728
7608586271395235990692232587035991070927536077187831275481509403512701381707948704002794633
6433688427716924012826404447538300216806055597399111532756743042507916896649365346106649030
3392645478262450752752970355117029389549392605026116732805080636191135041503872255354805244
9503072592208321299167699393857896052191904022659329689320152805385584883267673657568583799
4286855431488484598780431993710784840893374197790800338636966596327000480075341073313028695
8286013592876613508856941307268952706221194446570901350002850781700817329693606994478080116

5089977469838327533544622311789004142445612565923619067137782218830990126205038713863746110
7547138243333426066111911249960431197487300355784675385580931940536564143872408715930702800
2233620240342092669248410365413924603252815139106025806900867924694784641513774253049081133
3748592565903252108478705836901803059338532970010969600087425044814184589259856965345569800
8272371276255400483792707641017020870006758524443257752645790361826803605262387899668756268
6845758711349482617027872642077405327791783966059302468053761252878362242163181476420476433
3456586924291561946174147929303267274533198796275905105825564390641279605996051629410558357
7003536563242856713972433093599986178485440971818172554477791409320959184050164998486128073
7887188167547887565056631963197673047058648946240459492697664532851091987443373512156644888
1451325097829979985682830183029271812658757997491525942142606638449347618236694361301000778
3474504544383940594638253164174696216796375403949152116008355340458730070341674476885386353
7241759119191257302962875769986698306028450551254255778130491965735370810975388980514498281
9585172096328879249759668785855762687283638577142823352346656795892694854891954487424195222
8540275810132725725884846046549518516222527214858969727263289515266100741919597178328836594
5597685705772628478559544883724075791628836314849064779145534872657558501119422648699624391
0900959484219505011828545702189874103457183898179048636464908296777315083677699733551507417
0081220258053885245195363983453187617781231829233845161492018946787202174802452815919012422
5586516987472590215507624974912267376594563307616602119434840323979914407024881734343302927
2571092865738989424064956181090979765498511842477113390072880929901630186941142126117034372
2496674766825988818337774891530013580023146024260472055275799319899409643161144298528316114
8698973174864230826264934163168452780162228694521765248789069955609915109601587941691038845
9563596685293612599124572928376935749499600063745405102933125235371942115650133154753736280
9071428157731851185927633100144847811577305157277411636321762995559710643742787164040829830
7104630541915599371481539161255478112643743890397452120735757677775074211505082981008573752
3835183835753993320297598915782488050412070590464407322768848308743534512264547062694097544
4513697572570891505730232425735672721085168470673901113721018280580460322479166007383269145
4159319829243254337646860496339653422481729383254751114037593843778055810026792035933847989
5865486078741941416884070434173496904240691742895829113388157394322771015619624776355199024
0217127468627824721979967626629009191769556438105385692640185914761669543194077693489655590
6031303415790944551975602966248754548790911175326993709371263806722567514630607402334459831
4820578077855253816934364805356807945204538688872214580520228137165269820116250616572973797
4807500297233921909750122049474941700659392967296028738767195222550630864385036022864184376
6240091747190328339083995367474686131010932754508537010324881645635754895586063679918936112 9
7876190835673731227482378182701853106426309613472487143605493183903770261332912020741185702 0
3965492336859086327290034787222376598941863189523397575264482623228467814741678394175878779
2841341122301988055483719196620859931129697830338865167585446227913405384476083942355534490
3316330001247579965276168526319453293095962731314672619266181983219456648004891272404216573
0413638330422264897851556264565532197114472973260582132148615280100972768015104029896520 20
6386068600459816142852374999120852093472923079773503015339059776478342890747487781517348157
3626882872884730960864188664530329476533093585380227049260073288432941195208648297113175
9375253443889588142555438517329528360113779153290113357598117475908082955904750657658456 86
0498951986993050662506170970783298760630468160095210972977875136018632054589557818005958 75
7171911723235091578713751539912551505260695947605933157635090917977332083361368071945515640
7495330357188422563693171183439732516057365037747321453500563595638262474936382247058368475
2142607279199552510745513042443383364054939700333371348800299785946575449427651830341211197
0210299873361991177647930047649326491521909917772362558052712725779928418622127220259472957
8364241569518389042618629319498502398088279018227708670870719353980183576382804721762702614
9024918463402523612956452126001797544961312208728483738833193857402018908281767850298505 2621
5633527508339394101455472125637636854640790946476538165508050017967373743140990894748416 91
4300650118210399009419171429055442874348691778082841271632833493337387601898051923823637 30
2197650070299199840953953640819293935448443378672525707772959596138710071579214721837075804
1500544134986004929074996989379034881020827925069300574236017467712639825044479879477551383
6887538882077572120635319586500300839106544714907549279711557218460901553945733251863898128
5824687769598008274176555499255652637871847498870632914943908030741726036758968025487183739
9996196829326612241217067713397137880925201702623014717820800639162135982052973855055582095
9403332647089156195552235663806264125747913463825374925991288014312614436201171810061047225
8584185002863415621156884418566202827276600655362434165318617270547046018295233295364896057
3330745306473007739458174055622180102965869545542962321362680851935845002587357305866651956
1744637181113447765361029316422992999771284847399247914997524697574616765240133398871189950
2919950725940354177678878427586317338620212314331223245499952102264641917059020637215636487
0441042698363333138216958848319812093693683591904114931623478727636627592154568410702417 40
5297925694298191498174063952714478690511842343371955926123191937579062117858090932058847948
3630579561215601056518207521648952936475049978364259687880476092599970186536111131360484481
0434313726732714932517640677959128270418092840993021480957457866349377922712137553712549498
3646132191054790119508054816377823175531880540483447456823482955282130638303595464797553133
8603713165764078334088593594573767196740862525180978181788036986011661388347129991537711238

3415452874048995646902826030068854276345189623573554618158222214071967866843102682655738115
1949371316182349253043654779188727730395772916676035989068298497927532644579302056250041982
1581783367975832458201670334401637519436130793606687706059615507458187300740588554185707771
2937653954611123552017737452675365027712360102626371140850249375451997238811849720048529540
7605375755004863349851760393434036589529608607344805531229553356882145671180576047588419420
8349633845421653770202262887320328142627192419113469807153506236406048801061017613964306550
6664667145977479275127501313346596764639606994405703118605608781228063289678165765372750629
6728357626397482838464729501891798560482491985007991609232399766719647678330126384650808804
2831110985025546612968618556503500123610685297435664465619849209211012663758311954624011266
9489300838284386599999928333379487659821355883933097596539435168747702542038052033733823178
9338782825430477368592737723574788865668587360925686910563774468511315594786765164849217860
3892046920573921373965976293426617993875988610557138473901586953800144003377394259635248692
6368960907053952625109612729088737679822241074767848829902625921417206513544327199164599833
3033382050970236703791891297771139000217964645568170138089418258462959876893635924393798037
0126043700019545375320947585656686261869137769323655538553373664018412604011712634532053725
1244688083925045538064254766280934506039108615119488312464773935945361134626325397903053106
1551540475704318358069888911685088278357540626047008133489427756419881104615033910819669743
6038560732670871560877665885891060896072087471582697016905626687199268158483351741024109506
0497613332210304683200931629481966641786641089259633540386292413015247640415195327618247072
3527897727695774543149145720405417995318578837498108505057157671110581585216705522011002403
1214717157984645854332489073410987610992956496761556544718806244284933719422274740449837985
9647558413348941074260833361521207750192980151294656720842115507638816459889661764643697603
2892432451053029825051224268070373121280839351220225540841513202947999805751376864933655676
1676849947133492695625773907848371824828315567929819728778686290363105606858009907222402153
8766147136448019656148112453886271654233428875619797920485573019299975004175881862203550843
5269374224183477542357560534672554956154189883178560292676908506131365952880391735556024568
7971772310603217457604975950322562941963790630937955810449095876213591677865829539303065765
3092307043986757062576067142706385260554759595253213047800632610710768083216210014579464097
7692680069139071937272531922852627428957389504137685477459296033592272625266668352170703189
4962827245652845821425460603072804077479798854129463539799924647469133552437723183045353848
9080809315251813576848527285891732859174645036561200688294705032047169041537686780019293050
6366957785508855054236989012229808779126706105235629735806022018294315807355521909375866577
4736264736992888812797829333949986977352324137599315546363119298207065372747860725899731206
9306272104015723943842608756093932638706392902219030858909877722019855938537268811479322882
9223698259046430933978816522998597111438879191681125563749831316110931906115632552892612058
6515985149397612705562408767671406059062759367897286320465589407531927159129511701844375575
8535236978206034603081114085616222042904289052870934871938753668199421196787160344751165632
1704404160535134139017313668946388738555313863682433699759859706164570626704130459126437284
9891483568904556090934810115809231807301845998408799090461574931098614313315919784060635683
1884195070759621032685084075395110460713677431506318655681175045684291098593609846869593672
2775807730607288378881424681003426858330342225922259113156871855129884383997718184817757527
6526868727478679975609559814433269798023224692517480084804373540267386844464825094568371986
9661983308898587835257932328100478498000016592407290314660281505647241103452031576527657771
4505108046030512975963903369048782270839013310400538514937353749729516134897226397902119889
6344486620188190295769295043464723057845265200580679906453900495542748739603331115133434232
3932815392857552418925427533689936707673603270769534071539778311769329985802902473091222702
4003014973214830993493324188082111825695862329465185756368975416357468959866026651728710637
3178211544073283084095822937176862803685645159152570329027569036857129883127811874734596074
1731009788473156283864948619310435016618122663037695937267645885383809430494530230302680142
1097550250389072148424600939875439915383842137754597246409868737926602794166204708663284387
6627366087827215003598927765170744547706538396196028343102852384091338723785639795368257883
7058304894726634813482131719088833963367241231536397295203799561405420265235573318226053603
0151610767270161366775347202108995240601901907310716711572131531313991087346049948558879305
5573290748667569249917791477776275572153315305919154375764020855624311494453725459568097025
6475764244423090474070144938720093148556612673864189942549493136310475961893303490949930728
4324090086604296477641606362128947695172656741692210412679197620262917558530596160588359815
0943813988815546473953900221085978718592405964780276788923924280477323241680115088099429075
1300672861497237850416001553809727869101165381637602995600199875677105287434179648634948759
0228434505810248452324285061945646492828833802467453143600766539393253169069347153411102590
9155950809996077710819240340081740190904995224169453967084155126335044683742354082912646538
0354941695384687191594786448216907197188279045374175897865653963543641749642113833239127266
0853829567746264220437486137508696560381441154467817463182415780125489762580240567221816519
0255256466551041784031399315527349701282746407837967734310395750011676643501232392187217369
3956157256120962946586125817922599712293601560483252932466059000746753828911358879660502304
3275464415772720413553534310692302099040958828028424925456609225504736786633535977670114754
7793789512216395039174883700606920832143131056511403216591497160541

5033152608756244303975120162704447566549744508291084491427532865125788432014337191619507424
3458542671276811026007996977327310910874040713888398593020568547705681283700324106099488089
1203723375156916771294476770105736285175269226738673324904110576188363343437399317405736193
5369077705806991870011038755068258651233963419298473309667875732032904837005690335362168372
8691586822484931645864130995561280761354315839479796503645798442252939980325213460972862269
5362672470762899717796327633461412070415441483053044019675458162359860634665727330574033424
6756825399885570038420395650977199541002683762829751197071569287780588231902617101475800897
3737834649921004305707615859532250733610872957027150743122979203137211031512057869458182420
1741832056515117533812845799817329613000972285911308282090905331476011967818503836753034704
7000578748360997590909129630344182765505119842942611742125017453108837615277210320916233088
3357102085772162595099252986436418206894396569085647751243182903018353395109114675137185342
4630585177044343216131691304544562072955779149889048547850294942518699230156420482367299967
8208543277081713993729713647285516236910280943949049809571114798735326336108615449092136210
7195786271826589846454595870090692492488205234351128687386269125293356955656244015333447567
1624094781182657115595475669936842356249997922772332385678478624526949813038295767158836825
3903484616714968014138599194055579179178582819757848123724780229627342713273807017121311593
4540225441686146416206418549556220175802717174193296040307242855759140374875241255836486847
8265305790211293015046009300979113289391102092842221262887439723987929998722171268024426957
0436408269175123947288580976631735219034774020783001082500823068674816599291621420437855969 0
7008396343174915704007049111330970230468766158574831350801444759928520207278604062469098624
5818371056631825492066663392863961642231681397853741745589835502398141343548428450535633008
7561134540185061230145050641646766200254793727370169115091057005880583855287751553568346135
5508881431374498563637773694334730779223692023281951260198833485319308413912969210345115664
6155817184516091865304897119538011024852574989315864723399926745372521914878779978880756267
3750638723780564697643526861306774761161564030889810722990061362029138553864683684245835443
4207249065269431319263630645579191032817462246523050868114539223790346999357618192283841178
3111273426609317171605472302748587000104786605983536876204234909356314679354437007086760444
1608093430388964169122938462935021661100210761640546614532826133025098992955391927596299462
7826326321165658743195517335942787247995482872278107931497771103534255438166350502182004755
9845719470764296782715877268483623611180659244515952829152301818089716722717634965228375068
0731317141445335093301055862157197336759105167204885674541572816321725939792701826776592787 9
0726975958652444479862784876695394914610177605776036071107508660345575557129623454066377584
4877314065805021814441457012161388944294254301272614399603975154880968417538877870997710531
5689605779553635967007806998565011955361699581910918533374030636619990661867745865365937828951
5861921683583853720551718196699002906225244297196477607657921208349979814831084253380066460
5646546284410595975870105383783766951341441711576580152919723932831823741907241827055621 14
2924812595008621934825451856553970125840647745909416107798448667987879836035943067050826 4
6985065096507142428798416650133033647595971329458356905875969705836598402375264559514284 152
7430934760028480597374451154823040085774538194414235491878380929229783184414022384436112 322
1688505624335418588432511544720643284962084563281194108270588318935428845436505344535633 008
8426685693563642890202766923084866336118299142987263879880682998086123949763295104635913 382
6912525187946694508941539649332734549729944898362994739917547441641971731779872683943602 40
1052166101498152655416254038545177952158400249587987974104952480047535581645441160796496 743
7476718422118358157376737048968165761864668447399574573863895284956651895744786659777819 507
5225888298702478900964065318520474237695238933550121847859966007408965038385951470180407234
5776878385607580955163439216884897542598305991753761013232063543253442404886000030908226 19
0037306341848688614387637364941788740120482609505127598633905097702424725298017588263922938
7079367325221116705792644140908543740148530459025037169637477458607191405425694381561170 144
3788844188830915922927192035841298716228668505324603894356500230734167083751864595368025 275
8240520923744676573351270601601170349080682223272341214084695966733251615657580665902431013
0320641153751168740775678740603592587886171973634936771114265430484708113330323186633985 5094
9431439748048407876477678327705348801596714101698443566978084548780518231995756407397883177
0271135643924204452033307609764367969990040958549556201315584805875374947256934033090917 28
3239418369219324915186872354773939212756117946640185118001380750102777217130642042532655 536
1143239078820350945377050843488923010206936485172849761293832579316328040240236622477073 5
8488505586196021481895075688961464986471085846445373294965523337264188383262127117827240 693
2265715707864175572896145338291644891865204955272952633002810498231098573394308160225669 817
1115056421803074943611078136138968220487736518566702091978710942722765034706338508550084 211
7094040508256992457562828262781375133270805294552322160845405765437854007179908127688366 953
7497522864067146153456490112693874267114036215138204775875494285657227853366584872908691 749
5101023758749766072301695185736509579491818691542049514818950633136723233600179192443975 94
0164167719835945106934272172934837133152708252285878147644954066168266066328173859064681 708
4809801956309540191002303038377210748322781390116820825823892779361395612062162133915786407
9040962777430623945887116813593241244337109448308742299489652704969666891909767872956785 68
3749182662280759470730876390942917918464672898935038166571603238341300482214907355731011 475
6043910764230704997141717927224988936251185377184456536112435366803341583471099997812750 459

```
3107294920164004043873689108489000022065896894950988355454330344806346906836264269262252604
8050382229656658564454638172587202422393060316745016053977516554246030743256914538414066 7
7000933481726253378578369549688018197142075830479025045449329434440806547069667092081966 8718
0957451822379033116866601065885464616222513680755807281783990499382032540352222147912787 35
7337924050581704793436111604657520350964992030094306338515155701039654361560042502091754 083
6802510756962724054007061307391483997821549752696200677174612537517747408077042146949807 24
6566921031380365590139144631933785249560765128958847039568360052405603773226648848976759 864
7222236870457260025131465330278949073668317542852793043641684491309014822977944414539776 700
0504764545394419974425340090220649707950657786676256257904167879517193228216048427904222 814
5745555525850110505111853205128248170449340850065111058596796611348054315799010027116370 4146
2558845146953150161376530986346793513983064421721253914210484840180699555558933864698447 097
2207292044160017446457448578988521913325497133025482098021990946867055130885041123215989 40
3060607764070886215302252839630610614984492974704512812064392509526839331630165354068929 280
5651871572657874119402174780917279954187411811373753482320492402854443728542414478667353 17
2039728409992107533852137685218992027547637515508803238203454104490336878610551139745566 44
5344133528058933149507241545365042536863587651146455776385286184222250037354433860841945 7202
5780836246705161354412193605212492654785579790112658159199332255424173361025220356400358 279
0857550730527883543159467417937426497407409474894477957316609623021732397288402601621550 89
9074510246296718368591603789059816357439266727829502991817957028068636510124544515441318 142
9654184524519788730520200288020433895520952126242506820736251646482968883150509597010002 264
3721353487858260253357898428499264259849382698655591574552277230447836700451292620325907 28
4470070718264639429939710579650492402721513090902016322578929364662069079114189091709554 858
5817099969398458241888623043463864685370946920190866442500142370490706054794401636362244 842
0494614145407334077205613675377994717434641869614416355642947159197095912457298893923381 500
1041229439585288124290316381893911829364047567480132005483777642241308322733790168055134 561
1878652637879084602983248449677676526714460909842724092219442089729050777247422712849199 86
2752884095453612244260812236730263624166646367695658234050934786501143545223017211043182 967
4611812712477267475584183473918296468924243908358983041077861222164667413927458084410934 467
0914076889081154804269904644766179037069131864316448729348116247531427094795121837118954 308
0160613686742330865206856839261480478445664749457483232983711278348494576818482357381296 72
9860250944563100213870768049043011088410435606595632913551363659537905774508634658418379 378
5502138550730660620323618920265343796554240913886678051764866023556868010244438199821740 818
6830806326579344501366069588311635276590196371091221683021799431781781159756256933481181 759
0163704539548800254386919502939484296333878802324540268683115920771472660964081472974256 413
5237707132655856567292609352131356326978633451392323794912727416044071653328372766636069 920
7828988515818900740681788356003383955024910544219136944384025928975768041647988754419 07
1010073882502600250529371571205988217997519052515481351289265070350312953887979519680714 63
1297973939885522406771074781329661125142444094254620586560563864841176973765093222320058 137
3898885989302233630809521934265228150675306773116834992003074978449533317392356287724988 901
1049829135380994323467387064792939183829847365091741599344224180136090702185376839482317 972
5514881388163528250823780875617730371859331023769015518148956680264510669556676356270331 637
5504282184693552607931286771716300815229705250139944041110995237587821689870228324155404 37
8594936488165971060194170111775308197796006102061075809541843822637717441589309344024548 07
7635898598386460044819130632918212152520072806340890562731361562825142597291169096962116 740
8247163145189174736006959669914230807833837868659015986702232142869157014142480704589721 91
0542004790420726183894565916757662433748165233431013197777875062648144789623796850725120 79
2544522632823898399552143508647239988246182346783334120349696963465231029709800703127298 113
0029878475884515562844310131560990894615878405840038361454306275028384345168367939943115 519
4067233680332618381301906515931686201918396364388118286970411649458769422113657698149517 31
8604394476819223940067014551279282540565303246423524190837891152091652075345011477513376 176
1316030346350015830432411983034504597311154802352914726755652853961549825173221870281189 147
5582192510975188147499627018320123866466554470962703221196735206682568834873759645072512 079
6914516873963998729509892928615057450939185524898641711515633710772070437194298978525854 1065
1220208721985115201196820066851549509077569921619316805761225508410799564473572362115138 442
6059118785236111157667462461676058949088473218825118818916537294130184756365083622904096 8772
7075906307595173744653812358167205699861544933744135511580828599979725070005425695844829 04
2157032963296954183720611253277818507824353239187267379753901060421898213335680014917629 276
3589739749151033610294485487554126594588308262730872974158135998785058970815642932415956 520
5722438860158420781047504246282811290442552635054829661343198347557885193222267186930846 6727
1026495994005116630866373172740445456949737487485211033177549364625380611334474310806832 630
8466220393707731052442799951374501935266142352255141868055104005021438767785929901108592 518
6749913131450000872583711669369824976994084161606242840630833289799716187050576519624049 2431
6599951518966497547503900114739890318968783264557847453725180452235972687766876242850753 816
6167924880008234090320348071465228902223080614965742704477221250266192371423562609291226 018
2505837318119710390751753385771378077621317724528794791583171484322731473506837177881579 852
0230352800599998697766693700822670880420433042717610360443602119574053183239775082537624 353
```

3599258744806695231314095082672974200827195918716169601534065457814757101243294703404989011
7240314562707007085891355513065947483050109267533105047676685100687279532443236896493872434
9140188685802176697065515885025617415207031509272651458735885771669074118956676294168134057
8424067733886652984335828209920927960002560537316119574865172971711404358368302333102692447
5563496301826785735111056397494733570817580632987076680342130966827261284795060436152654421
7036355406583290195474112632161794143686238782446810885100608798206571969473153168872765582
9255484100600262887084707264146369814546760230690648480019508915292088347520029483301183570
7147486046600323180366466630113783461481020801040824162464398628580272535254054148117877257844
9824401215358083263111576793883443994167425526718127068704857905001700188276611540259896 64
5638226952840861257000003120151341462146274358818811375215962355090961869348253038196808508
4967571308026522100175445215043882446963539135452229483822752193978161006308157139473475716
4331002885720115617471919226677195436928312826604396069925463721960291425377797398316744381
2080972188188312362266033870753267894253855916918297728332731261550841748495123598915798601
9310463020408365812328283392828775274859787053647329515614114298532461034302555331301949 64
3011670379286563766956985479637443740469514404752486274767380255896740849630272538858173832
0957777270442659676450234624195887257359338615526808120477513640278605967148993681237120118
6212349054817129245481543023804103650148753567454311180060450042613078768221588514426730296
2084048226136949742620817609999350033446197688418790304159595153926411196546477482084960353
6188945761220485718626464143232749719188085841721650249255612284867044407945280918253914 4469
8761813663319439606463782245081613817787292827839764859110463455622717222178176922974115386
7862146057242015889821754945547494863631767227436470898021546200732501302370572121626 6622
0053039613516788310130085680167987713860080874414496085961030410411974853698311136710708247
9747419717080824301691666177077131276333136381545315891337525416839840847864317750667503948
8466367772146792112185361223631672188003806610698593702379096318692240259119146345846149741
7121925501992547479600048400633459818646080115937447037316631953518908792056481072811877724
0203974402460212973911013499269664898987822336465536512949732934154340689469433738 18266377 86
0503474934332702908375618011054934690179339428739905663796976347810695528961987646189850722
08634587475775355884468723357249179047654807751039237363961854667533495970891747050103139
6943809023634045799030707248529632851430888786688074249816358563633931414762523066152 5205 6
5896307037142091574467866737683315582244422637175552905493953288236668961533263314935 83928
1282245849325405559410719507137997035637423400973161309864621393795308709471653612565 080331
5785044573000009414139460014745254414038169209933604115965838005063036825456630806282 5009488
0200341800214558417554634801876535677644115164771043843669008537061169050325303146834534 7133
5818092940076805095818888031319229966049866511923553333442715995130769082085266296774 03102
5947302259177682013259107773158578447731207588645093398775618726625393836235757625158 805620
3092312138665780721626116181270037560534462263494983862525666524229234436513969720823782 599
576261080998493754227356751224109232447930724282802917623537533863708763873518155274 8211124
4800245912464051115111499664462619843390057925463539496228889243623252186402524810490595955
4083650286893574890542000912533867434313407342265195998144887626448318552732774941228 785613
0622582187812001162857352133808604365252012350790830150596324546828189224759891328716 943958
5142267573258150924982124899051846590727823763964923211904205643849172556431873441622962 006
0447190161161278608069159705072338317990240010621164747758439023757467891316957011822646 217
7028945711913641268587186863582493271746562706728075136743159750756577475837640633804494482
0668352178332133327896776383657446746201728839572367211098154016213270068168740231366194833
2501044648564646036412531741333323796075672937330521229745793335256616855892004375962513420
3063834294306097158474095380197411549530010282165055959259459194853348222732715544487352 1365
3447294234955964530478805317945586293418901077793490276022180849918514125716531651374508 75
0314014667742519764762046166931133260453879645165729084386151944311401615142307022471639 39
9010043790686410341623679074185046463768256603895503347734896731133431362942854314887603124 7
3133541967098000845264274014209763136958762258591009311129973793600135533529207482985367204
2761269847640066766986610534552072872187381806791058162907487010767369652166873448787438277
1997327186492554248066842383302741069609185500711535489241744407943370423182545606 83870242
0523393305803173064778859332929996554662168705712818066315810759698803795419028671051589682
1839986172264565237272159212726998561668843085968396028717153852669414793173289354584495315
0218593008668911797136649492410539530174013607658891547134085003976803645381111572086129563
9470964557427082387312687498873097059005337318346168969341709300000861680278005895674152284
4366300229652650701385626568435888629758589271228973122504501939753988019599295859466744 488
5279234641037247334135338390259480773955176406741476465801453303755125878391520600273054598
0582800834158675087820218298029124179773152353857706406771168845213368665010906443991846 67
2914384152284355957780524178692213439026209703590303502527032839798676548711129716415065768
9153935090940421630029212623423471285210839542166491175188768489016016350794990872514594428
4090769519699618037712827929233063139463215096579366488528671853658985428232404638733828178
4815302092030883156972673439255833643216320660898884580711362776399966495706481333243008044
3070692281796296832861316394983415817887142621966549905140449994905132275832902039733890285
4257513664074283771983895137584603568593319676365422978795979675682839983101815254236665985
7278588886806485189459707162034673703516804567897410832102068776915310505668766877329334920

023893505744369544516023429794578060306718931576795190895808112827048686785651794949425317989898545584635110166292415067016117622197572925577322229957957026951427313412587036021325937476429476772338553939496080349432963081459079933815943114610237436482609052748926091149978175992425233969728695252416687315009238204121285426136163532491366251378662874417287369277732668533899950914428805931696176825772855927778554889122488088669629022220090710531986727332035012560832761865468606900461217655114103453283127120443522951001679479031335053425355678386919223431249052133279436125690468033045406425913433485989352987882254953185742488103764137541484499829522748902796950898149864690761644389575234356650649798259412525032426325529441165969405598958665076121533992974864105280830988791971237287616972907302953015863380954319401820266910469313930352663628358321962934195022055821562811510082783702191422318615775289443074012512069822362570413511621279344747937375070858534490402518946776914742064913902473152404739223757035568331255397444736369775913101672485564252270498558713299184758438211851524915321086608709389477465558909768150090915524531843711016797043942272006065934727864923765594695847171642902578632718343604387060615267993199251780719606018199788961891441329681532735536565531782787898770454849256568315404843368663589348279115378499601462943301785359189222687135602115638066888736024524228615177077111067128514397173946256684077707258589195186572002830268782748806462486258045143333445413308616378682332572962579538006735091060533965232557596824150482795196197494590510082179623656701477056459027478980181006309518889621379037693653372987268128208847887010630825541585042133410149582854277180694946338138816824519034448050492243551000331414292089422576831348019510419539564834283831689946997068936123952993364773605967379563016178031842261826199208163486761966027586644771180876032530070874535085357549089483316670801325348249711806765228158023607082333904142811702294132536003306330261124551686492275338976533327508837308735465914111897983419770812110908047137442356241997436195814232767405600444674915694945578714935547922254176429822307573665159603939567872952083076212995729056463332797905608736019668380684152160053409822871768205430304948296407143779589677891785265134420901479656996958603321761028398322325242090918749756952825023624449423568735010347018741990530029380969860908761494567287112680687195992420064653277115700461234695506725963015667229090544556889669490363819793746846586653406795597194462977563164582434386240379348980473005757098395158216139214440418894226816655348954143282061553926819933381323414313987908720655644117610051979103079211594464124822986954039586697896296360224807663263111856093817090755322596581714925458095004864281930723758653310934741026846088351017655232979279258864296905772257139082911909071964170853845945443359918962961825813795766195253377709359593093755869597915058546959060081600343557079220572841848585599616477156190633768504329365545474742979308228403401042147794004948180654572922448342610480152048933259789368235759477584893907965398613200977738878389002306649650673186526505682839582196258033807020970898871414621585654426237525431393842532127573407453319116295517111879136992703539172350814998662377944284188433457149292710332266309932715918117779842737897501478943326849720515430723756063998772961668725323470907174640540240739876530764999282725555733397102244685228197440635674154423398952240404254833976955371473159903911519958160949598512103745365994424396455866218951207314020177355678185319574500159138619106408997869328313648390096137571062723478005224821842642752831612858697601566046431833533610397233746019991538893152539917530285882691609209494884541300922625887771404876955160155435937451107898471808847009606077890762206936840737849636096342509584708257256336812670064291029822279991576193941230501066561932438529131227088307156747196820218627201948474469147750995837748660296312621123936262684323153339171935691378989196606671277097343228082519847506195406203449333070378426798379941771882384778573049239862558566116335286152795713435314524810391683517055077877222976239792084070887115866239919233193364955741099493754100667968801426502073106663321903729688246980408070514186317885193804782714122565417999942520847288328203476858489725525747181941141110041741566799999641975328403240933119063192104713467023378515181682298661343846179559222892272472429512697119023249639138044043995740500927120818613252429437949468080349527402878663862439341710885765745650985947669489218450064054656300785760186337903961142713096570463860917634603875681169616742477001757012096224159952976060385348857001481403137001128029694543163723511250880211913858542622105689944895183018091417190615926369347364953070154175906667880722820148829198802051557077635832957627191122035770424956168506168829530889889133774280092605574823119088319103131939299334559231342822908244952580052392312035468405918118037670041104124952060041674976055582275384027855722899442909707922037347988086735001702235402887074872415687791506214652489173325524770184486333604237917427498553433628195137659386276403281742636248147200965705761727339321971370162499437607223256132787424937777858926933033596401613344136498402711391338424707577695437786011756649108619427071829174412426544459813637859434402043228658975463864348272914836757909061246208432343903919234433434967727735561114213200143944432272303813690857297957363267447894386577489038591809925988629697792589137470528577954613032054330367752203355085505264185246835194929346835243286029416899475328382103070059714264453901409018029918233366474407788470720216230623856055975822134483772962995988321193413369458344614783596937028326827141048481452882905261664032814940818402437682798083149452046334013147931875223737780641449565756210605303373736314667499714281990742397055859815350366620904650584483582903706278821795170109549763960329104655406069264586302126874027033337628709008636077571723127591619507653913377632 91

```
9582215602395743429344688712980846121802689710424341709083309910985888883525408594227691778
6828812075617943969011907566345241700616320081014184753329081130030931097586770730363184254
5293345309766615291752366323656474216904228061697515605330509925079176825022364645999570337
7476108414750188599883026552040683225323910587244894132149204201507636619728900040605927204
2496276071999299976515689850478820851909803573311574154465550052413149012439899507673779114
7971421276661555365700029980643522358559463340291519655744773725774525517368467724114822876
3726800196358448624260379864986575821308051254867753671804496187001591044738793424304187854
6178704578543664944284385030411648192666718497525267073658399302540061886594630044259349864
2188736746677914010289921935190341984732576022585319484839338206114648070364899786708653140
5317348151432465185340056408530192899076360160091407670768748649878661447241643842625492285
9816791081292052188229151944743470410361926198224968865018328788122865526149448724335598640
6705534886676421607699601535508232824182707156181963143431092962804052569380172100643874560
9358563665337540961520993684410900642345559496789925865271737498298037176386441554083399332
4732813095490090911694426764709960605136670340174411830366225048991020282241044980053063939
2246517643281963200444786431071064518182924901554707466301366585027750507967666944709231116
9507428457926919864654796897698574424712025026199362769049186893853796977482413020560763043
3892247367547538314713417546782974962447706654093819818294053395278667728983884482829911423
9277363245716014373375263048026324942165455657671976751934720546499442516009891508526537508
0025107560543265537727234223071969679452722466159738660217416890391227225471338259155322845
2515226694697281730317552536710851911358876542544357904129824103543174423276434327137065420
9963215706364060968713845246245663352691301220789207803854120376020063411955394534694669493
9162079581991165930757419826929877866650365908258531021071701501844136752913848473908192235
6470866562195031986519855569037476710947140876135315487181593027818838207813940008699996704
5174005890292947204951246680739095172243055169301048038278147544641937702694249327243368125
2024601571534861044060759056332037417883714753521439572777882746386184160872134325498236900
4837382182638400925102155997628249241483239110024692789253625384807769987524168277515798144
5345592180912352016230923561872620356180637137437050124625681248863511622694756689681361908
7391386116827810422466414848813774916377582353071751093363651592078320285074878173294567957
2288027029253303930356296096550908111234599045006409831462600113397660037298133881316144986
2460738400410387389523346770156047656476774375309135303602773064948548181815798555845871362
7831537680464822152484180500243604859204248195328836784036387899563193321631831778397529919
3755242196596089650655373940446098228965083088605090890249651264721191096922940386605909135
7826663597944840783267636254438297382631612385127135883189511072580994198572394263896590594
9827824178092350475995807282287983383670661002041595376456908759360820905304646456054983510
9037784779087651974600057493782685696226892365647368966402376142139140408853022853014229240
2293423918474607289182440158403161965703700511650374832836121305179276792029495844961075787
3121931236279249070877470494027720766863951289959581037918255527573701990356398551282402947
9351343047014985331634148827241470870511372210732637816770795704244352542402658784910323099
4421850476571047629262215263799117735029455404147197973618939164136467958250810525362210095
6730870705995351102328225540688081842424613290550340112463682062595644292917574019200970574
6751783870949783462000351520235096582205132349518812880974170138280072774927060738429578676
7654565122328069601873592793842250298239452654566153768909503076120416256518301073537003907
0291502047537142778946880591732030271185778991766663425716426953716695933183141768646992039
3292873147806545499610556358587858035598893825325627842779752774869590582901784353170386410
9677914076504812980943838768811633599534749783496325840425665564883523023097152638961085263
2841399355173700557015792433145571339263506491269103287457433680168470883210198318057258996
3564174994799914117646408783098587388760126224392915251351274316311424091659579854423119407
4263914199573700819368632439542888918921590733557117772516588695449464690515695732422360494
2910611398818787978145692300825681635089337688536087849150976140767272017652632700630404290
8829853236041000240401829907150582095348667865854914752310391765304392444451966514251485880
6593572530618789331732908416340355221647410415435261375821818187912790652821080566445817008
1884621209532764188236193739371584541654500461376347557269167252476102557802111982212191616
7692479946814851022110835468697760470650797023269791794466405825645878412351378391598786857
6580174717357584005450021699156624893432775053162343985746512112556697615957941655000430927
8395806436785620176109369534322744203237277829212641072792733153880542657187195231461476085
1241207116214537070523460987352852535263985551737598862152283252706233717771057646834420711
2184896971626329212490614166624188760417868396533520813403993199974584851636867649086685910
4526807873062160502149585919378227149265333228609685365050398614037995783932359268091077890
5485558610885924282242259277447736511781827001981388531607305680336579676271784577742916999
7919369629629072997268103049709697061750361784872804915714553234024897008651825057184139097
0899814432108632743076295346483010602917603173983162988558076971443395677290152947924948925
7305310362880929885710977420343390389424177496084967853115875752446072106263522179995794483
2824964981796880877703560490697406097558151120951620501327709107803913461147510049698677195
7804672823682217588508555121873788238435502397135356476753128488751114558439441307561669080
2194047054025092561638873057995935710070954215242402389738661449843026964361569759383503580
0086525206644823250934289128159468246881311076704807271539213380854908893217446305978858
```

1274425344881319621755074539046922922607786828636587515668094475047862672273570769537148972
6486013628080150844226326597221114711872171544581877426158697079388695592310355347744842710
2772791812654193912554760484431809343679664633404282832733741850629865499460012090566086091
0949503520844183899163403069633435199713722340451018393656283949057157411991738814206864491
8856489681633551950660009288433252480672355847113374961715055093426371894023253035425999384
3941877187420881455435435616430348910314815205765886944782706449109953352128432519104912465
9054321738051067941859880544012894251232589909962312324053877398210144640584965597415865952
3205814498852510376930654974893135060329360744818149989820111827492778152011324046430383400
0930223108054725959755121674670665922944438571075829356865159801179019948045358247172345030
1763989149022144948902160198684151758737919168266109838573845376528041890093375503234876758
8757658350816808489804889946134636467583582758945004664802602247079596073112347087019012293
9638421992508876853711199854331293724294847578836115174083358437533109066594270132580329543
9815269206810548042155210247965114545433197115305740995493783836932001706564102399396852034
1513173309251386082983961034483756434854709456374110604561666832802636976055941078600530148
5403212528253223272517323249355788226593959508373340095059845300844861549376083077293236978
0539020694898436522867928580781581080858064953263317305646816091785147125400088072257937135
9859196020321176985166181382057266644879714560505647641742736841891450673424567564160482903
0981897917595674479970441848154395604702337843568126761771579873748731652445882100164106192
8767152951977309612579504013279951251230446071737653304434889758377502200674146778016973228
0054567344994253724138458236775963995722855459307838519140395047441361758910074146226819297
6969498861286529855178802499331966356382483829419247431923558426763507319858030301534307486
1824378325227935579938356853781132755653864730024767430672375844555706643322396705837897501
9401109845845303120397416081495286336512248395115142651395213619949280477614567228484431285
6596154497313827859533076736960149415863707036217565867010430358696114579171483445820548229
5971166547021136277282493540794629070601403720169035778923993263032726072545060040364605028
3809296100760006762109358216154880968279818045908769907558279711149674858710365979817790055
9920461992108621883339386436767545357823633698908816193564218210955951100939837537477554658
6077865594330622484912789787545081355800095536186322477894557821672858215655834857416920557
8223436150325355191306945196005289498694046865586452883932391961240439959477905755435190582
2581270246825732160269953123762173162563897324757116285960699970829349598146454681242911928
9449321675789363587752365870831262612976895221403712133337137363657009749611146795473894021
6254866841463524981486568437129932566103690320984324524436374578928327453254010137873546087
0857849153391330184879650215888109299037143501149621191972437270363318901179929310091989720
6605891949918385269867800580939230917378195429850851684668129923342529466707617767558862080
1261412614640886156063703867564612888143788618168840692105737310071471275560285523846104942
8731994983801419274943751006947906095976275704074256052792040373512256437205320096902716261
7788419582439234331652524668209425466272979348242095027327770295359815649824733818061639387
1547749197535049321791743206684340920601758084778305188754961244239520118964907047660186063
5733321398793734673914908088123513455137740715586822235455884575446863433377540313871302626
0714622401171706024010652254911986468430964157219449244602828173252536670353723004242498660
6480531127501954535652322568738263513560617978177490363147504957320325827228208790158003703
9472207847114408535302162674050665051256166950057399083273250689952126975261606027252472836
6524467699546935694759472575668558118942585377725768098397685880649644185753871729087162366
5842954600064572836053138758138636294410431346299537418277627185306159193426121771320103100
2114525657669028709745533109078581112895514039271668752247998498749917850258926890214824595
7825905186445482530867096054152463916486748199695691963759719630398096105803354613278943598
1843508697452592000054859003037296168307195762268543536417311817450579933164776907746402740
2590525538809186293686045867395211331046855474844038171072506636910145573147382825053570575
6613939175526069518689649250344686647491465261560855050379139420298199422199473543823178322
3036847137330247485594298263804065129848919712773126979399424468368139797193089451531301022
8207176024113229639122806181570953761845202287863361784261035310734175920397829165437023953
4309225910850108056591877525777554800270019294614144153767227568255332141737201407471347884
4434363167591614387225594330494977196123384222661604896439624205326779704143080241164011968
0891010920634290380279255156967953244241619283486641083828605441536996436593196913777780056
3603048202291302651459229613455802971827243841968767243708449263675507056334050268371994493
5473265265632066274380836995826335167607082354952985615834331195243922970039879106752683149
4422487587059711975013571688080770880163857843277818151302778683116858919461143010895892183
9289713359413928885648854509163725939835974207671570746071497524605986398969695746231577768
6048797201480357679564845898219702887616123194701320955924214488355505762723234434842642601
1753223061822305585080470110118991932525717205499629266412977350428504370262289723585281626
7563789630203898474355948061217387906685354384530392931298819388330411834237783614780597575
0584066225413362933578093194781966392974235039084805932006978991767883396869131974825886474
7086279971313256137172730816533406139462568550590727545864506864565277682555342972140883383
7278820102890293240313242102002610635664244369661208304176869322010489934515597321174663009
0867120083557240529225106285030294066927058050440068181922735142563465843548110959320734012
7496949000254472079736037916466970319503382848355167676058310365452708576554980028

```
9501535120964074098799335251124236839325550804077953890651359848693148572687489949014085300
1062540369844024339857382126776294549192772819270727100759505419454503790918051636158083628
8870015386724394500702749898432185567647403247143923664843411160620931019601825031780683539
8572583913357133449303614491708665979723338814530921740318117477520325816743389458264967527
5252036112627367210976454313402380658720112513451461172380163835947268752281763835665589618
8613216729989394014941251035646583363688776090658837696741829191920311945646978094249838609
0416033096376452927942341930023017400543432258546250947435455170968354369756035650199238514
7371849267059723327757979117381524743531633342411729845894129107504555042885877762737340663
0416039180826874172606596159893360778633070199222318466648889304527152405511746120223016036
6192193936615793786736961581625973005821281128255764679594940281466745760455774706739022001
9769831825970029381954149275908113373326058858777871610067258359623260496001605899148893420
2047361613271007545230048439431098999163722188623262572247230711979182304944435140335744766
3970836106986071445700692763966397349202921834629764438186018937668805345127770384815690854
0614032803615028038609490335348923035792511739353041584113326547129056739888443593082228303
3032221165929854191965597971848854238871580891403693016171725700155706148369068127422955023
7934635226450068693430774820746663687476147620022750181551796978266737414595043870588723873
3896329121395730399466305434028913277468168754669502161412465503700912659179830290388734841
7613972343394556935660083801609435561378553746892071454423377646719631384646526315701017132
3583974874665442436302779285419045015666457881859979478971251481140502377690261728979301308
0565571631212120791429070542150888983795453659164355123341745987948092769417511490311746055
2245578545813558670215309007703195565589959974680574161333836164169114009923341556438683622
5866442807940336267010522666936192467472371364090542898520518835100369268187997465647052545
0682683936264069944223117912997333641066781735915971628983274177288723020526098042487577710
0698819624037291271628455835847840340492436487818337243203716187881493183663213242424242014
7187986601290829544902098739959542872139066779982756308916794217401688235876539750420302448
9864188963690963162701205576819699291549927751425437881294676650832503512671684664484445472
4041012452806421783273222776043691610288078358871843710051808401795801410835281636530803805
3463076389194761501869867367060501475565451912556348547440616202739383503562785615295889468
1701699940143323110952872124482704720605460258500667040757911141368279069786865871177920435
6114892996871988803259034954625868507864515607372171539953391070545742084470048998112828994
2160212220926244947274540561035820926425126780398190545265944373751942813217137033612591057
5516989928472946953424298072325629025888362684267844702983613294966054416253861474882834798
1673228810978487694132343671883348297513277555209811183566129984856870217344971594558142051
6760136316810044749870916364943156667001634124731526314664694470222860280711813992815888751
6372142668321214150923172057318911173288259805252015609004155477759524040891350094036519708
4870074967833274323358869463126879009850231317206614113210860760486195706356624523048720492
9701679457814582009036192806782139458937433777693126987686811712481640849105253884239333690
8946354092358023108172557634997996943645975444894856647732804498867623578917302150269879645
4984277123360252396013678890263912763167334869009946588810286310223749553599501716187794059
5427203256807509917230406040592447593475587819231150708603864364001669769358844410773687028
4577037940928349414028221295864075270639353993044472385084396885257577798355208317581070948
2686545514923467711645118856722380760062998781844878270052720312938847998209719432022757136
3520398880075609793549685072221738190964275756846644078438497623595416437898607166734860499
5364292157690926961517095282542108602668881287621322828887012394111213560849984856022616743
5034883052115199522213094722311882454739260808544121534421043454311042835336107232244610950
4754903082384976233787723979857646707148507270115503350791768894285532565557856891411105393
7681230076417273323355555569581979516167876516112715880283173705812584337644549693932090336
3088842383134647413254157583408532870162147846752736603532981421989990010399651663985781627
0835896248137581128520502746831434621865421002873579845306419721733111903252007346192981287
2295178982451117703282323475986403956270619085455073580791658971007776402290351977055165146
3156954288414243755797570968942232887312501544659123568223485632308818621486917525444204250
3115517111252093266720935244538532857593078572051963112677159656335359564606638121569917613
4271053576989346925609775922911355755004495468093959419880769193752888650024897112468591619
5119118057366233650749218367328395749066939668994868812546588558883033086427922354597161408
6391328016968670609677793497025136967094921185182680683710393297681827934909048809926852979
4978557333715456812291190828899996496173672758296772254271826422328664001327243273092429509
2305662213469775602749713113774964021604518693358959943345170131474316716699253553526251918
2296068551102552106617693913058993047044013055539478586631684376918286472343532485938877973
3700023743444052230578338504233697486670050160028663716354807214257274236347165982592000599
5273502863429413906679266972237987304373539379577587467043870950735671245544966030979861181
9455417024559219300964059380552294276921735098819503385424390196223556566509598118950849558
3475832679441371943347770644174306870072873386031909376467452918921839273405652449125058695
6517611562069812500393153884581844064908193055138220680810239336308565359538328508151852860
2490738088819397197419266456341614484265115413169562835251959112442838262881010308475545489
7369025403588236483142440595060433363721723113697973766253778983291481467685475411897102364
6587793294524553660846298717097667145215393593629565084168679388747451776846470197056012062911
```

1965939271694287820010473842269120842037473633883862747926634381707460086181651770124738002
6891028324861454672894643770339432046484241967025618791648972518386746222304165160001856543
1299654117598208500563323952416320466755350013353729684917467646319413499223744247224633022
0218595474064637882118823459394089968995866776637011429528531270793556632378325619667821366
5709220602831025653913540119066214292393816411208069617216043809938799300327913519396160545
9067259657242443886673098839494804050019958699540877610669138906842799356469502459908786561
0481526261948802916220377285440431076191523309676134565789866492760231034670807839099262754
7645000231115988151525016675637395740190577034126134204163590448083907653748582777525966628
5431629883314207477826120950407760433388366358024308924484034883541028706147339632834646578
3579669745925874011346345762321608104239762225168959734768174285127377213488843126429868916
7069631623873420014694898521423020835510710710502557188462778564403760534154873713405703530
4716047710677529320079908300857963350589136486977471509376122562844835142793387526367457072
2200256769127483422379436606131986267609440621051523719848597473792974061772433307773538025
4302218943957667695095667279812485008486264258848457967719356146646462601496495146347149006
1886726013021674810746605411192668918406378835311056304417080835780199922329564347430329597
9135889437938009727044582150692797998883144672532976896720924331096787787043725470404966937
8268535332779967817629151867127754136572668369349108729256606562281591526335044669497567922
9497645839604031247826096808076324572917963135706380553018179506155893461920055250204212768
9204726523519590844163705976227580527335399057237772924589843113466208946935684628077087959
3423614342618357397284121665260195438481774502442968737870447818458084566985918167574593630
0712509929945590215797971267979286814183617945293811474383459113049494906254577757396574482
5041893661050156722391140633790442693276717835728234784024292290403767470039713468343855464
0642707102611753009130847612735756388934449578014367197801389826534243776067204873056592069
3328169737707720506732140005736755344980895540538688787671591124076024028764936109146485632
4351392282896169205384742208960466080590382309965918933425890790062237040800669979202979819
4409277173502701273368468208673831027094793553022082277521544609273562071517195538748966681
9084680286066268052662617307395592893243276656082055892649228114572078932587782368082793050
5003074177435351423587643209181854326694069067600791908213420396368953094525633402213032009
8645862976896554724865262428461104736657509041771732052323741407565848993239270868216794264
3268756947351912174769111157754079971999266828885079390393406103104213296468250407706476057
2176909557243268596647176986382914115377976976000258192723944692010496600428508547001480918
0810817266504567967186688064620584788093007116714190784971333939149939952552454520949465074
3497198103614287781840332205706946395154769469727677477064248646079392351956543663508307025
2079824653742742569969457756462611987386294345328054150827620990662227743584448627037670924
8431396731265635680597853428581984460900825022815051063672691418876039788319773186265729314
2180732905509353856244448880870515851205561944137370328540547572214634071373693265521086932
2270942390754299408994425444590686757411432252426167234352191278258543884559516797829932832
3642737457452544546052939896806263513733587214850808820205518659958034081488329701253781235
0567930508188185685057312332575555424196054273583194479764324992882266043555852334960668809
0550290521633778474635193474971302232949396551041598783974016751661859360517933895039246620
5245511268837311120785257244245799623294450168341713595140252095179264681156829820313618827
3964266233216764415246954875581640843582125850442476709996938037585730039057901105154147795
5717916931272905998221364115981595201458613678920666663532183944579112942949372746424642823
9215477975615733670895761840575322098504748583570891766352727809495354274482525113739382912
3783351841471827848818093776259467255433420690238375597658467444988572971001533657025938386
0983788837055966165661226188124546838707403643775582925934013645173858446245540764902961622
0229244791778901424327249245624610572832994427679678314481934670551757083502942567326335264
9065141412102378610932967188631037171704617628931161672590290677122398588365964149245530812
0728570841006607616854351666353034138280113381967791228997412665524495134833893463618128225
6499053411503179141167093830767768774232569803429140799802919107611396530776180407622194451
5194026040634703567993538832743785881520110804064908851527008205623802051286421842482300263
3243205599799834692623266564470195635730067953905724415039816423908213623513271771458619121
0328112357269933087662553440894151205179902731473868182626644475280406726740857238015503839
4189125958937399265016877527437697415337481742220377071286644907711626031544171194141083486
0689952950744477220336274426681847119656361571377242461545607047965087831290013343491113629
2975583609060175949453796861506817908507607566212738100117918293076118629911635574502602021
2756543609511385690948154244767226073400610373342612736080448553121475788902375590577113174
5500941185974865296270588563917389715951598898701417586964865418532486377943378050698934555
3880505233124949884188757304644473314449858055247398653997073462338193980088577304356954766
8282658938100306024112186568659802072533716561353350992188595601078815219559929848307371141
6176483995033003789882479034541053252020549556935880161545989189368865721247489636136718628
1885464478617924358171011255185131787177450430735364502976150729230110833080255153495186929
4849716900991730394769733378956502295614877870483665828348275402301923036903858197885343038
2855827300672156130424767965099736738986396308459533099446736600527895351007751062354051809
5062072959121477872662633854287925897759586305806465044845262391335383426270504308670094677
0362204063397672529913651878423065839667022625805621222107335411618502936356416165557792377

6639586049469324455080590361798644275574129498302104696986164493137010370277508486015396166
5864512853545304815598296382985981545562592486591863288176301101499737206920153869877418621
6557820878850289708567829701926958276952394082795893466666688391835881554906943683070353275
6320793494510936539945097204283673067035144196315528875321482218932596717370781271405133474
7386080963694563512019018439160557338408051663829148862479351379403713197966875856259482942
0746324161481962682888498009688756413177902657691055508025432228031258589984582872083257358
8947631349260624962718322007318135424395364377056481929539957001445543839108784491441936804
7106516347403117037448245850518578818068662884417079356604269800316323634912030291975370099
6010666193896217318762267018263148522844172794334068181031018384175349973496979013526046083
8986493841708529346927915834559424778741475818626067224662481177224985686229897440438439218
4024560360919123698959782488064463195555559308328167346023120406670072487747599806326845273
2025570156216876628405832688949305051939005049504958701540034854277602462485884666673423859
7445456716114198430383570639742666670385556096452390357020107365232835276920677221366635857
4608076159948257589026155644286649673725692080468511746267024678766860322879651197857616442
6500255366220799720399986561469155119965918926099875691957219827550950647597861562647423557
8645011389704199350997640667655712085029584211559149472907523553499274100851294919385596259
4032638202524988224921444475588270029003679518705235762764423558418333071204601246299399154
8419581355125514677093447144330924763732150118612798381856025571631417442644210392318412486
1561304709814802473388125696605196772694383214901046524099815011833941450600842229131941609950099644961963307661716802799661459649084857174082378057131294396610368772726979043490318967493232166572331903721541461036471884246356801971250977124204559927718940163080755579153180388638522632934912286894458712440718739851310980729960000368712350680000000000000000...

9923861166216619190459756562533363184467689507529925867773089781132205545268932341196377415807042979171296184933765166937562151464881384172662171532362271080278418137745960978655724521653492687670880091880707514451795591893207464840761990517355858488913303280635078797052313167676931577373187959490721237263799259715349422416504918609591639298051537541530560108354141244266350884117088954264409770274228232128737818584813773935509749335551140624464368942045355237930229556990256888924724764828569879277177043958436924724006222094132555494329232680626510065606711248779978803998822145863452959171666248165322874115532752641124896656236536271790517082015310026735395882470223528163997240153464122032025797780827313551205019368428155208185549975149151101699141271160844540090762083005141646188255296346203608737167901905825189468389540468266297174866800839302951260776692992406943522577743863181275967950694370015606250562785591434151241339403032771295325310711861748025772234948929252198097430895212231461957666205923556359726690767986661233291059527961018343106907702032228716252083611956494811752997132749730597835528521285785478442861816852571073997916448507379463019479486010937938364054003035089249948913801089313227030643660409213615225175033647591255299336234508746206252211615213453346405907315273240795593956003274879097386942606636143145093479579364252820760576736682245561277978857985090507465575999523325768019785164732222357344466124947799906429335103202924170618147695710507728019172716654227202802454806556829265624445710748443438092473558324059572928137009317949584280200678166703023483010740547421926860540197880276706177331169854901005325265807003919332218325517622195004956023295431880724870989224933073759045534887851895773428251250967651971856799652910171995101746478143027813335716956422319340757137678346086967122438121730798969383121704204911241451586221205738198926028132533616506332709612681127354457645034386271837391993894379695856116712668383393759855826461542797813317912057829123789989227627725615951258427540001446320445791065468667324140533658619184280422625821688273710321538212290016053895557458048149709514288287427566570758148260548242022106120376883410734370446169531356584731584649952332889740861389260374365455710313573097870305157976741864883330833346830617761996495333234340591686783886452470412755314395794027884216137596849182823286006692891160507611815980980572296761164235609054782755309990228360118255687572387881258582934211212064353513623423335454800037637353922844133746644754648997271532487062343247393949407436784904172725426757589518279602033436226061843406548292910969472775810631500580250568949213398370571061955381036992510061604500623195895685277633841453387092156878758032127460312849248871469759238966121654100784516651875999266072990204583456279634204397156524456500393326975841615274186890528103396227728680145702700318962787707751372895137492853891601345118147909121245542835114507476620614502078740552719831064913195084319393794051393560862448712063282330972563106568067159358712039921409666332251191044508321653543621993777585843281227230971764972700282535320236033469451608228728472522818468777375072299833913183869026382449348885643460614702141015933553708337592611935438143753258368050686926516021319638590042494502607779328982929749310257474851915475821236842755637397781015150277718846739673439741825642715865300921367338800791231126616041891722846890638267871722469773414700303377094862942467836229172179125739758889572304938003585912363996896312161385831046483707963766267992976156682119846593415593391674446886200355689651840618965020995787949475034213451064682941891357624099495577188337647484449366148903373387364084448766512857990600569180355802175743282237209829640541398491768614254113578019232843235662201253375699710382103714150536113521580875443258875177314981234159790077484154852468747186982843716427756796612188225898363586461233727087316163958782993815527341580288062228960322744791973151341958948838419529290567529135828470288997290468242178115881254450027577348975661069369983060028442488304085568975649116165938287828620459017159206618355597055735021830926911960506871136379219891638826470030323985599825852973720675968502122325947960921703133154369004734758005266973163662808767546868431544120054451810963963177996327073327007842426159432871983671001853052211000499358589809347272782613245222554744663365234690260799520188298486579293564334105861920635768021349497123815423332633081824963302038636180607430078936284804945727476555968976904796307725843589609723556268852771769509575485467415631893653441343526825222687331658583367174104535186016897390037051140387216074925657286694144634342819342201078799444793152890807044167837208591403807871920204687148954042965778274232772630067548268392572047428956919167600520523215382114088732406797255883699722977039781747786554451339369528046730979198754644054045010515559842149017649397089933682368179786182637137747761899242139647546815218023565700846506246212580093382393758939853525532473703072687613186932612577333372902749196950150840481799877283736652550640271936147773259880890814946394227307546211379742525447857306562061623758456633687160410545655582196322844425800161309229256116952170585617429297116993729879855268657367981622307685949173321863761507735171533780533639947253173790467038575527223738278135885645323766083898120229497517958499014168966345218786083583841189313847283257686487347446219535389978008754241505867497801560159311365405520709508035255004812123123771815210729800323101759183782562540565962539948544710762023852340834150142189013896302766908646062889973158305000605416610521126183324563088749423761321117832359910267154433339809030107675192156068609150992975794898470913404847760372533164866332739977457417078705885849890364782505006075652766776667301814279834629978631154724719046381308270269502715524345837771328888401133228561232764247580549141453340043073513682001671030489674079132204173293655886380819902402504247589799061997394494240ó

1393859002043745081712616036278391241147268209085690526837422506891099193767722077768737126
7701529071296822615843757149665346296154035289806984981990238158813249007282842031664545864
5186778718177177277928321252696832297664124549673971527879680434765895761265338524573915134
3813784500518738591532963414053689484439722550801196079269028116229367043437115837195386577
8600341946713096653442535523561350392637433355902487780093167585566502026142451755202310518
0379792416018681653272134907447418792630463793570195725465687076964902562831139490830659813
9258771657534329051829883074422093153945626718913650932778527585614188691505843112818062116
4533834614564998610279908783159992332083497034990096448289736199726084130305016138343757350
0335026967919910039457648503139889980405347620797995103556280094271198077141386253746894200
6711292903794021105099312881767863557121288220584525902329882784488972855767643376551320983
7208453651972735662945407520786837748259937695085474585377854401518668703212703251083788575
5352532742246745616553017529469704928603493523766319377581531269112157125054564936628404613
1575493234361611438689415519179552116040327941387040597365968287723555493695367249260335274
4989288822044886844365275158954689558858907183172928912923457744284419272505276847550387027
0632829799758538825993879067899636766347263679970911370005004519151507020857447053203113400
2837530396450683734947465152543161640695883965696047762481007698125762324027656324714558678
1166535633573841332037563285771114579477361177589109784495974871345499454050089749431237026
6916002277962151601644314463215567465798696913430209173753793295373631029348259418485153134
5770064943739097642085895731774231457672882967906750299223152573286983302634123352631634902
0649042970821006326488156767632425444687039213337678948960012513626523547256517022255955699
8628425108866896847107872600167332422156251242927213080559326221307214093686435499689878743
0352676884922123183449241907637471574744625215974576466357242752795222891504064277678656611
5191933191817830567164653048138101066673424591568641744576883906241920186541022526697061538
9099907254998428548419566819245451974709306142275315129844530918275771513611816730358093214
6032258472352811825504706062154262243245514468964572693823166552509598950410934253743085990
9797137004258858340304497267109629969763233607776743734798788356730102864713845459287916374
9014540664751939489935221236247436613174783048688463151603659224357676276234466653958979646
8790552923902702010757218919138214831626852490495848675432931241826413466272282093653277283
9766755726728973193812934194305723962072329200718638674667030636460133111164254680251228940
3053311250985386012012360704496997852109585987532930327716226798230551076769268000220741884
9030165005038534475971018301677826819436124165696392522947410357431851765836560341232764334
9009565118632607917338991262772072135161752222552418296124339628251823286968625444118623812
3306403453315560164069574723038365145663557498734411685994161655182496042597983926781613144
8318090253450716466446426702627611859764913247682952727805703223834351506367217706637637402
4903046590962859602719797255378001418201998101813981259504234866248344043921136487236662920
2063939628845314483748901026084036148407312006741562291596696366940836032643341496371209854
5475250177366960197146178464515555994167263739708586495987795324215832821841093916405283567
9070686421078034660757197989148155400542005107300962796234727249970112217781656798449194332
2633415033856753082446734104550327428561157455387421400071928430177447314230098365760751551
2777962810147220530668174203505967941050980466563136377825172470914099255524710368126705138
2467521172005284942952197488628489852778783562106004878127114406349908164592445189801044293
5708329047220160729660461984260772247831071714390934928973795075056471053802916187491886994
6353013572935018732066873115017315310912967948625497958151216822075712318919091383383534471
0236597944808047123388274440350534679995291335460941392728446513911908360762265798398156424
6382915999044162845276818935327913567474032273515068909877547218155749984883466946222711943
4351395727560933187767215742857830330183042225170496329716122968367527489832947231506974978
8741400219267006720656772921310849357294076359289561828129001109784724328303846519743758573
6859123098178360303140528230081302663133041399253399217941576479853470817863611377200140857
0838639437703529183497403741835116223700401731882693932630875054875664529093265665030243944
5362272791708003815785132529023651056809625891794240016387149612121694699254423986747262060
0571311538783883388307801653788387752115931194493595694917939405788488606239594441849728928
7230849557926072113297712137238869698636023682916222546471088062109447913239901540667816028
9346942821550627212605417982917817382489199733829530168266790617801353365047188633978427353
3358562327918535797792266270380244569682968625491874868530549785796598918486218623748556393
5321563048992834865561541540649512210466103765481806025067654913403327386294169117762638138
3478511836410569996609492020448950262944616846685510606624208831453740126877947813985957776
9903987707399417032565319355613000528143599456061261608322358990324895659567527576985324574
4035607612886079681857619771788765561985237527447223599272020602389167187908147088670683027
9398976837802333757968374847167920420561188461443508423836973785948258849782595214143167689
8495921319389412875069596149193271147035874533660814943754697142919529031019389435637183593
7491483074230449340295962811166523899581106000938622162265525297661065074527135894973344740
7281673923486222629713471555329362444579946508231979087690744585253703457090077440815341678
6387014800996741240038378085234273977881746910805353305091194433138730408380430675060306862
6953212452290166750385631858585931743776949415741081057274944438400139915229529240168066745
8424696605569107697596987310950784518251857689800093942863712191016698078851710571144669508
7031273706962004730035667536823520581524918682390839740880926485270458168006391534013493

7352547150923527044161926572110042345848085322398093081970121586417329130532589871715885516
8420606503405569968593715915621939545955585570093477116811798359958427981955643563653093890
5094196464188924341766121771175457371442940272937717776591831074430581515315960948263506336
5723861413920813075414610740512741348138890687520896517547286443489020150187201836613841728
0798827295820189774861263383603711094140868044146381899755144190511520140241876289786882338
6652887495647401107245990553799217515564781980918495587675277828080382262981804394156397956
1725694090929518577447883651594478720682678596369454763706238206696202396620665921081278183
2191274680814530314217798673533684893808266818969129998351994223212726387715975764285213215
1588371714648542881242312246840283905615779681998978556251027107062837939943190735797975362
2873719947845210383168668521420822019266723155810117372442375609151489386343666526579426037
1682892815806931590571523794802566191268708876475069508501113702578802333818019030210029759
7559268182163595350706418857190059497444679417420252130947246191950277213237247025702961 63
1681464762184643644651799535877759048091724695567396794553734971032219369455962778937791938
3406972537884155020629583874830961954204615469902226843474617677113197374866000879354436073
0243366328086536847335066870740890018470306769821475313373154286221515531814095414979724 67
0676343697696458309286795212019941406654043266683440819686918622917654410364920807857292423
3887550618098365912226537972884111201306910185760304983295326942141884259428662146952768806
3208257196486713422469852641941902223624118633913028417184472482275572337996970748200243758
0371792180734202080536935740618765664169607391209098134947021207251972136996423442093054 78
4650692374464904208887326302261563579196063092369916027823649300034497471237794559512408582
3970994657027536675981330477750505053663457471551655837277310078578178715303161327684892535
7607846211478860351804029765696058486717567636659308748016099927950787178913104203849478 43
2860847970515042833265245718864231983999328563422686078834437453092728931460925442990607871
1173676695984963306217751488489933778786785978526528057054866121737921355212470239532560819
0678852803832422968075544717437748950143023150146961225494895338362756944869304674198022922
5550650874297727580760951068798271091938714229096826872859632194283672724247744390906003 68
0485278454385481995582874334418909552309926592958842897771967505439205771668938552397736 09
2582090693430578986742357295312051485090384652493140068996173717358162222944554516149357871
4775062703761924980363844001609136117137295576618089263864679402793656703853057799129885739
4478375763909267944333650549677074228596380872187039958271475800044022240421400330359036096
0548004718847304678286807740989832225262453168032034084435109374319499380299081241792110895
4239270965425821958485866799241157884478152195574983222583356742267989600980320093548651085
4946767671340531034349986434975800021528683583572136597820843573260466126057046440920052064
3748808684041999585408694773160175053902530649036204494584764408820403586057152518221779
518019414711660086532948281060021915944692783460379829268818677784883782713148160668128480
7479043023420037713089646478178559946183751062068844135862845063034644191394289376235474277
7586769014678228907006092683252250324639953337566728997660254246597951963260902742615157481
8652781929779836811013313396516257933184194070269649889513869239612612753695920602296900874
2083472084083318841582683801983358973224335136412244321174979404766824167809635203566415 43
3254150964501977910541460943749815990445792838028880133562481814072611423275972894824141887
0259574549342547227469899768771623160993228850420280708381008140918873526333183584207407484
4657339783842980534710600237421998721176268333490920907386533795907492808928303010720755047
2450851183334676304759820661789998004462744803370196555021320441396423674506953708781697379
9693790616378482011697962707212703584804794885806583089632312886734029634824112876595218 53
6241125696974919905747828032629986123172479305032363770584569878577453161038667067555844068
2408910511818429025803298514096157331538756311438547792152983663838215871358824082012778384
0973632264758443526302816647560799932214839271563212499908370989309463295598592872843351 2
5242743349437902382494944578516493612703264233909454480862002835352626175298183552529788046
5028135399112847161281153414460389703165467739552876538384445746110351561641809273346254142
2179033107147203105992949538959584368857734894952259821038315964206232730714837166917989674
4454184189037251127283530059298273937473757109927765235637036064734872478483968420374230975
8998874387876542841593565973588345060936129924492587467691542804598132815825872999110300780
6315924817220522132060107714923366010031827100667272664889495509423368979354810557964237715
4495413717407995177501466695465574100801557934179598301318715461713838220333287263136997 80
8093756281698575352925390236568114358655398284283241700051641990051764383512005756933430421
8029315236854114240598680573897377172090328164862383954980500843602353585825546188559424426
1292892143414798826709417676045222513492982799743533382062762240633100488377452738118872258
1819982219428293676666000040379914870018568674554412319573518712379305995148215954867701054
0478202585390833356406182622252080286486686097631561071376418909023606039541245535703806675
3567654247266803675176738455646966935960226342580015557208962384036477132142966921934724 79
8729629861675796746082959712748576679034670391578658581112738257432519039782995445767430575
2992830286341862452502249624197916398273490435941139598984043489575783326482216524972533 18
1193055585614050310507654858991552554265288628752889554577367874202977037846847563664249476
7084854307354132840361634913471074468329858980951110201242544884643071227174886586964367223
7512574076638075779685938518232158037901388513245670422527853876610135195682865233946040200
3567338602520551347530790074689452614361638124660209433968818299857253465435528540463610413

12149937692163026148315182346942096279115494171946607206655284400443565753266414389342772209055751842369120803473798867079692283986937508881614607383824642000815393674001886257307369534997308367252810149430436456349752135453195195003507648237036184538497563616339744294309886387198988081880867474958317602229846725019591837178700154647194377440245879644193433052737786174502452497071499070005187269292834587178630917484387855063975477813979761471029748052589306922166622252353734490113539862660281419264762937097680131872041406668762554595422292493849462711775501758620213788767600298051574112378095519278181590820663636540356868332445566200951604633752256882558545829200193063815338736565179457437025887562647321077322764662315226993795825381625074119359925754347032075189639279292162309129902590445512172093189661799346945415021868337701522075911300888689023857991528263986782465460887462785226268142473318858857241665126159900032922440728409619602649237730727930328698350719950917336222069042662113793573787896339821927111179243751868381757621347292273048411090528931273975665464401599108920563595395506226849034817783401638880747758591060473586645607299400942000631204356230811649814551496555130058546117355240521671556660413334758759879204455921756775632837672276901154164921122464223603954033684550113426542474489895459967920364424296652482735068799649501574046214825111167401638128823705492676697280057463290619456179973094448723746706306283461937692637284371025062943023983874718041127794451518210864000155847579128464012873950957762977082622634588250520781834576050530815712768164616012674561513103910717697384557873224133003000553471951166901258113520801563037304690809309792735365856491357471135090441275907649029919388200826217393959286123336572970664641027058783855131893465796268593304795602601154503596771014005799333688900402207538482513993086371634336600792371240645761765003641061220554568868817740625305700602301898291109153407117751712442370364363715890220116231710263565013024399121540427012730391660434852892171767800544353796026814476987479405571599377835639966210066927419271468108962040736111634720258986246474408196120403368752089701088063354284436925218017425121196785699110583349449991683094494694847078063675466677678253837230405284892911730548029893106132822852430139744212784010822979922563749918616190953950922923524038726563349624474446903480575135659465046250309625011185996363024036541878244570740245894880605074168390715058032424183755862679604489403118420715618426638993005968351960880991550054081911609426156177996494555738936233509560216938453029407415354220170088505934108021537744168969765523900070011310946928000344435606360766131030272873892742266524989909815901237651570432773192185028448811193320110357105719444387121835232255486772644086673404544135367403990104641792881141327732957052332339987800916026700289290467003455063211355182259645456365580270462153147060321476780387345442039887757315364197294374658767827633623111986467460831716249593805163179101602174316003637213513550655568116276716483228796239003714331634809586892438471169043078996510059110496501599283143831201893252516676895589731051802070915612812794785768231503099654870137801420342350862188944511309174155201212503779765726305117588445579181661243191479349987937188974667677782724332922702482645480284999856755494526946870327503783940036651442685682081309020949057899622100814077366965566279789587599381603739294081898326023119790605145978038449412185507347234440464136333171482978197669866965514005181845419763310556350448849713422360339130058979717346782373472329230517388505004636025681998062782581124555915860150184390904098641809717100754618847793491127357112710753309507903619794617087334446480524178880606773110645588414287431205536864507541312378920501641824559852917028552982349175681519817495356504045373588004000973693100210161974099408857233681398906852305802152257830798584449884900267221549288886129250288528135271737803182076280866581987021339186121133602461873626491285983857042460547885994420824018091973627117515404746563411804862886439875110526018600763208664032080055800981246682872769158288851453555992972145134318817716645564502666336275157142261212702829023587031467862427302335998951338331069080367912289759223209005352339836105280848797434705051051242979449669587732900812070787287965358392324265767339214448047036170652959567299323446869309201866257158203504592227460113349178476867831063630236724355370932562694982307261863131091050164320612674246086791670377930940669607135447772041240171387152541478713374566022914274536828100929205588900795084837232678718659556212837654930431227464459773811156396674092749919903096783157044379273964166675109789264093117468241878846539287943914280719137228194506211199604942014167567514155226569328596939990054101116477675292564944042879583571003684509070345830190874999930297342332379066474107462898117101040277883382145098316061371850584279039853949613459869455343321733883804442292218684824710117148515834710609975786976196816012437330230684469271055789326166001295993498597491718450334461056240840010952490311291513102073536606699142509744167108918044279263850255766220625664347056888812091343129654781619845396715148210810244160624449318587351214286010858155871519419397655261062478092540814247596466270191943785507186983496876926575171350176402003599383530178302781767102220244968265565462010559567415771159047285830165422561420054826851371916276898252722660007703368359267689271174661458864432562954417051216860837571659761027823884860670144632963682136373033174648717632014278800674249348568445726886782552555092500615469758288549210812222476682290277511682236950254398732456186120999673805014575214534677010802591529816042122311632876026457848920881444254178235178772946368491686378710335598802935287975131660096503450213500878614816527569342549157582544785878977900421015928011354809715815493253864902115138985775663927058200478330810319386172095928503098371977956384664987334554901336566062958993312667035425517958589

5342556852221670572063731668209322415546565287062082026853326008665800583966090695049703022
5453493694184347991814854031752161531889360169898297123827273296188151354041870492734852626
5666408136486378871680299743419921840452670036155802038750040963721886553766105646252585967
6231120914555806149237446224865590525941467834123013364881208645131781450546417941645672385
7750904521770549975833236091618246866373119959742563739243193683606633468788836648939977087
0992397517694293270431571634050583519899477212598612465956758013640200779332879786511301119
4767901228493345593727454446777306994245626020238875493090223357398303966428565992346239343
0754355766148585186128446617314397997597768447092979273827647093562794945093757497580940022
9719554370143859221216058081004239743853304543467119143871226627091401261538446277366108865
1827155664020489973871853842797408717803985878574872168926362934079370551601837140508771496
2816078738336233555978837136080966631521893228751052274037101841254829712856895416419492794
3850639454838617154528632987007434474646146503414460256193649389255719342320962385728409362
2072055176469825304006432287560380697731469996601018610184090834745280892809833912909149258
3036511730299676547392515184502772448449537680476388640190634872967747990212485612731663998
4427361862308855173182399678817158183206309699648514729573723694647944254825014483727864303
5422669964431539815277168679844685777773176724214993063597651813595392768068710323045802519
5603646418455272288614825145974092997199452910599833472410418542027208513605430735748762273
8407920016763466151090614719108133008769243989050542838285871745960020088457644825190313755
4808601794034109441898837265231940718313705379983523443759548981321534240842874824428098988
8047197105452923399847655171775144109635033144384157428360879013413016396157944559087366627
8909144275984522976305439340866678264314016375717056188134506536372888736845773001897543538
6415363938173762901822963330494418919406597305753851213398627564624984703279184151114912113
5250104685119008961170790218889188062488253842283641190655874808838120731232314134423335314
4433609656271921082476403927206088886262852588519928013330589057652728295714261949791649954
8943631773247495809598414916399608724055940589740951851845370108423911078235447953897722079
7522617599737993180176602584167834585215453135785842096991306995209918786098861244401060741
1986374471530993510334286163756809485035927570474426589679566193382876884746673876270357798
7555965494014662899892099869716485407230339888393676110133037840451130783799704331160533262
1995442577030710396843975279691973081280251126223600777540005130859749830464540495130970480
3426138354091344540564134101462193716056552804448400880453039649492973826865022745282299484
5774673433786755028009975605100915288666465879026257768957124187931583948729738877148353842
4812931191683160601354302997848368635277312029030297107783027747389581346519427561606674284
3607020400238768610459207769656762678781970656061203397304722965481373446191321988589232186
7439123224152577419290782252709114014015695728457383362291885079486832949330533593193572091
7636459558136799238696355674929865113248271394607316285501241323117372648773982965149234267
4132247288632846021041366966644267728104149594302767238763428606644807904842677191598564512
6086187040257274427745143079017361515617731515750059883996401418804973069975506691012924075
3037495815557846276831148373516100826421056866786356840858920119268252437039035251766690092
8408264675261709260269710407047148153102057397996815791829812892353041464919875936156322124
4516827461722779681573302532557352230229683398277994160348264985693826397360590562321392948
5507427645832942671058969945892642144119600084553533114504068653731319571484348541015617234
4706871596658893468794776160506525205325518879427620006779291742862951480363937155624921492
1928994506784097205434600195629847440967486246536371130208738141754833381661656151851119113
4684732365538248531987858181814501053869431580428941053108502625828157123111145551238854904
4534798670025707762174138029189276234523893914028052930968645560208707475029630568566687239
7749985911356208485942647022385403313966555122940520677229821077169887490683123218656678892
5348437392893983842030927063104601678559287530601787022213306811299142564872664971680328549
4390895401159821493770170327676209298763615294761022963864003909946651742860527160651172140
1325095927055929483973612998179810256713853317710667503313178278732512501327837748650207033
1355062275581304810800294605171798864186469383014272291579435039799177801649052827713029562
4570910278494445900502500126475623251401612039820325502752696951967074235168421191098209014
7345534524738516054502034488652611948457946739103249460175460659491334735648784812681880187
0735259183808390367907272198713651269112873795377159952741342667405298605826727776084199746
9706416959029959562956055600022176378828180964658424294431160434101540324161837112411833413
3690860407381821867859296600601526097920430269051432225681436574696554200716104926071055162
1362987930055591213266525433447237515483179612564078677742430707008766220291814065502136019
1663843859998861232751529035298703495321075289690611404016598021882803768053487149020830871
9178047753136085841410659675196043240179858915353244342336299100339036772618991404668102761
4857872154303275752435932050311716517034302427376082327100989621495063849691002902577416713
6585044898207551353446944194185199121456681506843573075876541271316654235668122273922233875
5549046416335784381605886860227991791515677699184838574581978981362012970538786726606889518
8507220074426102970737128356942669779338208780912705267402281903448878106828049595910794308
8810046956183587209343232304409697612377196896298211991687870983396113452620176959400345867
3833978234147321913824997499140658967734474340283580315374798489967619249699851822401768193
0521002245510857860384690568766364128908975155436650656165061922181855860639525635204347

```
9459161679812323605749683748234389055596433504292754772607193219830825380715538852177309242
9941314419026355802110535798866536264151014646071198559829289549075514813694409360717649426
2910340381718216143960417698528173282088210369061259770468314059876589814268531700310662742
5740828091023311681597595865485617816146064344765193028717343009218001005873954834544037627
6460138242763405329465580888477374668362561690834309727006997481782424574194262607770979891
4229003500843321192397735909559454746815664694781101010369635694686789030933757110276208660
0878210655553779260881641337529391559615391062381538131481317662760323198880497921677961104
9102388322750639647100769652474414609822625944767297584481013880841014521593298873538518073
0698100946012616786893086024784986072082802669244510981539169597360182132879440792230675284
1298484903656303436908701425831419899105413985226930754669501999027720119934380998096571948
2859198767241455917159595575000602439147346499990496228073208901853177416621570733389283880
6391644137593974177979961906452774096579769282536534878288646972253655754525228031688471039
2694299440177441505654108392481853809722462655146890300002078212754945052791543698175496661
8751347831918657412558355397407737334160156114452815017161751179996399406119110086304704795
7134095315827911496975506142525966187901940474528757334388929908002976987789308698773399027
3247229361876519329728094639215880105812091733035606906088255232179700576000415904488179392
2984453580379746071294707608200651516833656451241281129400207911460827424310952033600285057
8510317812969011196732086099490036742606578833236759989031746784188273762112822615043735782
6128239235832602350621502538812050380876107577923411020066388359646169318157504286066212124
0253081275797002578725384490578740240767751761182828022057007680331731473322249720895322231
7699148309229185252467490518771658719283391451272224391076880381467647768256051991624980946
6641586857003358971005817274611700131317270152645395750670172388733144385271949699753724585
0451851121245323760092430472399543989332763258474199660212612529805661849768230504120572683
0278895901298479037010123634777326720390810711639303289268969858980276042853098125791957324
0805314535999506802816476376786162049908722050571792632644701380210327447578509598153769279
4373539955990692011086845727615873747414978132199221009794636168368837698006801932672463563
3139361980228446602908257497088761161261939178898914147203605599369088389305805359369339114
5031666583767906825338101549463368505270216052865898969422570963534492408795324498345015230
2310368334930834082351682915189641667157504762901953467655050454331891572657051498776384149
0791267283803179053794039065513432425793133041324948076088104697312495453454578562643292457
5397544363110660436528940344384293413102992185638619690395362293619010163993528535010572993
2771839446878649027719241196947766796743216916617401837190656046390007652119611483507207555
9291017853787705695420746007253475463298759180083020271502977497891528398945332554071951666
5757523092649513942114255404511537786456966234680050010557665686222565597532000694853643862
2303798485693682238749031954900491665783397436698609183391998723719472588452887254012846450
5663054723627109926427857024582922373042200103989251437607418119767998004961154888903136574
4048147277693497933519690791241286804950501774453583056740426732857897572640251681129144017
2893889390600786220339806661965078580853482490794371510593186923206404967386563531281304079
1072222135766548218780519858530019883207194602635121427993700694070856559587246813655434167
1216007026774829236204014529850560212244185483378259554164191001106984416061119361341572843
8557376822437027368021054904859651658297294455519182415160406551183970702720208464020439307
2986300139055434860805727208711812577938449849043705292103749701001663998151949476294999864
2849373675253631752188331308710888079788392417704627889360773769147013802057889504947811588
7563990450268575505617416055899462503460092102109352130947675934350822422873652738883742321
1347106010920493956173174885378022731466288416038867881534237539156003774078668328693984834
8080670719236001585719202923111341735102217455941199598354445613756191796311070401304744803
8094383975482674455197750593665932950078695139834792987338878101779456081754473813559180829
9812498231500373506626543377645218316617295923566550503629887119356012041679383725200771593
1419035192245801694493938939688612900011911705588515157980783219758636439622341155912478451
8708290402202070552688856767767572084330196215790085294712798233970767046678343101904313793
9095674184931794875599199055140961968939225573319387182240165404389424297616591282596064556
5767896269500675457661057497034947209854964172219226415181027989110590330653915466596702202
1495454292522568011997322331862993012889772600548883051801907365617848724489615573216482574
5453816143467084018257113637533942016840051144296003030823242762724402493439561055939330737
8279093954401080585108538114412665516154280952868117050960782891078997195299893421677946200
2016998984965144055336949093144156637478982789278074171170977983171522527691017629063753678
2986869272805898815004823069790734921618995367907033479375433604945307207964877016335038661
2477167988940461720890124337095817160070941224936215496495754923913389052137928481325660654
0708721929520417451146578362108110624285418078166194941845801094848226063578640095318038055
3175259088246744194408371697512638372221899903516608185037840103696419148911071627920249788
4078503577014056163478742264000063558174689957745981617176542473582133634390557463367004182
6313143611418160332966762967600167994205533403640351866054990897216378910193314935297881620
9395419682065819064283642662413237059039256804645463665882027057632649182915871363604687363
8450544974888393625563446902584799733972437826866792004894254402223869489172004665825732880
2332499435398108946466293862106782615852789957371136482549194966699900465148330478673621389
6107397991573499337265679173820506794890335785170348015684871190573315030732323
```

```
6481575437192770782678884988301848646539821183228847745990682339746215612585382662372283196
9860252043378627735575155507201016059787121746506973699977488505823686182397405962823899061
7184581682396699939404234038027152149341645806650609425516633060493107167197330836033118091 2
2267282616536491778154547133361395136935789709038129100817208674970566963962750528372743 97
9162876486455768107697904387778853689843730036014312948664926231077274903705956214258751 429
3266878284788078762847818624595678168662583026820364459788509829508925259441721135535585941 1
4239951535124148861005811481337144762057489372241692219063913137828116201787876086438886050
6587083240869863946519451168883795277463535977800599642251188127560160179159022475213976910
6798632092833840600861021846713981186612051037717967858647158891191978082065110498720927329
3674446645552278333155612798465198834836197608015831317906745512410020867752382206554614559
3974897869216323215553119290602588527663367002810850040367760202462557785265266977034006959
2157761564764259634743356471602185512767526489221675998015472591183530177901102148470226732
5079585252754842316261589296749128014980057541492894372407464438111610968912792553348665043
9477764701668970466249702173347336807947732108619344342264216085801303502463711108941668102
6503673752140328243429336919373726378916898338751375557910265452952313728785719567272503523
2725011490885240111221231522395356681417563608279688942019932324527491150005680661906710073
0562113125640182950499334281783611200441387083045411777990828298523910316521755322173908386
3377240702608516018650975472284511975391203976275960199053838294949822684160694237074685285
1185966687687972298640275718450299124692064899469489774830505013519745922277894280494588 89
3626617557558501668491138034540655338404509254779564836853141322067280529532217757679973297
5000077209030258510443246399340674510943312435872359862858793613228624008278150766560815539
4815807462635927191062286452912195489912738899347689840630693501530580839565139440243232506
6622429876592396826941031130834151196755536137839854221179219411449561916538849185979570764
3267369745935938106687751104593905615875963496617956775816312907314395200211716241602363878
0963299013324703785938655291405189485402021747743494118074693780365326131399462089455574906
0397697094955008026496879083392220773063033152719944794899781981828956639787262359965053845
0840226160712887069191795534834127291556345078392909554962176378094144760392676202991209 797
8526101261615871270753586788607013322937414800980534901978765117235013926032028283193 81375
3046174386185487073152287896043801626021519321727812501015366095539593948266297850096472147
6963041420928560836755369714576744658251377926893003498187673095366561540940181812138145157
1893485211413763239747591249359704551181113512626385218226841422290576167233622174163859695
9428555841526603258173569687347871528253854686617083171567897986920796685793852038673279363
1311097017509091536397157747854669238984188000859849849311591372836081341437393598408772681
3881576316452990400331700614355158713210484980604086309955458293249851269415089658896620196
4410303356985757897919137187474794198902398557644542753175912782182067919400959794488980216
5519947491076702194965961007134306836058843980625029333329180504378749584578395597521 91849
9399156656842076444015770263734973607980438943723371035779462949595697528642416907667 16259
7431170280130433527213920989591016293150314406167603304487131088893032925209532460424387158
0713741133349675218946784204352012005101715588810140727903370901390608296232573654349 02251
5857159734383964325496828242539277712422357476365147462686304216003673739057280974151802633
2536477880629778365031696247887663049465890413981453683496483767379724030131546539880 84173
9693614258671793819140481431262211849010477107002065136340198655824595491518936088602077543
3744258793923503783385025011672705272060991938026117950159381871004394547864261178425 14617
2560272380476328669979661131161471745987885542037896030485119369471921087749508553862 8995850
3777799044798797681917449414290009803597502443144572163879873259333474843304573940812551247
9377208382988604655248714452068120314432872021824917133324123894130322035955727805144049560
5813651409861600790510074644557432653939453916473024455040904493591899500930070180617233716
7982022317326195486552606537659624069393912796408926084161148803306464994054074645973148240
3965686343215931299439370778216002709558712592639380626530906372271590302144540827890353670
1670981523898327042384001634810127498699659383318771950793697308356943672885650611025094535
2047041905954246820198982796106997322621366281673631229890562473776292375576101165400655 93
8523727391506690964576794639205897165228649774345022841403508880830934461816836667371572514 1
6382605562840092010884137838892076012300086402723310587403779236807772363376099963345491422
9514026340740695000357192016355410390524035290727326982389146458549806071219716833951774684
5727327057830016504343852267328906604188841138250834136137996198101697052736772471979593261
1776223445398195320472440733945521293754849964621282877989475926355647112480984478863548 576
8440400796454086534311784469866699631550715355346753318278942174905295408470023651559371913
0070765320610164624284605744591362740802494426430247420387231136814035011649167388033 97962
8128823708626314777371095092521166966772840005669652355331235727344712250584493342100065438 0
4671533515249182317846165102580881801644604999405884890852354086151838940436071934067129236
7260694480645999780777249220902903862440744586970142059022198880684609651517094823060009646
5701436440766806637279687569407135156782799064907906327720904452450324857579280708225 203262
3968335485158606931459783852836169456336186314956895751252054275834084337654387735755811 332
3322445874169130446233328853040341681853276507962953325671968030466262226939292423381761474
0621769438130181644683625060288786882638848622844076864987050543822925806584870404035562573
2567495201114319375477540770919620795371814882506166306925483188887162368525155484810807574
```

5353475665069108998902579006747116536104463548486258453296011166055248123665813348443402303
3838766947308531144682295290092852033970729724784595032639730470969287727556674107879212706
69691471916296467784842643755418575698510816587182715147495503615650037132073805452127386
3713493283299506794838104667219613166745564983864106655385195711477979897804053131531304
5355956012501223073013512282359030897413153187246065767650692731207540535622805396956670940
4554331001699200934016030151096700708703308962865869548111716447222429564592624702284383
6316827618263814545273819011571508952201669555895255462206792074276777692308115226475110682
4433913416500252404069330258598945633927036419440753978120082182135850455473521574804387050
9653774461478113468716565555888351972792131850455068355394307605036900936296238783640867012
944398938544441878508815883750876290001144469012881295585567752375216598684934324220643331
265915748872953995338622517538068215345051124474409469110451163239958150575512312582940123
674771515790267854663437832997684375181671324663954643020788768384514133131120043836272094
2896677974394888903403933393477149165560987844062612358122351295492562595858319163624484491
1239536576587105078807396708810976691210513367202108849092493481410808514719793119832560
9134071181692653771766948863256773850811309929392427973112696774583439606895901446797112197
5328687949100384969406007005645672377105349189064450652802955744757018578593533302534373
4205303358189472502565974199223900855033384792966237076723346362903759950087543075025796397
150203988495903758576829100173441003016390174848563306422011752017788579842745795912502607
781470357311880310825407223370561840398146430866701326413991073500244188772556351318020125
85808148975409736973081487305408871737347442840919291643244402102449642639287357398240381
84200373458695310703279798502293094662680690179272417870980625238297549267427174010931339
4400603177150398839717565171566425066140863519754573459747328546035257708163790805387315806
9228053306986610717617047231894172238541326756768641085069361977285088089991205932294787017
2365995791125474049023042173561164395489353844038661966783227383630991100528583707824962
614551882569385163576399303075590707409177917689600909421662863994593098716651875276280612
1677655991791029060977988760291131293858955350180182828228425127176741423279437724908344684
21570946790104913429397381565935133367061912518396634898789049470872644134458081012413965
3897144390897177522524117802201688749824301623732901654238958880298757500628310445539487277
01249308315249497947126764811041792369032564979086214759140723385699856848993207228126831
037098991931307602227680917759601941966313606533754265145417078972656421694991277672019356
187129742389742007742270600818331468689266029409808583955345298132643374294839713715782663
89388817585285996432152468492022170504236438629715317037861202578285472396855010947264868
273393613270531709184960842867973063000436165421346267661010170035987579790690986223205488026
4185324862925109616879659807695389765453614554754400165223914248148929723938142790625588
70122387283489024057385524642344391199345027206577171521049912790899211699242640970409416
72318039496941688985426561530328072246825544581111427009573232719015598853789575571161924
963123390013892387272152786124203816814896467821416667587669182854585244394137306771464037
4330940413644769293578325756754722460492377254530663122614055017563811599943197027883656146
9974535618662519921774758789668022046667762597743833899566039040362829861482702138619053606
63668457915145149129662414918969008081539878655838537815703426603443048225501319786064767
271115191413296063961296795675148556053596642717648733877548421668073267934468273745356610
0150860574339919862152957878761118559244723527131690090072760229277857204073949284081028003
8898566540215556333756222914589826405817184880903521959232298455919169463929579675300915498
710901410398873834792493628931057971150462061769010546893013669125649607645519105336273179
5600645964827476548057231889471398414098601302864866561626662957625009817839445743520393794
1631861623245084104361645553981702333968280754081606767892350510276470520409956971481930783
2159932255622579133690177937093754250417825765707059622397054241206716418742464155756617817
518321100918462648717765091190334572307787317880484937765442539452471494240914793370735134
78763145769851002496749829672571838957837846494786398544023121454640702316093210360555946
547608318410781549758552449473221438932052337349758294772936978542447331921658533831755522
94658487593974612031368176924912879005517840370751610615086328433445673849566589150349424
20078974138322121492467179808528463428682044702757836988286573044737017987549883391821644
3204383602752611309004461003747799027949076124599381124051619199609596513900077909634293583
903430562435671573409505616362874827820587615489988136228400631951195201780809674906704976
58942820319324591324255961711416431669441618015524066188633117399506879643778153809722292
74598686743643437224602250082170131493699181402454209157676839550131681810740342830411268
525498680326457932318450295097745201389805535819414101913198483386798555481994017166158488
611814850491864675639177286330583746651251909951762786218221778379216042843812365855035987
7683167988769176678640376960039672806404574525975201932854039038432784751855614753102263
3733593846397999451197345686566544674283895811910350875024475420750117547265579343040641644
81640001854896172357369876500209146312440068050665618211320293368595675472666466024686854
0080392607405662982996622827886673306450655032884162938829562588755409694680707065812198050
85789240566782073019132006706036421683649165256313537762548308959484205360987229555827524
31500943341900907815467112257271079852122237556158326103023920531679278861411832982264597
57653404542346104902957223958753311957961950228946050308356974031984824793750389739827953
920689718912962709702681601799948823685154410249063450379330463850598050068936885092159609

```
4934546170186966470225326193881930168212264843687779523961813687773501783987601428797208483
6641077328764288692535871469783972618881033845033371181517114847157535728291113771363131977
8212024568460969777492196379684737496910945644214623527467527261285301800789573543032753550
5890027607241710824277972273273590026663866696013522302560850972996315375782433792507162172
07440633137963875171443926623811455393900438867851842471758753790306636660932688831931210
3232072351409070336054165750822090603372016681138850314684644519169504365588661521259506938
2843445815287087122829314072755593369968121099035159101642125607110575765634430635117056731
67435289581947549521611425193110025890413452890075077583181812267074861693705113747405144794
546197953017476006106793453483773940552135929988183465458679825875860431734040554601182336
49355330635908322439166680612102928592930996275724503127489439096429633208730774671500777330
08339343158859637012443376957769454826077160976708615481666794238910350609046146044130396871
36894886799835087804068064381621772406347917811916200629577770139937093439443217249722182
31952125379413260275336745685586088441059085112302706065537968948611903334311829339108761961
85654145709689387436957061234280197733557389624076816315844335848770733607207064012636724168
41255098300951381957688615124648660191044190004053873335671201528782626114531444001949050
1156417180146235530033460802176758915614799503714673327458150272811272118264669225554441318839
85950933419623985945561184947674786532207149201414043587348389120710525816364490692039881
387927289928539884606794699973386287843222510037432806665926419930608469361675677484717995
55382249785746556725055674894930960003881116502599000599374017386660470626212388528481701094
67101387683522002537004909446671047557900086274869986075801005598973977527485320741834661939
9378999761075399302511442615689204855197230784075822784838312358647816828634723970507033770
155108037216863941507175891202523520030936445381610008908813050203916934115910823275492996
997841354483322967187542418224655200379622790431069770241676548293949761640495002830983893
9426022430461690484355804747722403871786693491539288578630229892431436841730470301570109023
06067503702447200332641348728560100321972365652015909492934148262122999823173320730648796012
0379727647315563630376092938373423468209183320342088037583199689240992749363529073564984723
9275179648356460381131807445271846223458597944972284318052746062500057844200483005238238751
08485542664866184058788046412068103591989839690987271311506410818454904555799276094354218406
71764535486151052824756829626859818060293772829879244252943870854120731025294049832789179127
7490031521755214882526034714160181953845417671180625218368758194154070367681561576618172047
799869233146403361380334652040184261580390264182536185722468448606128873686999272027416268
063766621120692903461969545811364344741598714018921166046622658266159054206976394359312366
20455287563042165003473601194342256149140320157941711851715427563965172568645384670954524837
13059489858255974527756437837209390373706448757805380896666619398363055436351531548185
886779262912725363426288985256854464698144974618924149586366367198140065068588860860224267337
9798812768796940649702991545245272132575428195324917311506620858665207749095296510075340404
92273565482829570256906293588816904146510697177242095544613025854381786304850806058990637380
905430695026138424222705375354598590993266967332165151948172534532747333602744725852724539
447857870490548475863311571836633235913234758825934064152103907287193632679637592847331316123
3978154985650774595742630192501361344218177865732684594980392574196969999876459824956709409
555949064514319299753296990229018113346849389397316733740473761021534979028013172233791279
9863914710105736458088249640377936691442602252243291822035969479652296324150462593037636643
284086566160231216109902717797940482442374377242175453274369030749262617258880652233261410
6033816532093232026699108708475868198563990498575011761996369059699254104368753291819072004
1575982623454667201573697113335704140320937934512660607079906558687961615799849341095409032
124365443108731615863757273748174501786655737939848669229117599204342247600648597600549782
8062941873914749664566019769826361659828965655744580409914268909472497067352204701161915360
094527363253066644020100232018732278197614868663489891327347014448203242931178410091528333303
7691119705125251189029708294297488398137149977805278164934370560432600535269810691898658868
69816108899269920434547815535740465293822554757923965125781698498673421821853124073431152960
82141120919994061601015821912737301650176958118619036689779275690467857101810593937314388
1192914749443565221896260286325886636519017453659212186387681077742091583646909091651827398
07531030664998062448492774756188452973294727139148997268407758897786865604872330575242285717
2473443666741818123270841591791478616819780032875242194648011931593793515239417409041909841
2578099090388940779420467204915345000248604274553073068364722207589308219944523472145218428
2562092914376814387802139693639978602212632210982207735714412941264065376526428543482970693
65511680672830614815535006779927342874671740836666020537292204848408702523012585717914569
66579523963596862706459037207268058794398134006676701411765812522334810483868677174058797360
89615599621784654973073934095466043145860154049561577645616734472126427468746140832026387930
5980428496622472232550466095231768172458636261128483387407650758288956774589588736109519742
0723212623335561519338247176021818683895300679750212076904388381283562581450125007119027156
5144346270648149505901969961390405607906737260724112924471994770283848353186332981761999473
128331449159687775042903279770347619380629551238401384229100357676929698595905443982892666600
8780103440596705590520766837021015952195139454477311874107235279456084435494667607928826817
93567646665891613621404247856427926815625448506316685268327524656002747765241279427053419347
82805462670281599245391248739375580940125919778346533655735625937668087699752574602702166966
```

```
4925299837753819693846254708518861510475226475136489188335738189169712195832681004195765377
0211921182725665088966824675048666996598850420411916153320898856723809260181428117623447955
8294288058513698860737275497491213068743742194301486676625969169519536885691174938231969755
9557940217938873722515159971405447289708395510365486662819650368486846610392745568414363590
1777440387565120807714563648777284483315635724968367563148103943896809211928233741450761863
0565777737794145333025782078879337135523281930667781034744878814533022767115982463014677391
3180646990171453231819572964017138299344586652810423902920440420503010850372288970722667320
4164075838352116255472935420977067186526207629467204363364327350566320411252128722589414997
6280468914855507597361465051176412579302836974532036046506156923811972132510561806134521343
8176817327628414181021644134170249175584365681145479777519582806628442497503791747723620424
2450573630609111548402426995643360035301436665975118280328039534210540491910305673142107541
3023579348772342390739593893004368913281485468821970534826806406133447603574659090656460980
0971717699575204375563545216850442243908278083480721568003121380513744755738663358066128982
5695253557232663073951954063697946913927391950929709929134880148676072714978516827026905071
0767896576530440463362626888722627429312028751738497554214315049989074564612156955425357015
2014746265873588291544869367168210972638773669298762703332692676405112365917877363247704611
6118752837864088038280136349041450851318295587380336571592375540437403660094312662493744733
5018369408835012318057025510894184693666883038062360436168998681815046281454399370843946723
7952819530328860609963154780541105379798317391048191798793376309918240071636953592567835866
9990852568283461799920448492158268825542660666948065905588375476747789006303076397732011916
2644193123173332822364181193483305058658554498299868991146681311711942189160179373602575963
2185321048687499204734702994267871276133342376683428225657565015748972028034318032062448495
7230973900571509314538918434494382839737345157998051562591643226270141862062369447593021410
5085028120360491099390536847805602166270463685525727413290604228995635102522847519070308253
2738499555533044957803309025927531635221809889882629115980337112570172176766904545680649223
0515747468915571710175672403541893506112888730240431443198695865218667607330385490360277460
9635450195252965340703015970324098511502529305886567190112508328471496806489438130078371862
3924468179021621735691228872394802164846473775176818942122207103565559650797948449900827193
5528147914340371387172081760903198856458746108109910593691774379471287936895032477418648580
6481967995614643670824870899368395131507203056530300788685982036072066991673761641475665428
7719353591044521169167692816396364562978340737064788274061834054357077412161381320287378790
3785858932745536149564461255050554782668745445509088688946927185988949423449507483821850184
3413032362004668070019175045926284083850536431267686980340268115807098103458986041308417355
0995694415179917543233480633073261339139979788000382109132766014549611157042858028160675162
3381353863052429563833095032019287816413249223004761179535824956059145300042464478806213024
6897865596926292576357402879940135692116755390400269996455602568297236950495909960271709738
1666168678004832729299059428102968161574696306060610106226717021253966747951389381374853895
3517578329451364260069361377744000566993017402011366773178770446945060129226074969110615762
0763789334504137336511956003290783523596465326574497435286721116298075675855108385010069899
5386715225964630570091390876287416492541708169096847309548860233298288800101652962808976987
7231969074210270093488093445512188188336536519784318535596067476350722161178728735639465655
4342761406855941242591214170781163030801019258762199380989589430509396825182771303303349266
4885329561879526644631906349389649279747796305818237760658035402279669108180932267251426142
8768508550234036395705621412515137620467224442897997855454131901372056002945670634038242991
7807512572448446357715258934722336845268000504905794076592611834046276469983532198933127711
7327105112938774627200813172632086712472478310369532505711668466933919993838346530133092477
2942935847074388263424007013217132097282749479611635667826150715662825021252062763897515665
8513406045529010926112638166224236689927106490418862700144211287359239399825005658006432506
0750945893585007218072932230824610825818587467133406733443268051547565276112290094215465561
8310341268701722865416226907574466637402578505819839033726685391283425113889776103701554705
9697842843812110416674964236193689840635613876227959545215146892881328239439636612945013878
1676590929250897532471669123683482751546078272804451824345375965504925680648532309992814514
7534550927555277962794142455744052552188253239556250857211799653301956758117744367625509731
9751155651484513728542407904838081995588091516117939219104261909284857816139051482314744553
1015161591784145999471223905165969441039727295741158339745939062050077580709596765898924961
4373434878156377442083749991461834513411785721356576510028821653437883890697229988629462268
6851956288323205705378942178959367844899972838082251295857374295653148704304032195433016472
2045813979057452880207472858810311408587987472118632864898447340531146044004800111896474216
5719993115889037205900314664181261792091194088785006677801099918546190934892669185091189985
3281758015614963442527274202132308326262537829753747808496486205747377298059504902145550108
9693480645109743330059979855532033131826917519159195006558488436551656335235079497441486995
5459346826667617498419319232391985849314290703397249074104335315507161857712844527045561548
7208217879010758099459907819034076848455908034852561211244638832388776007725640595058576145
0617292910176342106201632276313357086984161133384335191595521993423910456556597310082316994
7997845631959834114305637058884135857232439459993716084515443224733325747432690293211134055
3605260907241688375335436141287023423782527089538235765851659641732811004236702247945
```

```
2658948954200246277977930989345076021362417137031065132759759613489924270047047172533326422
7742623475663202251798424952498212765595113945684142700766231548515825735963353826717922669
9363339180668550948028966397016335803063577792061529295868181602332782682875613869534898 3
3858078404867756502916232810223212628623703647116725909111622074499444703371546717193557960
3406495721839913243157175868905635782011935622777763421623672475667687617220610152133894288
4427554638039142982934097063768466511699684549774924842162345498790190059012230711024880588
0499208202673415213345261948227180404524659228844295541908154492145808904570493927298321688
3413429953682586764641083672468433132874321981230074513031444007683574024462780977013002 1421
8712351188443907814286457148671303162743814053388576038852946950776911243966402842755392116
0112468485588590871112043313698335512983177044754395273511809456262736507213423867548781623
5096639875898907810584333722039754420498618992145343945700107669930233340450706235582283219
7939121071633904478457406495968373683599961027055981093432754571822658191627376408326491944
6339254141257047278930012181409950288177663218498545308566679007037626577058382731749561209
1752324760127284885442229898679988266283950867894577143881580967550580114816329510134178454
9495324848474350246166826049086054349862607076952206845769308881019936388602056908101664505 18
7218150057434727469240045662801352442429043237968476832649959785995418767960988824064974266
5229584406972977619146264897831510287400669792362033206040445354794419819989475253195717052
0855316177791641077276461392157117740299135555015167097966196524062222914160997227029865408
7146907919329111017460401206520811903347933507409339673354381066776442516210910640978277403
9347240922697139986419324018336762578795166166921148570844034731109857718604143806570305811
4089652279903370670627777173240196063669059902396600614747596602743647723341713211256406957
3043007387189697608262537784076168904565036964121017260551105063180587830717710457167891720
9315551005131262488507497125708827760818462973516660641381318577569232194221616981981833 86
1591091112129640683476454149874892596769391552089997434834825109771717334774849042415704 47
6573657457752887031370873919072182505772993177204212596617789094627810737489396727533366949
7759775761401339096400599495991247742405822602276743479140436597750071174906872762693456375
2876279153861033480986929574289849008704137552160375946787643984362695913728997237720073145
3366733526996836629260856570583903882359383118961476361331704366529764436074940164969717395
6600232484753127826135116274516934985914972842578011566354011257488383449578205475651348675
2535339309492987778566824738322471363412781566382459050230733983253608300387302483963995418
4028662980876689960054360674637478175973859320010970384009432908482521486078558007203028392
6248148421073567689436508478291723943135377307833828620452560793714347989024775448000157389
1165778949114366003679354363932067762630211052152101359215469454449970588876283657933406 0613
2391102338123478911651339606482327340327611585343257078225967462639944506549281999054027
8815070629903621350504523173250136706243941061807667613786614145637857660442074924229269770
3498450126514921671769633105167672678488372954900567865723978442763113473249771989060076187
5914089607306658215138449134561555711510845132159738291100111428738959946162393850583603 23
2344208881450433915073780818631937207830311364175837348751976507933520535426106483964680 0
2283180323476626782438970343828285676740993880122455841828250616588718419177397134842495575
3553615428351062448328211410756609679699510482522794215870693151868682289065990544542897676
8340784284686635169507359290059446525171865184120454432711637452459124940510317749743271643
3047861042520357940327121038480844643633301371529014988427523779498345747998752815119651594
3440298872149170655559184939637362023534636888218131437208134936589804188526181461668564638
9742839150595583703947123832173452734821361569612832630851650382152956508420824710834855636
8415289277977777563665982862156502212507461167590321165420965414701229428385457567214173899
2979980052464181684733481802173252198821195035184670582808429271159259997015375097479007950
9303318805658010139808122984565468161871538579928128610376600684408308498397279763700160
3065246148266042831177932893558742055934588132647605029917983382716373959860235887851346 09
2673231951588729729246677097635098946770140282292245909364931925193174285969415236656465995
1119254685886480010377793163073879444378711516343580868385509803616734117746795525054156963
2555175659300110987103438333592007520317718713211694297373666504816162281397436919436021979
3318911371477579284604851057454283287481793287227871096158968260041519103216035886779474 7925
9298850999499049216484971385441255339167379832698374244874127454709620633713904740483607941
5752936336390448179541411173493620260485120123053605543688879386291448078791005255598932825
2773354359247067399972692273992775653397256696715240967730735176129922142025550653142954908
7426170533585033317774602589152893788654307666139718694743502046969666875056766378250013 3665
4434120149780395334094843058804080871386953158989175443230557614844599297128725620764700238
0883308255786375448067354538598763808584763650695267362809861199004026798113020461010194459
8035927435305744929624227377339552016915800533206697551301973113370391256119133054329794169
9192948293905572679579528177269687932911425777320500214760199698152202061524517942389845818
5268279789794405416564805621008330280605473010316050320145740518887619845350296999926465795
6500190448278241738609540179103702546381436244525088702922663923366404351967800356654544 364
2503625079529648921390656484140182736971450214526431646621003738099504185588748963082465740
7334263002530994978155914212875197052710011571017163774988337879565686539344266119544077414
4399248742320604226615977147800654896433496235839622113531257289820135598481565702045748210
9173737866280253930704465543688974749065847794940959812244787432218660153009734548024696172
```

```
6712947787951944151344017301188323674487204478062366370035242586176568380848573688569023709
2290882122272083417008979129256543541940782689930557315191699011807050189588596474048139046
2609707341954494227067754033537102964836062032755617310215914346844155390956590974654992791
5376332947359960200898026407946829253612778983205853605856186118945140611322242712861116686
7250257033634886315857173971160328821238663749187456626042953189852087916927985320596870 82
7320607720490875624976239850639187378806361073721159075733629897056657468837735159852306207
8348566726739945019724570616041702865614312668507975571689508067386196133576130779338566529
4261178995576128220396278616303669765729274631760052262488130026201593446959933230130444390
8514144069612949095143511324043728180378030527016147459666973182339616557550910094477201123
1301699270821104372848353646580227984353176487604395208073622595864078734581915310594558252
4031075377215743214571344778184309844749991891988572348815392190452015666171925554299875 3345
400238110974852027005371147123897974701015854753862680281323170286201290386585144236448 6492
8655235817137202938801752941010225202856911871860796450108765298425329716311744186507520187
6929274642106131317620308506790665882560616162451232983338560212251996132072858164070209062
3127183448482230078940409243916327452408745667813673557003975514278073920034353313212822873
2868954220618818832914189042392958293492930594813919419210154303243567447699243068489549 5202
3954564550306504709712589530864100115696873272805753462888209289499803769427671523724690745
2768749411737611248907019198792964232474948371863913292204033404762728529048057020058877226
3597678817471579821421764176643490054851532223351305200474266084260275811143081158773 57853
6814136568366713391740316070565037908528432267821646435930151920709912343384447619748970136
3751895168498630633471243935719934533251192434024867226850967122444228095486209670642071460
3892359340106844004753696386497513597358331093783260019092515744319203761229377089055745436
28477384533513756498116412336892952288866851999159162996178672081918371734730700682 2812701
860650275302983390146699957479446107026716111602787170650023445485265531804615279803 0135889
4310966438222475439771623046764635318028199644937566237115511605197875870834292146749 8000152
9714109167257057969361548756157178235831117710135901253539556871274579972017592606546190059
3796089784619027221814507235879548427149913315039620305124110916504419669755825132181861783
5694275540614559727053523826735711023180819720853948601822054826898663602869566818348668524
5446144084069521826332804876044469190082669676296454907545722369233274416649131955648643994
5889933877587009880543318639985540493230677615918285928743896057804640984208974055068 329611
3972392222269790364697767875517303966644741574726584654780659639564895358195570035797166891
2269469927151284486477227398117418148866331928994659470600892113189894296771965704861852768
613423688150000417238002829767005277922765540848554333486168898497387186788618987323 2380042
4009638640679843517162511269725924656867821107053801531949577164948506298157989469417142820
4216416558665990728619849384917548026958461964229477931498122383641538557038089789007613901
0323497179696325471956491227455826354132341424364357459474929792785696077635914847280 12121
82057123722912544332455660534074849518144676905895980695200349230012498661937621085005 12364
4254782643573382132966096697316535354425624730809028817761133739720629836430505408619 4062218
38502449854756687212600676339743731532578383548748244097809793933614873102023904533809474159
7766456031376811062989214090166123270039005050229476135185891241064706560312980146088 89492
7862354781233707563735243212718006105308551717034053603307376301871136693532176984282601761
1218600635849653414360670914199779246409721142744954698914635554828643401104014722300 84740
0589719394255567755784403993657012637700923304017720157097140226189725490249963962566 90848
5897750415713042927159289338014627681780424512433461156729170872181169866958713126106 65581
0971551555696334819844224937727899849001691334065013922558374525364458711315377496428451540
053640421859769093297900720083629620246732239658837413175290586626269446735210442603 7919315
2110356061561327177958332423894101178308624546295140958171894165381882609858136255070 28147
20744101032283856977012126679321464728011596824377110164058829203812229822855056488502 0009
0315990840966980142501599597425610220263183617255711149139214436110185338455682860703 157664
4860576825091946215850695082849408530180664499120714286759898668841279064653948357 153197916
296821916428762691256721694722877436722690746310853419544061133608487163008322078 1537154815
4354645837025948503616747070730275849967231328096016293612335740850516758670470322 8590872473
9808647326794039491393791308649736324141390229439284576638351984218676346643018086 89606921433
8319604221009472098439976652282254468304222054701432565119426870397199293424806391 18311471
5967928827659016065848116137229441994332637690168222434355926079908820340023430900 58591392
9771576049472707702830957584270709136977043713575902026722712135534497330430506741 037054407
7345958430922769374840395638204885926470438636211199354225500002561144970850527050 091628929
6049847398305977089314120419837701870006385807844261773612875800995515950384666207 484815725
0182123540825433798202752568074574177955302589468194577646065374993269932888205395 151847408
5147443635682109242501710525863495345791590287152129953659591580769737340686493813 56148346
8625939742529349372392299112609535278901474152094619169375233960791800588818378500 6688578822
1740893022376707892649055901783573302904986104756624088404630174420916460792765924 033500521
3697505366658033405013128071242798970006273729152590701666746437245667874325600195 554242094
4533633439391956768045908713309834479621296632581163765466480890071124740281515643 434631081
4453273397154323345449268619307448373532903424290227063234450908155379512377571610 492712179
8185353585099415538718219449427086114969626208222831105450526017646944214984796916 2493833508
```

```
6438997979437257258503494733211236420156454445958323210258673382120827201102361718132916281347693613362316300055518541699451237030874717693475306380949148828231811460148473591765019683057147047139716805417120760854152779061484081543527705471113866193551918255549673687537565590189158920767435261488529376321078731238757206484082373753032886460234882928758674575174119642595547325471299887844133769717447828951480606297501598104109651792487372542415860607092634345112218051515768050395232079839070384455908024897675124281111683112235359449536233280515642845091163825328468276903779894056097304965982167747942906052290642711540907596304907500457866948064424079141604249897363962238355342656882489249030940135322759829226761802139944680189960320675803429397947950058112356339869727902367019776289840733198614297089945534090372605768223447488692010297648871946187586293421317093272777691651871002498996665855083811335678961748113924008069204414625665382945223391551604594824870277524026560308024160840633583104991593130853947426907323472088411918202484707573291150721245446898526855311599851117939381080209773473817493399988897385653699403875952533621748239471547834800589460393665918892899621752104716304660384444123734509103829324838945600129836493417320422432165642758286269646298705494370864746342771185293824804393582160198607006217119659183259180757449365566031905742103306975370732230140442939136072997423148218620571279724084322974222530647847022287728988917204454136416830186205926694781065001577273034683998295511059964275198344209099429823941361558326538840685298375019610026743279608322676608982437399230458381935994455203647109590825189916629159319639863860998442524559194442374098076505561175057896146435919925564267596311962778375128746537965238665256816957003269642878507201847166057379227520952321099076112702419491396280748169651494320431930648996967523523778013360171535579415272267440438354774783461541713610807197104730886023745031213890081325624317204976886802228925502423349395991782746769594115544309850361643131639442573259674614175806634244925060402322028029469873751829312706554137782986619584810935026634520750931961525082015023951281069618830208378779175314247378006661366107125561380956875490976302248182547336957774425013633346505272962419515030700162982343399091000615550249467371288432197235339945293806722341962170161634329247937574459146657715626682851107920980138236027790852490861406132382047029603361421239678916949923423217152888329799391129466525384726864053187319793226777027601787151571127131902216836416945329045195204615033553473446978714152244708770708456141208314980110666716520746555367187872873746904987162762468053085758352280419199560732766591756957730028792070628730635622829071093172254124410289965621943930339359793127298249018850599820753028058182687345362620769884288389289635517726997755270892807119838327126416498135850566092974668194143322037636016031702386454010380419337568874559351238398276056529937969463111573623676580351575643680207979098069735892895033363102750947847813570006467031676531798437489385931992844679705050146584222778269606759197774314228489834622963809575224532922353130441203459096101274485891405058274767591103619718748112625960272458667655714727549394120555133622891690426382083573995206157239464517444989912970211065709594498556475671053910136404655906165911779062436459573934607185771170611845170015454508099885004059315587509512061655456314620073873944332743915654082222655166711498136135073739954893391748086374196648093278171002639550259140477519347205269361172155291928489112851231256310527709723493867708930988562479735893275980846342321851624985305036273164555086002448011287948070890218752873453929413161646208814826808614162015915545249122041986025984886099100100893552198600427340573101214273402947594356726977628542772767597954067832154999870802605838132869028183862100060103376423791980019442370442063331998932146516974334576991282231826114090708986144154081991473747433681644982432526608166696697336196953321277769129772635798430150971081585627795241014031219725399500985483700699157263817493342319841708678485963309129366977383562887078408002392235782310361229231334313870871375607264795530687856767876140867978538841839750850468350928414471968343566924539169726703863657031729624183897923545368707062910535840958625288172928169247104639591376543397751033038618690541627854067967188564523146253468346300203066362430077280418391505048399774639065235270047668220337015691585237701399054126383476484663841179107634163945096265761345248340913898753793488871084408225150247944719876888399200357379260736576854930155343026843848388931402721966820387276849040650786414983954838623991443271003544814285714663675814108685756849749642492058856984374594686574480184934228027958235637756438826823262418776221622607090451984593267734773501828543606939352416589601174507376114064068959882929944645381868606647472888991909822960178929780473579124796321869153687036559529444334995425160580908304927359408810125128045910650504766496267582224133933158027094209234354824137545730590871565675676701092095054671117837732104759766979436357024999172477640990996184223422593896684699154418877209465300703443718311572870573206739875957821407940736334236084963823333591790227712682630327694877532004680184757705394343007951196667752249151966308278083959050383229511272338207550744153078897776286771662518810911875351973300986377174786188154764116022239030319559678981537333332582983600451889734131385796009297774588061424010459150147820679739436362919935582276023675103478275564866271218825552853178253586010351082258145026112047470924017186025646900684617317679905734901100727876892619452758833587582219473843208345786330528075574549382895239005984568272914134643234881714858460678305948260145359687621596708124955323057637815649344565257825522938249626575117074949886687654410382705337408989210403686773656045428584516950314022323633757026417965778520817544892465570992408132366557869852645353888011188919328625192592221355667
```

6815576092763061557593066264739260898327834768021460555713159391575134197362381437944978888
5811963343728292321966320335780126113077010857215989820280124527014194405510821109126282616
7070806274271062080737562374739117901880630391519189825171866613757572759710389811462813209
4118243212011578288178755919083128416589810129599397245828288503470905302892225178972431329
2948789737432150734138953199236450940330089444177994978550611469561529485655311222946235263
0605156014992464164694165358171790659753464774747518944903388637694549101338475379570124343
5328321449298275732064946005703587974137284730855685002414057806994944420965645454206704067
1269177034205589354592147513994658656379532449893948072963453595989773250352242536697552026
2596619022391137446470151563774946817344037945328859539492677638755908647972478088680068177
2355853131435632975431766043925383854057568997429850951712778248854066092032655982812701957
1356428139254066130983872519138828743203385070066019921570688871565313698645866717928365735
5256586271881440144317143679374810596913709321216806242471623729661715393439953368054145698
6793897178488910159860309541293529874616910919252380974294455148855831849949859479590242636
6425548655563314934689356150341488374884631294653005659807467697736019455981528630627612626
7663557735976758113842161237331459708729860471384174012488889187971332736362625113113346765
3762929984089037789520000853939976358474428197985767807210489634599077801542669717456754261
7238402203277336476397551754916653384472733685352496691562976924834362650474619882335945593
8542388739013641770469453957981187527121597768442511799580716945466861749820038914136757425
2951992353630286409958477380806675941697155808335426239966791371918119745650950142157414450
2465594282308668548345475504175328090492439697577338340692003659626982380632105842116831153
6080639600030298348698625014189519619770985309893419590691826447462124298360754346446243464
1837589126993823538014384957364332358908034003650356294509895717318211938753606040337502570
3311825257046693447027575665724602024343580517617980430500157661220685910711916447836787755
2875576514955386462900314778433542401822322818628898360499556710094713073625117504656828877
4933451108004370570085720732275083196736841092108726460308626987012176044090402806979491118
3964366052184314923073516315889044454805679783225596285773250306390738623703331339379488649
0735595468517965042966618255310526459824517353756325028373943551018059272053090105142909243
3527312786900151513055874053955359526490302813127589266878502683802775398087841969542444707
5982652771476368013445122704646965861601405000598135542660045553041256453856489931603128055
9646970972771764775136237931869535642851430445630127610428264940367974802933019013443998609
2840586881002688832877860690700575222916378845954295112712364162904172492592870335181217772
4572063474441407104579870116834865389408608793464288581405323722052203338827824916065507514
2849889502673047338689414665771519170670071546284933413054595326178257624745577860528907055
6812093921363602079484001904534822717501991998503517218198291555373940524474881608401142868
2985421981541739946151944675665399110862570266172891572116167086128078644225968780654055240
8407698092622979890897438864871881241215285862107144171314682739415124540231527184641602104
5875096948375943180736202192937400119027475027176567343594247367066180398677673056064018589
9053575123002306608370871168691475791336384086232538434926718606613904668433787965167900709
5096077004454535563136240513581616173843997008720780057297374766973300019518157166514482156
3406218186569555695230599732096135279604360849616464544009853404296086167453343809689823943
6938249495509471695416706412839424517141260191624738270866976931180696097101557258147853194
6257461453503976260554651254350214524143432982492413812177130234032371867152062735928163374
4103154710463963111770834535015448259457608665977571739145766095877536672498405172457008259
5821245485219616437893131098824817003842233206328850043254208492159442373470693012469333391
8887639562414254068324429613965686240316412840305878256465234281833656651895855036990943259
5309425060808246841425531437037390665109896765398087358749937703345895301949519517021752264
5207320360275463941311371161162228990045708028475403614063814770890413618963981467936090582
9482054185806765374568452152011414541535847400424917141834979108526755786923646084051029640
8547162911479605166051298601164218923584706774478369791634369220302198889638490152417264835
1087367313458395344215022462615533663361483478643233561380530074966762084287575307448476761
2212952046402684256157402198984963409036109218476043128882969266380818247741624321491805174
5760516527671485956723605854481485440213290752331193378970542137669259894146244375806251615
3217997346968371796455473353549249001405607436631064741766799857256986302528399444346379930
1824259841257983586495906278906953651854959181602825231129648862454662474149878023489619904
9347281966658307147577253201586835547077836728257562399243554639377454477973382960292239539
1013639248424579908952046563980451217891118683684611173674956595237321588319222476966429594
9694007368505028403776890626580850024671729589763991528855287127946920792122067201320528093
9645226322708682212314758006603178586184106934504552579097773956618012334187417941362215786
0500783390345912525245404857543632770893637348137625065838802048457015329172877536585102843
0430373808944638094465827944631703476961344868288054938747420783607209181966956077978078659557440709
6044302978609309079720730749607010815586850159480975343530527293411617148317473396610051752
1700230147990108690345229770487759840572862989418102152969007455565972433483618503777150550
8603301115053176164169618772366138127227871098651734520385737873021661272225806239456342389
5118271063899938281939468089089171426867874887032369742369825435588883246084582028402348362
6235883643493266480175590460342821517219563963495304300848416621782715144945954090117944885
2595049472655691194579203679365403761138674937619135288389765488612131811530304716061968670

4364428843498822552331296875029163545865426866088946046929370596495128448974048567800358527
0403993562604898282215255571996993525795454526174074327085989113001429067140022594327469021898299517955344274871811164211742934346618581259577501754135341180155914001252399483939017661752161192300632039269350307440800556485321736481168158330203170589764678232920238182476764490923997157484669006626284870792697974543610502665979171872565458187225995671847189539689635639827391169454008286772208397356485201960596067264555193429252306818637594677165747163985103758010266451314905894653201170259390298092672155326188112168705958416472932271969153732331551498788130347398894896254271704631085200203089349760747480969523143814485952336287596393157034764290005251909087525316574079244929463176141128160500604332367814921702447181040900025235729074509400875419094485013234277377902820376877759883889102242894658630718857836325840114004029582015157277750552204976717418065229681281445359630774683991974361507755608490148304881526622616887549680346283304068496724884583144896109841116418534724679049542984233687929502850535622738086930362906434961063890273423981644437129896752462213499807179098325385375182451431822981701498047147440520820677173482930757424446071778472524594618574890493050965097953905422530692123607017038379108571469830225772485251738459145607910558853704706629305268611514962570167775660509875221893119931908608040958932727146520031599118043637406495544985222116311079240253084120858743275083025736046735590502428762009605821782540707253588194242748229061261156506709906900009646228666919350261335698044849903060697708791796420344947066473435831304985932397059589076521205938976976179995460990255750129525950517564633281937784817982728921626883979150390284154892848405010183293430169393085976918820760983272888921135516982344564447333253072962398579235645767684444655740788184753280032062040912485037907903369696799857569854811754811838668849282624893373134636562096236436017604756288482557468798352316689203275812083119267273807762830879194416406020746280318221576402945658339747608798691752555031704962919619171215072124527733136375472863049900375024593485960032115144992840662158257436742274475501063912224218890391206885714990281250332229301019625987938312748207951457466369086901110213105305738750610287625824804729782975970378866527021744112460837370072764091503713333614971740090516021354287018659906055371259029989698875726878000679158690910845740780273990101872583402502706752349279084856456458472338387936948393212193705663102735811096309442346293573358743954610171509748417603259483536217516712490048287878693443178634077789561343147653044727101587308359186544227533506094500454270943829595234500617950815499122606770536954034708723167037735800385888201853660774078592030910013073668615332051430948329712861083660252455592697326600103297614111917437427678278974751030295465030810406048421266292749225871319580478325583814279728206104671644545396678275066337611956154718081141066372890445086071121650660339892385555537675320538799346850503492185856362156116256077378507833681394845092505697034605431168901434565623077243178045128441499021187993090482889896619644774295261486897574573204681701313930905117056129681336246565767032752997884256367261046845139557876174554261407949927885159419323455730645855363767666277904565194687523590507070290264235937689217411258335714398554727179693347166990452457385765734636323402095801122354476444172330199688759484111588591938802652082412625415775923953557139009940619257885762483439670825359850867717452030647712597168716292719811087226407167316203119950574955335078557905805522805676870940035886214508419394511021296641803010250719004143518026258391841696334287108392447011217284273032774701343798411733012446913775974881728083780863283584806041092422086576772875220996324008042994492930498688498984582499837138589166913141159480537977042001597068934711183157338901047464798780815652192644112417536626682168177076943238146633641948679086382584713414390786785266254202550798750059834420864335203403385407169700485895423819416463202364499218696935197625148758953644751634494064161989416711341044350148248437987463916000978580071486541351357234606623479297272831424155920800251034678954542752194241325704026306976946540161354854687985714429486803039101844108638904144811237544371285330823993732836681962313029569185695856627411377033885853664622747193167250336110407331565700765207124240797569995015171682190064511788702874635229298088187710072903397299225664211305601375775977190139941236326728084538940031909615421499319261336411225536011836627327838526740198754781876353935733949284710295825287103809975654397325671294875582247836268074527390349037453906581151941957264558587882696188599474918395265496354475713650412286059311783277470431717021755542733811316446122057779146073657791463076230156987779427994708000686663339080866312852037258042871394552756934418643828321630754249357674340668984292481754076245634843585997894799507358408972112726010980185913187269858204360215449353734228209983215127996754771510867255688821989769067943231991850034564659754689420908586518688541565005301770434777447943867270393095250807174811438806676944040880337002762289229403949546456869467365627651215744427275561854727297092316077100833032761204644001950108825543666118384017506433079878960184957256409227026453636383848782826443778467646788945218613753555436563776064766781708984505435511469123142741416483679764597496100751751595807391647993195111269366016485848293907331879739169087881956186743588313735155539061314098627551521295444877104580897721910582763398947484910278339169952254377681439407418668237567124423323514823465867649964519452476330870536440687141456832606639769454801930943710086795751239891190608598079561897702861704671402026390040755211696790396797200717133559771467791845713611149407966712462922999331477634216541227783574825862753499006792111978060307885749546973284196464487248154923884504168748844032656277470952960677481195278592514810

0702849070915018652287534294183631406112370858732629402433909819838680897918601274620818939
5020988748831959202092020419914311024328861840438672146984472180588274776118855314334547759
4991570811215472430488110982675308501879271223606726542472225495116778349951376070493031367
5989221645767417615608894882995093114276568187950445739072603866015581213816955577135842043
5493478953642023389746495492766853536201317528657055058809440977166826187785035656932488370
0619168688132576989889215377016429154770352800561194842247298518748777495354659986473128370
6681023168478386420803571506610437608027590099924176268410207319104116864752349250603645638677729618049536610561845387474536473562955760076828385002653903382204235925539829328419394494205000899887248918062112870490391300294855651474954344575244822871583406545423074674942749309634700151432631241612982110976577978086462089636434720880591553642322648312645150216051965026584720667061301204933869699220607212055074846983132504456790361979375114510561099405972270610245531643418423159313539053072773643156367264580132267637726686186334792960994124327001774495398230432040025449854464125821814920560149218878884850042818418295383774717036791912893763087010427207210527934076159095560569028788415435937041294487067736742712638215283791146308614599688138515495896934947775300910908956450628879874949987918977330055395549969672231130329962237357438567780028847289642133583266974725834606152803712627432217243252933925759249244741154508597603142539540190273271795348245344771181832675337725688313193570020831617831857934695550625098714808507383762014483584640035336912705562119589062989355562779178399088576495624037971430883909711102642258974629317668967223404012789249994400301464679220203830421619880771734664735164681098205658445677184987499742916295695277744170956312845961026901454223339536443247908988275294511632099275307499379381898314756794441245959637262578847779824592170128005575802716147579216877302876772414278390459073912739294267884385771923968052299403405334707357333451836725155426582639619999309836730795037244868646114937304957612941570707066203289181107238915527538336663817080430330556707275261677419463060608701555657445230874655839612405030148057910614581630901314898861882107938274751304764124868278016019084967844218901110183925596780158884405085393976838736014191230960600868884840958759093979887545712509890277211540144019262217279654565498959921437569114290202041115792487312650807559597284727869968278916268278694911524767458519228110865267700981927943533917913553500514689579382371388273535727171789383014226485717141029006997282353232884846219281128940817079740244219054436930380174929970320843401108733211145368423599993209089515669085964915227766722963969422424234188318035210991164028064384735443798320000362808190976855849256117523929774165820418448109089512683647084624741173961274881019329455867381943250861265358883736855992025907815396082128790730606533354490598834747010168086963731773732582913940201499232920969270678316759681476696675208077482680711167849293584619841862617210952522160685253881591855988062776872164381835160495538527936421090313106078162438914712543316537004929543573131191804284196503216157809042520133124856053203608591448176717054976690739276489514055215206092541329165702491817166443720366613685787673325110828590381921544766528622524635921917501303428439331954912297279269763953174862232078789202684450835204124961260947859764764050513446164577995797419209394138731127672405794054104620755970157418271819156611832096658777408146769169774837664183860817525478596851524694807752817906293992706525231293089486866450147904547107615155399799638954573549956164209646047475985377240519452042446951551105760149422144598507856289800520015014421723603039442834244487088873811175695484586881015884730508202936051430137010450699026815819894595150453748572348798071613236899889286204993413477844596486262388689344956413068869396801624022569609725905836903591447830464096918458265475815349450077651607581956641240074336117286666057806409790685068438390865501366034171566121774136535246662924038527316315842942475107182073761997425700526636287342485276970912414632604391146682571938447497652741279128832647534004587978756721972850802515877654905655892204714962052521040120166987644538174938761539621762099818669564349377520407867045502757495420828343826527279906640404630855560157935415801838870887714052300577774791013360758346370816037414033581662171052377954778031028278931138989447958611693922813772482097662231537416555187072430037844683873444610185876496624830235355290685620889367050129145033747129770829859205524051878310562165213224612288003475473255932571175091617659416648239497291335237054388627240848370552817002962980905085080479495462458224013571415849006730830844573881811967445142911521143427939269965562257198643919606775303837468667222170355689084250348329479676784150367836818897475626360760561739594959045378728870880119654187892476307820255412342152755546537527848511642193002104006960154442855007174370354007033593565053986517857070065820998041957449512358764478124861041475565904500553778745425732766313738825020172648969616129101048127932637456731347387116638770998454206702700296011172263762727674521018118655910525861453388197012899119638473502901740007068063146230103805397545776028724740990975069178826192831971647212849587379180354955908545006179881321198211429825837530563509789912359405448601790248626076719483518442349058719075337294433959240918535280295720103839420962334277562087477231701175275687241012245302815387958450963485798391045192131863495690303912564113905964125401943629294949192135307171534484096842071064228228981186402676350716079693504702100231878109856135679106593066007897762553197898250066315156298335443916444925805700780106162803210220195704757986565811680933242300056066489673694876242617241011990759620694346859404061641090571155345453768092327128723539990744359195398397372110133494916569271429930280203147745605054466184575323059017078615644303819701714

```
9567653940459435606066050701739389313213462585038107319503867448355601949182280516773057685
0268843254958908956081419950752565189355402263661008481614620386544647710712187951630698336
2021407461243273856073300741729085341376476466208232653007577845780127550787262783016182  5
0870084281877453320787977894296485859758192842049964829620427354073385310054699395412546194
7347217039952702270357793858512968366440678898374656563613544478066683846697651766149996185
4398962350237176711027408909193995831451468723612871384972420690809504422367855102876286804
2518816358402616298518072115283322375809709057453569178401938160024396543257825045445196940
3488409243408578999827719151230309473805540308231556081860716158343395561728106373311060601
5264964148156840431946235604363017431750920771304908868560472738551730953084750144865176  4
9756773607833154472292534335968456302152171049873859253102039789581433366384155929925508  4
4602780701796227452105550671191316326265279936696359892383006096981600167088134430020391177
1916307016377800383003711264182414601498704171480566260338497751756038495491915791417929536
8495970628632971745221494526436400040116851275873879434866688375722889961342993866402364058
9448824529124282016580047816694184780636604784838176185651558401746037289782158565908314893  0
6511779198572317164764724189304315319990881549971377420721011833196861968494405184714348051  0
3762448875818172772334427215708740008524939194933981030831999522885426263085181455141049674
8964257681720314577419760554011665143719337637218818650652485445039993766092267777074793998
0142258086621498719124701387469895676580981634240795135703733486839946074001483818809109122
7850498742256394710285890361789248694551999049171162317092974081957216362506237142082526  1
9071317918763800373820998941551673629031054940290537253798957737000881786588704904392091026
11278111129355194227781924700743637373519008329473368732239654947632992827531835181262400  1
1892034565885546809503026304251921987977737443263726092891110900521986875537228105305576314
76148246398586371897727977619373087670426497044115141289006212611388530603736722959581611  7
02139503007414176611284833288601673671673203588047015802478486463980799957676470792331064  5
6626033730736158992261787526742601353600729527851144731299279145245062334029096397175923219
7958011191466992839606609054620079823745212245036016910411563221953297269544555151828409453
9550786740409371853236603877962805143126766274036439823983188176059785281346639469560555811
84589398070501135751682068069489438552913508828544734828151760971542385952213273086132204  2
923307765655869279095700478430395568199401596422335959455022810565437799547086244855908003  7
06950156080193072146489726731639389255381599586170220591397302709006385884149534616276426  4
4283738912519184781985002549826303585100634103443763340733469903127035583080112435481586611
64679904704099547923812878971867801098152049788060504766682036629672509369396073136693374  2
0367243003189666204997506525201754713578657346438364676379268501958461510696765363902447489
9543219972319061169329622877894612265668306431895616389957450772210945127991885324449376  8
7789040544224233470979587265217693776763707960407327897024558295386961641263246575492104481  2
23808933638076494996719634861554060909141594976780877461912770828684460532572718019232463  1
99946676789260303597957811827900047139409217193998740760009997069581634479233605106166460  7
7875593954578581356191179734847242756439544469001853703038899472199830805883405836720473010
5933716458537773337382618819978607406745090629225548899083443584470718683462839079294708011
6968639485118508116438134602812347712665009370864349808106119251169983090691124112788492205  0
7404670010024987554980352405636737156440483483522461021967504033422680901960919183676975391
8448889810307693136036846490751851920899807967484952064252815039882199294501631224441929079
0582175500212464156438780114736353486023181769769925688623422436511614137835848603457291  84
5645973101458014423391034366190912117514143224004338147146495702803681747815733992552787675
81363359753605595393840176867674304746201122791642138790162717829363320257354064982943159  50
0554714114406637280225906499077297215318483539621059207509481870223099482546729701848378246
11212322639194350073177762006695405996037403765441062871924178666242088214648278279438116  1
97446758843595640054338403532921278595748814000737497083250483278575562787738665283977888  4
3093724219594555535436816532937198863634368179075180196127350934580410944655172588496802612
10153466972738116149856071359331842125178208697644136628031319592662998008004999380179915  34
4918391418600149176520095550574294390306323540512913272285289533183861280090024201859206830
1245576885159986036670882144036179949757693010158168404896369505707194161819229869985461811
0664316242154343885744834338880719947667423092554142522046461326333020219254123326554225  17  900
3962370011877224880121897739867454023278310111558138887625327523466564979284560911758393972
4769569229581647917057753460630170075274314017131409347082620758055636518836577977785668667
2314338997158540512838175395172886726792433519324279446404274845572204271370383384282433585
6314255103756910181474583564146789534508685629018486760916770619988006592305344363957172825
08884259966392897124775740130935543924733240791820455538176637235332220935125401324815902  98
902642974259278794547500654994469212124666206626082143493200208055224005722398438304493632  8
8192284548893289587402257932082077749921263608591189029646609838958881002928820492462297  13
3229297037751993136100980352670524486853226374478046384325646301000814486291219945715644790
0994460842936828479652744612765333244881103324202517473862223449069723675537880339959666403
0721437536023310369573323152377229874426905668961779628232189871890962510009667381607994  85
6169912561646645110175597163799499487451735865867708404716844747708499097699794470710722  16
4628013946275459233625336185844576023868690373404023429979586621889714158804575375650785042
6102120697436970969214409411346899426308743785693181269940438714594895998350024823390435296
```

021410434798710306835342977082983320775180715284808828337014599515736692340895220746753110902000408776677345208304107255415939005257603460912081402841774203771307008424371586729360593480664925608906006214007352462203466943040437762973714117295657738443594005475357783364787173858831995725380639809960264540532720562873151122978157160862957374684566542360082900430576533154127168989746228513385107670664275111061263511316160924243466569700709329952178094757112910514811469846816209949121191573759093465466617608592524996429649049953008495876078196360047102673940074073208436244200346144947032423951767853242453480993775280280525924048657628467141218672997407703083930742617401450032210497262071517016718491281343898319559697665219201908137000367278208254808444077054889497735290074093964115215928130985243276068247595223530802824831409114550349648055883363143637880869268509840227543561095303877070701212000289803251790104923250778850259083263413454851687722009982947719960230524388558044873833160358617226920300671018787426069417860407069990250750049323362692993214094658099646531428589402950507599383742467138926990433088969689317122152250932961528322314040152247200696225193121876948328674200291736644356806635821053328041767261515623021242888554325019347747162804383419392847933486122205735240128775008941153319230976508281811189635502495846710684529264484555742771213474285886128655316929049767845662596418247266927783440026607279474144408370664575851237670920004831219403483729208560022902779773086485414746185881115702402873149042337471022051225421059966070353839506482334592609712442501847780809771172673924731940165503960786701230473957653328065850834841252600889465846731191572917457422417794933549798919007820621308610803865516223758124648355406507243292929115450926671318592967693090324380500504705798029574716346546186859666334816473756375825302952862923734367894946601088352913613146663832807119837174914550006429820817274506175115331643178506860559958041447050514513443466135434913237733690004775758504046993549528650821231068855209618997124393434111680987953962481708529338557609002702227949741241797404757178358915130101948311420886832494331481780233765095332429955285944368343551972731851780494655835099194309370225681931802468448831867708730934727803805915525023120406422360947098853016075837054367783741464411605342176004593264890125101094368883949375010807823551784950908235899540726474620437428881050839645588426654869276504840328312182091922525491147266406362203079345506603988385724860051085280789875092295415205368592926198779168922159220522055198532014792614710859188431868657411596378993112160998976110979633565444902734359098328947867883974966109031057965678988481463377937809720633905840102515148001880401230886131297554207215369649270580145527502161467808691366074981225162163435485100633443491035342053393469452497476955086256936276212610915726891851277303763839795715936693067949298648386633844544863127608551005181894581104146470845401536291458227457290153410579881693540552831867360382508835230473920214607034933191067272651277179914138372267050300428895154913480292363239288242207957730865775344300787149940796063032576958992623920596601385554180341966989324367028510494283621790242444777381925654599726442141645880183324265738561878678959852363478423536809059927119995597854014483596606215632951638907300427568254001923588832030019113497523286130065109787692945531139668955583476437080703315692464770566831708735818394804538875307517147833711950768797640772884648664979182318450231538105517587340718962538798537621437172436820710468814205249239365508704489135541655626666671315419217636666644546134197065884404803958628401161360336854813455050935903141657252576055258698787030511931907553636354440251545233958233658716038160852821500714103549936084662784075061236838764462145891921779142593006497312418546365599567512958502030822784103261371511351983906124159646333982390087897387993371672887203567894869612784691802988400077024046141684357096461162379484580024369153446231929702763704581054668618648920064818578844704613762942820614210703480363084411167800614815023913690139665758030939659044159125120969529735812730979032583292747939969282438314920625902933092860103323917403838342745711351398457774783202444883860219867071633165349867304474540139992159822111671115125442585376091673432769990400584497434759055642060769469347283565064991077679589265079832348108401822448911707496651040618759184748576972103674326815148420195697220747344822087928699608362935876316538904783900487427479351515284197270786143219658284170693904968157725682805012202075109236346551769315157232381050180225855175182478223413643178816520685066139422626534469728935978057557926078321667388980661251923880016954325226200528899561086132879950759573554749552474524742430832870191803056477082736701434453937593763155017509351815879850506946390523195829252309751407405254595631400743663136531859885757737887841902614118689544565042160337064786252627247085434175977950069264902695112027502630954367405801642131592679453794369497526101844660858000783127191316021235091382970425870233641604644846128470918634315198653654660902676182247471801225535599681323522388667955973692580689597530371264802448204581370182043328690863716598337757108583301036874346577411062181431765563962100635831674674809188717077376535589866220294998738274442554792411634654679406036502474602456189525909349966735951227127320524011111391852302706761427723092229472881013319296333997818550318293443263220646980101295170455704300632501562504315083657628326741230020495063971736784188910051425253052496886256738738477796628662164976240288369309617354373373136677583583570179447145747081249069802297768156882572257089498908991206605540252060801322450482512081375674376619867964264129860594311283000540888188123313347297473121267444431186759432091066818417810265573353262138773747375534578279041511593132185182858877441772296620469138660209349694256053645066213331732596198768258859429879426709380114105415399391896083636192487418791

6930646357844807215658399312037940118324480201556714142859863727859846970407554361823481
8796011413662352454806720345614756939780122895658521622561696712983690085390043834510362995
9118876555485850103824200072825738319153990752707127241272013958199553566373551289090697625
1070304892027945259155650048553046678249437412341710845111272716022109419314554015799975257
5970623571196509207796535145582849694641247127262752026385688988076835163458821474438221218
6296466126270826742263505719504739238635075412116648302620097127671004898267161324519103527
8362070128544446701113052325226930150870306338451974189270634069245588091376803729575334688
0677935046864787458770737621925305287481361985113857578454292910766542928340713435022508828
1889291524452778398747219008131438072043020724546793175877846662665684652886150768840312232
1218733296072442684943391394823440048794731810015672345261770257670886790779488435759761351
8177223303246999116657596635615488804049732012975600952659882349602233294960423551178727855
2924080285877667806337022880002218103354707338193738262267571929259335637095406157277805724
4148311640428020011737810453773569712267028220634931269054549816718499502811568901079688022
9001125658917905559234547229213785287232821812125034518205954809677227766071310177860343882
9573318206423587236993410098106172349638246868300913325653449234684068086939017473532015044
0611383475519042887754060775819161781154130039925740378644359130190784611315598122874333833
0985378397280207272868923202989439733948198177571392474916946466678961234291093703387932511
2337739713880254983507066465501643565968531458265075610705724702998374090486017243764198142
2704314803738452936874360053639126726507615680781342004122411959494039297701634281240787200
8085216663064592305670320709816172252902696023063081292602279781774357161381029192980622509
7290234214027211916938032713298320083728506679616281592358286686576099904415991587203941836
8224730903669469690717745701217771446726835111945799235764347894693565335267834789606029730104673097
9822766077439302309468861548281095152021597052550236156478355794196881755560913857785219222
5964776994102305700383667476235506978823189655698241465028678631892113124060618093860488322
6451730840169501420821573260642922288691115250254993602180051041932609690738474883239140241
5585332601152850704306609322444248252414414760744488445341855282414037622464301160849294866
4582998552054267151740545442020628070343329410693372726429706689108153584840149094569382462
1684799297070687378740628928325451342260408837187219903835552674722094123126765963381557255
0244846112695927469752381449321640444689895162240069283709586273806888336291637240041875958
6455204637462756958305079845381534715230664110072569236293492763936710913513527040305457696
9966845535847145591819283771246258352141244581202749660784771810569945704336050816850958945
3746307951839500347172519484435994948544685268129735901906906535989033569560310064479682631
2045731910115444965551122684173251522773863030813597582172290597661376276417661634769091250
7016199955375964321155753439662168827108403675119299960008862463219998754180943600530874133
9626929982076296680154880905235587186807616985506043417539252404967999646517600026926911655
1698752652506773950851304080538844506092601096436881089420268561590738998509908250154946391
8220970064845536636689968589228638215971107671797678975011542808723039128878869961867893071
9828675499197432627093410002685103259296326881852414895791244327648721801452982185749771429
2943666893783643822296585911141794051849420735706452832598845912259394927444557146677651511
4569290313952537580463375857964158116362187227665151898241220535132242248825616774245967654
2540331784498838411137607350077200856972776264873652783389163614249642106308834930890332084
8779428644049722268286185994468934379485133485590582069646123946497574122362831397733819
8745580331675172722386647360336322942216531277635847730631534297372774923149739427339168139
8751716501781032613174550637765770978869597675742214937163528845687419750069536003933733202
0651649369708149229583433116310372740909862574705051470227230962962287676893693773871239022
0465167295592539637570422968270137215978496180362348043379063970358558242210882352987239496
8853577505451828950991937634747320351938281114420925467393367822925849653220080015263180291
4086468882484513127730626798015595476482850414727113962640315538504058354882187206324982568
3083781144796727888332002871767003436969011263377140681492485609922237095518547384457179
0541768739279171785165931986828875641818677687684101914918079399611289070751588545524699476
5082176756772116466364276819985224100965213050465083407275744849661976161460840590607410221
4449762236679944848377754612007723490483468047995536374920022287112718513560661682291232391
2180055827814185815990440624052625463677109244383173398476328514706535000797831849158240117
5956590053502706403840807121334125490430058925526833691094710188568063097486389407660730091
7659146215650501976073448899217067459599010087108436183443327787653682587723082233444354329
2752645035082751036885278769677924752905435163484717783060043420680251041692709840429423266
1549283137612187925615980554961799348822340432228376565318861257502640780451529541971941954
7797740615546242676714336470510868155403216644525162310712260123089371047550682508603240463
9086714436907732441343984928414678828471479332996215272656768340104003538027202527541843522
5372283448970658115608571059933666774519856604722008416098066000788059526818266913138417344
1819905590105823592902013540514610372925984089244405799629261209829819631751214535332103905
5651854357550155063302303939832174241638876581418283754957382481357953537641564860019910209
7635339207548493483886928161124090428605168897241562593757958318989500729245960467988554419
0931123329852718446233567773599333480407470372053280347069763700271572820230730576961414871
9664204255727504919503663230046513954181407251089307094439783121107332766875928037765071725
1360875571937648563674485588882578876613391844930211918822927090195001468423436369927531995

4611567138685704507441432163390407802999234905814465652044962335154357201055418206044026298
9131818118356521480138655484650393917442276899832095994734532614851533809088184406737269357
8429319408508180054111250120345744530333139738044694885277098998056960005191411414227947762
9690392241524461598136812557513984940301589089128390396906823715967622826543755905616030020
4572745615279459651918250071334871565451017527723448508700166716220881347145595773312518768
0564852910540739280222112003286278105640243980038070190569773965297877909880031620066898403
7215519624334297992810095608616020149108819115097937929003694499120621765377482371955324580
6361501300980865044242529347835698514942884633840196508628619268181813314535227102216178680
8563979618042557270940196904195278221897237115760460016399090888725718251046884283461891318
1202969641334893176005480461049509279897517631114740226421967576451984887245324003253302518
2483077491232525668847561695423934889778461915757944227708558205785410061634879826139855509
1924933763441969386470241543432823282768456841426994383723540254093937307380463434382820719
6553140326715847016944833139149967410908125309984316312073108505016906329319101821105399558
5567039824196291695207657199927230717637308136423894014823262654705509038419616639574583687
4762673525255811990719183623735843687183430590922179954499692223300342870822693305654467683
6776755877960837571832810682555956854316804574768968447920124443974874005737572457408749211
7827564247332585933827183601185506372711682381424624589045907602969214280818057785601886552
6909992792215471270859240179476507844514414645517172724548476941607662478326065735413894461
19885837567498476780536983929576326602264723992041365216237363146664032315518541515481118510
8108443398551504367348070980163062524751019715046695459749141410113086616816368604210338807
4565199493245861160487111648627998380248125394189901363772731113383426677853259232453334485310
7596647162083385374122635553089374439019515415756799424532380334083072168419947899681242688
8461659706083339733717714436498679876718797251261506319728855406319152610386496203137400510
5441345721044900446705194515692273936672349768573916031054311481689222515925766878095346204810
8181913512012841625814721027809659799919441603443841823262314480816732189123799465974694473
7199473447546144729069858854201016252306419680597237228423373245114065402837552630397078426
9804597321019493457002525055959469814542217028369067651113380082719704304519247809251178561
27291035262791697425806840262730758419021462844091789844256162986739091005370029788550698581
23190928855440993457717507878492547917137854322631465566615358702116916043172098426523231391
6606548893085383019683401924136867142069727633671975814778723614330172612555205583002475666
5571711557695597207311366164764921241000743253672111781902698647349658130101367113732229301
76821469823309586260175527216725842477594432158344832516677179538137449644406567381383266451
7517449057480046505684021118598827064600254984222932072749822069747698062260826601109618485
5693521180662292994038015726101038428296088987460656304670985022929902092919324617716061603810
4801422508869123734248586441731267184766345121490808553212758118947482517859401758447229141
2593819966479033908751036666615416468654700720220225459753480984235013648485749478855474592
1337509637678216542791413547467006281276744222299118827998135726907378546909110155681042971
7305778842476385374026797415237094624639434605121639245148210507976032685986609400873234156
4235356676663753122763480101077045489051032405795659667413083115792797480966954347260724741
0692015339209093345827774473396165009357524711241707506350320886771741219349514666763871263
7372846116040877063015837600111533649212190203318068500324666379221737979268046636376195583
6204719574558817255112000804199114613633955520113003942391597535667411367022325519019341764
5573146948220222522954833329774556051373077425177097744465980760759454660659310312734871555
3264389083383702773822074314568944586437175412106604933774542490470014903959465745943771237
8972800584293962105526750395663214923767298140663500612023607935950725002611882298817024409
3230606640097229642433576524377994159185149339041722501469997425335378050436214109357723549
0088186907390269514016697214836261672333285111763897273755722811689919980399572937460322172
8192845340933258441196304062383003542688742902118242985645124579520734798462734619510455242
2561373629943301498393729111087052996951918533650534844242848046310476522083420859365173096
5844961302858336654819543598186756220294161384321163257685982562967201828906781124186868784
5973133871404187297007119198677012931062930969498993548139218759288048398451387407586430276
5615714733518354404730562553123436469600531091488130323844626505233443733550084362141205115
8885104585699456499388695707061192357275711029419692899418765543688425692806386143513031010
6384443343133961969797335615232426664170663902403623655935749442510383568249385430663695656
2838134975783190902477049909445141111241230206043422328892597491438231575907984423517784541
1128724259493533330985710987553868398175482521217518103082181765051555634524299484539045770
5626744657855175914891622511780705328811704597405975986458300800561032232532584300750981134310
1012045083319042286546858779944012296561656389081595922394034392226001019722176573621711635
9902575752900033866022749259421935596129475518513699393249692786635065238826768941167638908
9823146190959683386123118586714957572705756863997454271130365918183847178081808417520100655
6621304763267524946682059974639368806499907641342580893082040902363238351783063221761720643
3632011040344099409158405146878326260475680407126154842603468338802680940447930891937342390
0363864402549244811573907631680266467996790175567187064136332402887050874571658713995916429210
5361440259784029087134377444175895665581130737629688934752717371131377900031008279387122480
7986914124280084502725122546352721992018762423508027844796784337023680736143992859048111112
5419311013509593127276611248889546891945355636218793299748845867834814486269804703990091628

9528836891137461673156170241004515775700160377837033957253926135405325011465741922480121824
3169853035363945988575041132622240054109705194916292574379281916876204926756847774860345138
3969467990943530558615004279444831120630905934432470009375367100560449265560347274778079078
3639504518762448392697987313535284348463888133230439792774802201529619235548600047342730950
7867806253076736433322824196132427056557794522660656950161892625626948238005695033649150471
1624285796896829089690583637582782838928955203632239309604204622878106376581117827427625323
4050556458534328739368288105558230201554434025666056119916083312452763767493832195233495631
7862584221341665748262887744717933870329083625039959451591113255050506004055193310678540221
4013928930774710317833410559482918371307692456979522064140227958467058688577578468725289470
0750851850045306875707839746663845073601953573707378535670036258558206673724333862383506635
7323527255029874737157104957827619393563501675928367423085383857351276128826173200948780873
1297810994013720875321879621767507234310420409830054307545430893475609999670530062600893958
7539803004781681712719509393419106833179429451595438511210901722673218321181622795705944
7822536126829509548622172312363166507257218634531741072397650382647261206586272339002819509
0885740960057687874591353731461515897681028944673460860109973678031561291557189237969413783
5123162740751694569490868054417875979200365546926344461817737322716700344426677604609492481
2058797064658497352880792415316539324341257891779357259017863758256938063425044305458882795
8137410756022875844478109654276517670622237069724197918021522914548339562562284607838662926
6810605263766773584382487337825864288501212332924720709607590668275605802893569806800904247
7941448052246140801929827445359142613006731539974220398080445375011953972619448484495199114
0281906600326280269709544871657792318799155265031123235536396866845302430159619734922623522
7432305360422337560641777731623856071805040559182350894142161260438937320034975326339693176
8396397408340876148966053467650020180180950179015247573815905144668404233204625195859647960
2895315590775472041875168042210488273979524827374967425882212290841842673273540506297473956
2518609784580701322766115173325159280125006610307845655227933906611955467698467069311445434
1653858729999117725534075836267307205981923186458196833440775617358760115854106288590225148
5970663025662727818819343204435440594264174728744463849708875389243654826954256770519550050
3048573967192593691831322499523829039519078750074774192883412833931514360545655499274003400
0514752860117649136881975405835181301064281918542772397988891155654420613295214834039746559
5374693176797126059326227357889369439528140371554981256229183602897098844835199959092724761
4292738476113427394270764659658609967512305032437609252837453544759858719279745135456040922
8446312383889192976387224509486946643316458586117087884072595663446488772838898144806975934
6348920920847479336641147691694830437595998302984485104669711676118031575670430748683191350
1510866268148110806626766444881876373411910463014864339513331694384368671912530511197712222605
1292720662888283651460221944708196954631978248180623064295919343803191070756728911303416669
3906837665143733400982917691778335023511377237807008013449375124805050073219738123851625063
2081049666953651739286885813977490771907824529794195616886972231675210450667137919208653893
6749986314866410170044457629958945321955986639580917941851056008686137283520554464203327542
8459604284332904254398612359098896161049110403705381295507746816387557681316299190250815702
7190764907757843602169772279041728321524831115467377986753486330097098407188529177293638378
9686704544938022017157424305990922776633024297441704500774589944751500765742782902593896377
6349353159478320022542432672518423005068820208254972129214056337255815811271047415701853893
1782939878771279827488656715046322466438555534848787868766413556127610485824205891865197234
5336395723609948081681739740311903093045100043961806912344770855514924729667850895219861090
1655248983577004961920373861655837363132652345982453199510591605837900039799695177706979524
6952298367607431499008548564143327220034989033840428531242112340210049816242918589242224349
5753608082603067624015469578806472961926686452751116009590537854831636712454848687882017520
5463985586500358235002021508516423663500787760751985614525626495159105550747727853798154060
327168195111754102288929837822254533675665619025121682301691819839425989997594117695877521509
2794637661963360871925094446859022136218571040722049966386358712990530555270284104677262021
2744667454521545772370823644453357064522514975678705171948005008025678246078181854875838922
5888164176204903611290431281674832076693485228577606793484645856576690952066100878790643168
1675339162115205681084467894159123374146368211388337577326140274624666451509892104406381808
3056080401370100890741719376629584442169122790893283198267723332127920076809166102683872384
3245442068679756039482673658206734515504267630881815855803931916173275442955764365162015166
4466855759372594097115187836921732999384157882766022670952291474618234186636721931122698423
6086854520418831280199780334878756588271058702370961302747991323482258137696121704622742249
6101673375478801063408551486622869956915271626335017898033982736448774282315381482900134325
6788832287607165110115958718714501057834762975288743392745818276860004527571772478820172520
5643852942388173879991874712975874116541332391556510890877525768628661680719210903432650301
4635427492044749312465201473231975770361204501174793986282152535497202671790895051950859097
9562153891218056487899678573068849963903277813229401520730505202090670546883252517526410135
5065145029802134353365875559161683674942894412148048659982256111987972086693021284995016647
9523817064956427351552584684628920014188138574351067080680393400649398027820408450115597431
1297779680235822043997189182740819520245230161759947970828058600328892886741062471328690946
9466843904201205774106699462157238511091569237592785586844939773606880019229349147175801631

6525474727285404111782500315404941649532114745075496654802310185518447420493368214986786738
7892495751470690246623904739663020006615781093579204636277135039469784343591741426437780 3119
0219547522692089547968878254856457701735566698502327546123988230278689013175732191716784 9301
6365013895529131590117422489607374946020294851279855924507737935690813338697470374157396 558
2588573741349035827814340746255423551643968904607795838664996649445074756579699351493513 597
3200133033720811662891676509869480729440329917612907230111404658911382427272632968517609 428
4187939802605239565406645933007896574157669708671920929452539315527437352828004823457509 144
8533542404918205830211736693760497384227215913483552040425761699280642854714019368556141 102
7658280857040342325875865694650092023084983082678432727748692779550406611100435976476867 865
3849550272255885422498613657363173961480998936084740971764954715433406237073265869752764 592
1337429714124207051122564494990791441924448328393791380420636238002970028206239318075619 226
4853973949330832519708731384581198570171002491365252271986840831840784693642902511129275 17
6699398862034387891751726757221744214538576110028348743219052433293992809488390615294064 11
0187937539411343031719168526355316735298536398677616350661196822472348640340968103858504 606
7296014761310740240074265340243680379210684465341970808088122076807110643890588634215785 28
2582287743675470140831003113842985349352824935850403623459239266883114480775467105910694 065
4723734658778941924873236437024020240175175970468295402550796773098444317986354134645953 902
2765743203518843111559754635233045235505529285063631152408117678464547141327981340659274 673
2083545282276634305953054734309381750377872317646489096491044255879694041170527766297023 256
9524636717758458788220284605305305466181722096550981839675444011935670278272108335560644 665
7522809805862870333075787382108211292102103896165231228487920328037665387201958205185618 250
1442409628338653352284110157417361488234146028737749849149845904629889032849256083957 39
9140591024120684557624803459047235953688392746190063530060252868443454660057857456872500 288
7974078126995014359696494764149318504962555216944452855745294807232433027736555745610429 660
8835697425307361113031082380003158538736286884921091749180339054828505462786410001316947 199
8948894209530864465026796100715048439262063311711860861208187157327345513700141867686921 967
0488590103624233151677601727174223305049530615852479196288967594442134623565193122194284 407
1430978955055985886244201736282607350511638463571178784683471588349062334258834361427479 382
9548341263417416882602888735547816653238321540768359096812054884548171892692062036709653 605
6408987592845081574274786219413671699432294586933049535372296799780048719102034782473949 179
7171976726253884952817305136008922705243085564875041216033551514931039641863808926595190 34
3501979503662299371070610980328347286934541513596718150629766374430994932369570495349591 419
3527271514187376586945122363671079380115242166244941198004465572125975358046399910239327 977
0838718475347998543603066177468548167430253509114142253635633838835435446860011086384802 147
9276315847935107106227221232890003040085510346076806651955216865671891813348506806937700 39
0687013762540552466849767101445993496184224689804170186023510196499013377865083234368694 437
8216392021885085996581311265889482917734897361101747392459963978823770846435932564640554 46
6354564506278165078910000603578958471411788114001470455657924684793389859044356095193955 983
0484119070859683908269696463010331291954054835663347054825597162240957245607899522751374 31
7292043294421457175702111966492732950458924351154224989284182930968016279099901439100065 160
6646547657233038464624395113830677701241619910309399289403981160616742076033829175930656 604
4008716224229486412092768005484026354604602128643129686176048676854587323425904904458154 4689
7600129176759371782877815746344749744317472245714178249593326589599012326316543180978557 825
7753550495717798199024612577284944635352521703343393134364513830425898151477362367919941 81
6883285991871572172287651994703142482487875964116310081912766602885664731096116466676711 893
6763472129096300869239623420708629338631255612873406534679097419938288166385060278732800 48
5054491820199337871130829493390254440845445283110790671755781580093867536003860355768063 981
0642357510997331840280685077099666201399383021570574904394911543830906515830011301410991 395
8329032586958376761970744891911326312164098184347256008766211159695133389046258905040210 397
1688752976341156530163761401724174127541567757338515633409689244301406179749753717442566 473
4934545792469679930110261943376364486675375610879616130436137483304794412259526124151489 816
9980768101848189578003832576338780453118569719951740840404292157320717893877089593155702 27
4272826581614974080133206343384008689023889391833314200451596140089861121562924364169472 543
1356170181179200559592854391833343694519194514317154135007420066390506071676581905824216 2028
9769684409055245447001281886858143549545420556689838786244832075212174109487364741091578 604
0991025855586394013091551756002797658653840756823639735834723364825533520524772296088193 054
0821053281311304880926255044062395575903919443171415265275408089529865726307163407322439 503
7998714881512644606312813852410741435979408576657852516943899274655621805886920662325044 93
7029212885127459270213767483429277774127189221554062683300828600901792187538294862915016 245
4072477788669988900709805056925069858183739013507639436541872329303118365816863336447793 290
0707857451061139914809110997127929438493913670158424189691093862380272576452166781402236 132
2904680972487782686418812287799343297670716387056951199018963230924589999021797571313451 74
2593603251369020883958608546750477322929062846481720319507281491180095950512581344757157 05
5467848443623776914819179984052906677154792911742669334885856708813947344848621438111159 547
5449852804057422506951464720084246447229932157922646721788145206482083027693611921738523 67
8567409627910852342295609063266671048028819226371390907376844480931844498969992931060368 7009

```
5308727241026213678870697269856973400228036350475523688004955869735903902069193128307071061
7913556767421587725759822191294318645745477205132894587827375775210307119425545175288583633
4459358005524008931209918825706554866392314480862374414595305590030658095292440426176752542
0677103355368495524654643577010178979641631303867495239610828903257724489918622996519842327
8274995958934083103129326766102724108073795462818807634269861761703310093468008306518347713
2870542549962326032501161928273021299349341397996342615126485063473483275913631786824728944
4932146606184796505730406718742824151914741684169089722956160670072819776610831141061869274
3573355356462725414379409813463832286243364133478978890912641531873040605317247738103537082
6694106544406226612937662336325906138381976319401303989855820948209539186024819909896648627
1356664987570149795340067644785868204910762709697757054915087961976919441390159412568326794
6395790182782545568969968032231781589778225657613871677013214802115527276731117341653118922
0384514736990231647764759388060160755374833823285458259506291023936001654473539429828766820
7371219275299907369744081134237202013142340450525931697277559058565700313202246547908665758
3451266545682630554619314754718739127923972118469217783762006326246681456322496877656028010
4550069682815286575425982348340092647101283284306430256976526446941350270621458319110491793
1941434930177034870263334601687102918360837412532758776315402230395628877684472328030214298
7294946474939503146491804135142023938815248759373715928383266003540642895354169850619922350
3038292186104869182552690255749889319778472061991980501797226224763718144597964137138462079
8209083958821187048015563185208134305168523741584217478145801156305831176787708977094256915
3607878091136284354824022828394565804195220130311977227965959838840936358355901185742704482
6650563438421625360498340854389040285430492689930661353029562440020282673436728719262079402
9735061796925410129175376266082539682218062164181246217311896733474309422088767060630546710
9963141821559029243513784364350632262093120680143169163849781012271071502167924720562634687
0673908875675394424482708382508788265356558197441663578492417631881483621644122223236354990
3894299078409216509961123532512011031423383550654938890927596110536939808302386103713047566
7626055583092784943578519785639053474326745056049094077085918865106554530081982644525281740
8774654789916151163487539306741930233427583650649641568635388344929702698830212838507501173
07225319474121886030606086656547714244902618109150955830742760829485811035201110703303058709
2579512353389221572474247856716767883589737676177217517305869343355367649036743738817044405
4369873859392664944715350381525963250553002049067646244585226052139312196299705782550327045
7798044858956070209902153446695370684284521782144523866710469408107506167317478569718979427
8788716052834504290212224398343390694767646413145818070481842165818603669376409894336493814
2679991971798152335108415706476165027604538632999522443033893844869869487964925415099694766
4654689769216486142392356823758509654088133533236031501845430918115897953009608823801822950
4836466507308346158753739094675311255426108040965927527145627225527350121765782432201282217
3684540188340911256369605867417354418830302910422954093121391632516652716281214020039348524
6292677025335567801321211000746875104927292150677332824634054330514641101694580152392810648
7165119374849628471452059228602216430922707329113148505514626087654910369689708578112513994
7748938328842659805612121831611530304191551869772206964070517065583074542955680205586064791
9856113720832021397337158971801009341952992408631804186229996944159001484453489860260796456053
0773611839913611440070593042057496786395373172912778358482156291480030842989176364034565821
9775859099886154229150648818548939194649244242707346065366282411043806874634642445248921720
7008002698896840097704990687906189943490599879123299393168654297787340536374108604116821223
2803214430184507966819142023711524639482201770931427298845543362729864739836067619735520646
5441486062065827311631505717724208876556248722268292666020371485112146244149649995152029735
6963468957934911848613873235673727236286722956930702227282618936242091446834342646800266077
1995022165093651912429912989094967348869160997557084153856326697999287231066966812003873504357
5700139029251245561252590033221973074262855770905192682914207816015920684685189496026803241
6450232179784549350036868531120074399878675353188044734785139543177396060055361114406353642
1618126021263865730946905932559063972194920380562876788287430919096154068691521231893627892
4987012453882907430838160748627389678774537823637094678891160341754045508916975405922739404
9266623912040646855819111208987613022144456972568625452950130411217199809106691154157468748
5849599866199083983781712633106815336413320408361685895059251501682768847524016347344155330
2918949921385910911224831818717294868838657130404829477742444060109969015638352378276129090
5967481510722582918132998287427054987359677484220856206752067159942180911885102146438815360
7962345415092134034300612997868682579602938497659187127068051527071418619605739031888512824
3387268376641020767175712661092745822335229051299485282816135925469906691601850275940168162
4498230386088013824249883069963917623093961348545994517800671078225519324205087390126795497
8440156989887507912316527747212894791531731284579690612883700197518951091669980506796867601
6587307479984144568492492127979028812424100884088477837315919361320454826303567474927756541
3855998730321590540762951436378852229866981851496708348605274465264498176375321102923062590
3686358567994891492488089604126511073389096634435938441249583269826824276010209896594546040
7736523987118017518651367339339449442676775423119108230942372896868022034743959324862376940
3741086660282017476556319495108722588920221524980324583927172427958667737838065801661372929
7777118446650250115258124073070963018040694074965568499308726304218300157041201379224567871
9402582131094546109369974922261858374651973232203681278216797854825403853579958685209671195
```

6323580355674470587232686279282060364871793666055944117539018089837790280843442247968708856
5952716127883634043276080005804509481613762417573420339477986303223673828425719406058354743
7838904464154065790999931856081243084635339679917228812637887991600338337885884554719823167
9388933628377320641146617025954208508851805129008431630715043310753954554199079646509023167
4428834474006819718935466735649456812354304961298884537609297708931994214630482207660235398
2432157616254876128425412106161133133648822454132448975453566265349142408224913402066175007
2112694306124966341332187855468029459124917217464103818671362151457164950732198489695727687
2688364311053604427157154289136681571274428332133397633430005081273956718748263504621039314
3243199754919580909613656257002432016658070951887305899197870679368295244048534202386527588
4507762927871463422193015005638045725131759401228561135543685420108182317586901339410613178
3292979204109913274541054713071745330047233839565461871634457034018556047181381578089815947
0368494257868219263636344774282218605964247457947217015002581733330227320473865732153469489
3877232700555694600647506204148733161156862285269074168809349901746912760692719893850556484
0024337032655972593686023874269601591645095650888549020898484988762500950696676359381231697
7903451178055406673492287980647697339913892073568086405247056322186738247850716446114309809
5494880924737318007196605892696476743801970268224103288656111365849274866963126807376841336
7434448435491569475817285335944010063322752305783993875303255072167800795954106798161051287
0123532518904815935617217032398625992391411785715560131667449541431362322513430909381171138
9724401951230821032789265836285024029590494049294153277686423597978387245805939513905679556
0489022429600734317792826184751933955564593715046875619975797431690153572144066875808686554
5248500482735713085317312441357922099358194008478035530266617899903400164500470949101383234
0177229462992656423345478810460564771403017078618144781116162479625532392440680096901179092
2851352731479550364501613013003828067884533563391135173141024267843977071244855993926430774
4563271909032088393518523660330523699761313173348345268257728496057439167155395158529563330
0819418422656349976173206683909930722165580285405458697118901221966024066946082942278143215
4324365761017502059129601843671261833291453458847496239270976581693940402863874677684859859
2213820703486498305225048439168577534548195511374947189521246181415239902153365851133525354
1411165644033399101481716030559606437342868032391003140709411132623263239989369953761922713
6973500148395838849714481681517149745907959017744927744511130627284201316358437641792093332
9243167440055461231142916162639760706635603860065608371404383030041343474639895484594511269
7033377583290553364122253592752497345534833732325862570963384334203596640897285644317895876
1351810094275452037400888010727884818895951672316221189125001920873733861336501373434886404
2522520017704620726688200704465618473896823556471471078268263004521490432410553635545255918
4213541968651137397886663097500814256431984740377591458789590609845742607885786320231440257
6460524637248392024315470427111900318904204033381700098642286434180747777798344255598930829
2290697457018720204681829416752491348559960619800989484447489166287604198006025970012736569
9362975409320859454667562340804615013545821550863207226603893401376730576253406555516981527
7855992998824194642665167687761191736222702092227833605250770480707590718034363357075638283
5968139953907607270681813656759198668375105461152180837811919647554096709582495601782824567
2736856312185020980470362464716986827177484782224634903278108854631415173718143297928832562
4993711562971573739011583631087044860251030049694691425838693706512034770466308242164894437
3580005968687302148524928795382422861000736420364967914869424254773064472810425508729193419
6066705256450640960879002440406424731141435660990065146788809329719849384648065461017890562
6456355644526787973176600856459859045759450452936327322914034062409343851631402526002102085
3250028031418098375233896395830762373673342548118934277189269303398284120364951771760100346
7519208158338293632128206631310891456020148225230455288294429174005143891311827980981984843
2290298386962851487394468203910940653280188754077209490747861179157700171903879128063762367
6174401440452070229245232045057628069657930850203981218378402067202501202667529553130834947
3534719363417727340630262579603136511978554856693728464042046848927715778043458677610085287
9607369314413346487377352501592452119765975454598769502060561757819359107740362583576536008
8937653281370843694390227229865322218288437400138825811162971553457567403214986097554286886
5798743690094970509798609377027835722338833145398049398921017143358261896740031225279973033
6457106160728496826402668234770455830154585574827171372435847099486137265871302549402449573
8558899660535370903389251145405581245692941378882716519900043761079672572805998748204798956
6785593885849948346965194930898781499727763473305857071790270935682275763063930497022966339
5528763379913078585931420781133511143201210260198730421670626014357584117977079045808380884
9808816662618535883559242006305302464346289923082030708064941073041567597710077523985586867
5945731744767094556842689038531128449880181447745665050961489899151762992416428780004741385
0804520329530539184097689946319969559127867694931959273366620543091812055669246215274078665
1432352659207070867879558641686045277535750207487671433377060119129403158574310767777795213
5902613080828983248839483209499884568307672417592994303402094399322708275483573885074199171
3694004987985586194234462796084144473566520379282953170163511815302931272302543562910554586
3957777802211658866611269335740729443614557490563720071282544811355783402901604851760524329
6981355027471470526354293526481366238869584898195167904761247474468008477258871394552736710
8878475084256882598396368306676476645133082342995384063714939655126025964126916639553294222
1627797607874955291748568842182486374632474778324449298323544025715676079286742595284943389

0652126169622928117872149914975372547212930687038508756506150275226420337304121616234963978
8099435270804166933227218359322427911165736309254664967124992961439907500000976357102050913521721026748783381800459683310699995590778255464891283674339451582478152805746103415113435638
1056637703548798094032652665484582486845829067556435863245918075346077580169583997580648813
7704343413010596884392991793174174742867125143312551775956673912061135467364831151979354208615472283275856040177338917321114186236520276449176308259943093916713016035555066396640063769917744823839840452727764172011229122906118559512750665064983546029610296574754375906955
5507510185935075883789469234080884442421040443517845101844946977660224325727576337213826673283184851041913722572799003023019519881457021217165722765189190273755803239808560285417910869633038050283058254155207922154675509988166071263796669062669622288041052194375553599347863223933308807429440316363392974318574294796453048481266724296055477893724165925475425727294818303585240798970601383390192188164731155785052643281067107830425382786255073575144178094379451520876964418039294505337106958002880600959261554240429538493922366928251865457871541550543768172161949416243980236697017645851682241848234949856122612205259406946868433558288000042360426716492051983003040063908216049484182231793780018789714732654139165969641466285446072011663385275508319000328193491650079157574254157264221073192131424033453260766000540883242243039536428517010190719596899622216857242058270080448845866160085246854711766440337454171697257316643571299349388781992917594663181328648668479194439975673768896889421874125051812865226543689028478952394531890759781837842937386927112332452240270485501136807130149912753906376567761950408247294577951614725178334058293631438937472774496789651364811407002313274619898292467466885589843355545576042775737627609120580484802719998495553956267234262697175122246216969012780081098444425535915175083609503915428095603229402450125344480013590713294374264407657156719414139579192271365410090161702991031998657052584092579984314159079094047612707383047817895510947309066257504993635142278626507467665960409187273722547794729752121567356857260978856646457541038193018478212336515699772263615169997116230814735386874455953454013866559999562536246834629631683409797550456405010277261083787851820349370533279213894340837041728605351627431809719641851581334638617864058085289932616267479202822900779806148737877417335830276131207960256078488189046886228962784390204998370368536881027711277649164807893994443904092507590483328908728324142449335236463081679818407101984769366305538954028736744903373984749075859503560607200358784504301688110214426498847297177449594105845200382301253166078708859906303712804215289078551534221312154711394784386313780256937275762215857679289152126300066971699384726344308284630682783195321247957976403014368143734615264691989502103421817625936596578453266760250667448846712460966866173009706625245017692278852056906735900843160412459284748056889469781827677947558487010378813457163188174944289989298716727868572546655367737283112444617673040875230650545391728319619830505638090014071189077122132929090837662204930496794578667884181003586373834270913535280939425518198079349785464480249642736866843355216708089658368204954333674108689934436229704144434396109886127019621236168294238935804471970209738919920823023214642350567106499113603577319563884719181976988071005806703870572501530190615358555901464126696691923629059503854868733761219137217442714461555526745228257400058034707483503081485510715399389168383731109275020580170195123131177677851844877768726804213939286034213289585185132776669365598180645577155854038012159297126776864384285371888091790995730806801022541165164298547985978012005302532257524997410354310883801984322002357567408273306083966425559365951758305161534971344382636799028771794289082660425974949114770714229702525112586060390052960240254582624832575575756121613127958128121568538408559162780570929372466124367205888681576790769303505178957563934003111259297972535777544200569966402202138347356603769169544131890619160614468251813160176609861677232066349745604650972882659512753972733368694175508487217889388640618398460037168689685091852298344657755164156298418905434676268421144524839941312303852580518486801957089922618832522353643687364583479146903567872259825575975596021681452229949197379268978806527749960206183123619125984229997445917931919070044699554058436069326731670892612617013398426718889342124987556990243059505953676654027533075503094906893359337655573217538335664890410728780373174267309618140745156207212598314724574830121106609479787962949044381332427061165526973317981222046734271212266413819291473278943660918278788827641461469764222050291144484184413814849237635277149146906974336080814504292765761587542170524939409283863732947357784234240779548820953126235340275503505710289039431336814819951535661092447742704699911672378989551639046374983966603242741993113944290390576059074155553325065548215179292254764254508718962213113516699330454312000074718298006506387389892625648905439739686679432127054939232744427995717336359106333484418514695342981280896868740832375408026260594329862056291817544122290018402100592584355705001162633413891116472241032935430679924686315539002795139232997222766212995130994097950530207390555958119512433304640762684210925372417474301388301797018441085704513576815129153624429492503752616110118373210046518961467826972444261780434649844070818194648857015566472912494001832315747489212272150548567617331055173286755555513727525722807015844443069091168420794485271927516752388469452014054365412441900688299574590054357430805615594652422881931270329234092490339765471465181113145925190572580493515112436689165402260062755458017611743528143148949991614671893523814433684640427672953871675260813395098759620778527789249855982834823289177208117777338346633424188492279198052968309263756731847097048722337076247583698147177421148043213630941487254781492630874

```
865960527804596189879889781246044507520439119510874257625350337428534435996680254877211293 8
561910122074296511208884295468554439251909040934596997623225136684493959391431058220054977 6
165119323633557844773870072751670887701833608973105333061674009407487608485728705025403965 2
206249843878079142123292038061883104817232109300172019148512553721123091515719016127137406 5
368354640345909017516919077376312212625722658664549644959123749618371939551519665045731490 3
486981404538174573697598822751137745630786723562169766825239245298159046756218528584558914 5
301482226584053595263909853937176619710158783873278238375584724428825363726210818665740744 0
201307721398294034324598455034889469160893504606046029720752430522250508848409813445599990
758681315475222046561457662331404526326965352792923797929373929190374869671964630718060724 7
847473965505170974750966026023429037646844450582247222021323863885571451323474982034996604
066211777729786064431467366211106480533161430705465164829466033764356209291270324090210 4 3
510275954039706547299792721089618396731508470303622049840208566869922524659538373749601 3 3
141790035370052464560586947767468897309441369101074420202722385751420522547081908963499142 1
944317404112374851728895430801845740910319994611280556433442262289579340517365029531336028 3
143297024936562201188073837965968669385630403655424493757197421024937405701936945138482569 8
600195321516256897140183511652549600636011031202819953496704616097462082917736572997856457 1
306965165001622778852738340725983559637970824046315259176738042297431785283156494449545036
956401109369855817985115027211915917638004829658130789859470397312065378020322760344162973 2
969801205906682469014302949399525015898904771050802538351571584280517815264264006574584027 9
170365562834115519991778849951688578980881405096867648256081575871689213785261434824019867 0
085959491834379968727493803924399001240892926764545234221922075784137853342487883353547493 2
468597801974307389167814296105044449662857971986849317044974915506755212791116158380570696 8
196572594815298667213335258086767899995964951596061098889306228869661326312175575758648326 2 7
968571141533502647214079502359859585276482031363986556281374476129381484774020225044508591 2
182509562477907388965494526502037078510053115696566220298499374508613619043976299599031311 9
008043197524580940000914558217454526625805274039981316932570018276842172231805140682005023 0
929661772701854460037043301432345251646866456610521720692906036720273335396157708284888237 2 8
813588940453449022699453876878465724857819287558201702633487954178523554555754906825006997 9
739505950461342053430926981905725531230338713302912850319228135696396012838534552115943569 1
409774601581987774123819889586672711142729583108270898639204621803453794556243397185624971 2
714095792596192307818840453555297977422106889367338855485881072236768784859382251540354409
948225290592834847801360135009151581145329214423539629875548306801558853165966563394478186 2
223936580697312612851200242220474143375961776991063391463758052035815470306229527721703514
821238530493265705844611319656225452385286064449330918167471272369727202950026266949386760 6
739072357441326860714781306327962522521358345146175319707352809011354314677739453471024006 0
895178155830757211821507995005588377445473192612925383049981743040230702238909816076153110
992888652872560217949886633964206182092131604317680117781542966367350787241918340580597801 9
413641380162857929818320868424446974760959467546593513927192027086066670096446912642578969 7
600503752819096615375661855458062643522949216579083498437925743197158770646868200181823204 8
689982564563340501384966557640297083448061878669689312163513396687831362351177497941990354 8
228986619040064715435959579227544277794396672633729746627797753573196084347249181190210119
294392590380260264841748444782005168568430346614412500612254411855360369968299480657213953 5
133407886924532705912914982801741121071884134268787888298002107119318415476906323213303566 4
704280199834162572610516704131168493867700277509498844108513693169564448607593170835467673 6
901777389429731545511459227701110360843055771824121223403292822987443986446401919560923000 1
439499345306044257996938491772397816149451131204204868637916752530634900665239580440289843 5
392555784845807220033202925034659744813261401733733484152208726498536723648805643312830469
305304873539059684897769410662489968164655101825562769089233065437474773251574823464207618 2
693720200111288490837408415666378790491771579162617447253356921102796313636396193338303169 0
960585634786515836410409521854218925393845365190009456821882351219678534912907472733457619 0
879527700714534296428857778919797005177373318942564746778705951416709501512543632545858505 9
092777722357441369061070592541796579407364489401336846212597403776943629267107864480691656 9 4
144947649627554475269975061123929065905555602998061827757923211986904515905942490767601449 4
433021447538110788616839417362682473795362048578667366194340183753995078873570769569736334 8
906096623415203303273664416840915597267506068186919542897295549678007420888087319998422933 1
801642263918301140795970491267195672661938762353423067783745037399215560497316196545379184 1
362376013666098734374056156461634598523847828523319730791370198250905853269294286401288966 1
556236653366808679676269021933858700947062040850270178945051681786827703193427843070164519 3
131391148579096169684441606620928373208333878676414883913529892584818453298695788412889658 6
702428755687731235900349616499576082923775226893655570763541340826557724889024357548539752 5
790911342017983026115347451748939422823882771044974234435922820366214729739913674036710121 5
970943082487534476980106697699031419407850208010006384516220354274895328569552580166987140 1
279094554658446853172976638859223272280239229572551621704395377986809188708511955501483450 0
653542058958817281907159463277706136347609047316518417732001776274966861929830048478422225 1
662526812410603171436519456728348892810958904469510765410361898853483266943402184793134763 8
061335551520236021763656182711315453253152483185016002550353002350998118745684013978413245 0
```

4129248995106356188398860593998518606626698374306821560893536408037221056922170621065402903
3468957152390066799698439819719944948847363799265627137914408554512627737680336924879096474
5110630943048104744082597529027649301909961828672066800838124770828042534854515494482673351
7709915865139720744453559629062029789651482279964382284624100494925380966317158494746496877
3242941714860117757925464809222939256348473448497344768767897255186768445780419301043588384
7874498471915754661252774210651983403688768217709856479897496641796375853276088948339937898
0386935905003885915004182247692621391632221151170732974075729995059216141953417954539564825
8069575581914101054740858366976388974854435670380887776225342372526685862528686071011120737
6644417703475923902205402921183363592076828746819163573443621225846855184911737828149893317
3294328687866734127709419506140678430955963466118300937723559315500840818820429901112536254
9515865879877793320160602302539963958208885785246406838930603148815511881851063392801380688
2947755338685768700628738187175509620230167890829577299370394812355322511773065141377479705
3438937964519477623368044456610377282423776406531747191228550875257012485553034958425477555
1119231041741260896041764530473844861849598768824455494974223707962742522613785956150815270
7173552251406092471466287707657592328000063623661781851820146612996897320450670193879122339
0280196792848576421517536050324280495374126017027574030305342271641863949578600006459952392
7669172889510347832507317813674423737276438574252177536186049961577845164056212512007571126
8692543912705480417413062908526548019648798111143734157554754999170822366196507152797220508
9698520513649053554727844829720710781457451456846086111572956596317579388647484246331637656
4944811616192160462873702904040975367288613066251380909350984914309152013685940349903629793
1364403312590118696488012087866614120892897810507017559263159328947593335535585396153573748
6473277884692900514837562696456927138301087192984228225611441326287969308554351482195929480 6
7080592226824590669598704980565202263218860004581338482133838010714011937050319998655891249
4606613140897994650450291669772328830601951849785565324355223479476176792576544582052660516
7994476072270550260402538069305498861065092174655658888730178883841289599959659159322793045
7380841437898235779781221663915400107412133609571689636670057484589520547926161961736661796
6892473003181633077684291239817740029380690464820050593056721097047072358576276559715286685
7405809911535605869057244722420834985942707651457804339879341679576813796362083390395083293
4495580595363760485462231136251679236438135424774841948043589332145988194213605792941674122
6159998361085501672440264935290269294762413425825638723031974350786160646176951012185410632
2030817166112414886764403388729757658443952202219610073743454148508916871337442678359527056
1315212526207386933218305935658930621030492920953553814549511601214641984397939037189643986
9348784158909220909390704275782190593709430767237024389005345312096700350896192224298181608
7686432982939714882496041244651328082112489224188331444749268803634239182966671662822415678
1839675243796659674581169914928136901450227980135976931386539455472068455777717459138536178
4792669537103695089637227906128123654791570888690766768908193749340610368410673860054110027
6278700874705947106586451439196980559706950556505015123393666589057173313364476421307065675
7319919039388118938253075210882859516147506809468839245740011135470274786982168621274321497
6651883003196033345622355344214173681170059576634936762232906918488032373451924349124656653
2971823384173969198658713331341207105170736834172412344723718672494151084270496155495037955 0
1528738224860538460676720392875868626261698438228056015857686830925122304015998975384892 28
3600959807521594902580747171577353748066900500153498535903697672297104371592109846939120490
5426246339608550824918232865843934026293826856371525962389474471783369996618020115478824991
3323652215956653404857011232582770818862150130715779346002743951689275243551823962408391501
2347392466865100222767351541533981744380629368188431870219539467457880683873304502669934820
4740930850952940088706951818632548354824966260706650249956468194106470407122731100421544185
5491231634073401961809074987236703389974993439243991658806512836679056416957365216050282244
8852175736113317429473563577483084783309849295743057306045041284029711489736552333702529333
2859341544883137400581072624246477515535611897734274294259684019406813333814161074909164044
3078052772977009382768736682692808362834677259100328412812893578761188653303799439157109 91
7313087684148298147316743892415070812333046638666526885171522877349580865070902110271308011
4880705251086164181615255674817104786219464010561280013464710004896008161813633986131437595 3
7835734463470097380223970667333178847121742166237978339505084945840564804300591120184173005
0224196298113764325550862599366729979212123968336262543307920197457555379857786033399361139 7
3147973585880467482663190555031714751074082657545538452600524391171639479854543854640477445
2744423208201158058940110410945383309204755983130127803405876733811345178470423962088493582
9339947629489274926307615195947580863523050039063526975508973719632143202797580886958529773
1621983594425668946669349865566418285278405307103946038370553195307057814332061654837208763 7
3054251104981963982316223946155540162448192274889889915481816161014129111422332742480710512
0278497238490440264296807698034403160101365988085642296075406956955713350800535659518884145
6265319836545998149354703533396578804947612732090048553113590869747145353689015718969841577
5481177794107604190191456527288840405188279508490082645360132429152288889379751999559985968
2889360891127109103099730675706218659729673463984306192842955042921054669160915418280351783
2368415521818655679634071112430643855154156248975176397718812620984087360982992383637303027
5059418770626263573784813688683682933396988927744468696966294996866027691600369860596890 47
1841716000197184123626519997301278741913927227986980227245952294015243220840481753981240082

5763713606703033447765411404274369962054125145048270021051517411890882549260977472146205536
6779007552008799892323465359252612737727695456712154444999501484526854325974087574445023559503175888094678670624279504968122317381953193469955615100420921536083260321530691857272259929860039539254734318064647706444154409630859833209894281173897950682749552487066282732805364792474107235461194594426537978749869795964322144950143520616632736083387895746269008896094162137344263820026765753391034189247610563598881700835396449558521922407698130525217319501323741964534289761658135407331302630302854780224851925520783232374548326796328907125627475246122929296414094248502905947415575992751242508506996634735376429407383918207419091625416097284459162561447272170590829385767671304543843359908261608628467196328751602860804035347208536219374949413665519915085368923735127485074294814451965416938229179315309180378204728722389455872648584565835836888354176105647212556438640151856876957798827517422243471111552623436972117076334504665327247663342378211958791176157833972287470845127988659924518327916414459828021443727018946266803579233337517480641049931852188455068211836085689756325118138750460942419557443263971984310789277524723566722883955273552360662259878859853963287728445468369492367606484412273536829219132455470407442166682067461265670796430120055351599047417085461637336202703866595227380642312621874062689090399816710861502195826500644977817357318505215771516084763131429710068248249139162492892556126384767386218233345228302857013815543747650578465690588394825313419981396295736250191985710580846679236491105929088055068338217718370944062699938269197068244705320057945408351861003661161560945082423986504199873162383835746664452188735902612193453316048583392126663772506208519054623623733732811425816643842498897985966795417592003691300453703719627536068718301376481212741056148244879598685310850054873490298447529757534939665530715055154410390938653741666521591833549973825668932645268620823596214023963409712242682687002533955826932243805998324269084530478141991498931107101571694749555763521945874576862963018389905824201278786755796934723185030744610603483914598794977948711391354629025486282224974389447438682661643606831812488598723268791076616230538008602921583381443284532240746235541879988817472381285359683828950062022524646357316108266360364314856355316050499154144130887215414433174525373210651396119733069487813913096873318613666696193940257200493930809999534821942765587811323521877812457183423976468069730697934060813830189077853792276215484664088231264298164212394174569713566615398255554352949817223901452222359192574194314642182664776888667725021712329415228978446162910566285420071453883416781489134566744506929129063191356184691533158558135076487541321859455745770154866526167466208580107002355681687581059596769989019854727064175312884874941390708664208080627694450131967019703355181004171924251364427448521978153703577709617978036554715010064181805027540735836312100758486904203604530637430343887615238289835573728526027901096581135839900820251064150068488603778514517039392693822618882301899591271000879075416628748322394452285023918486791381569205686354321704163358637035324353038603138245178894425200804853014804232640065209962960096641776937613082080687020130883472099991664558057470297265064248590310071846989531069017432283784757153675098497043483482059931223224751985485354554519808422814507464169325174171166032932667762278190834897227510030808975252050302466493512646127848908741183038587799856966390634505200221239345266865799204423861484757242890105114328883814583700148678228333016407276114036941362115737169985605841735445608033688890692524353381053971593150452592094012886826761957851131323839763615662128576482640972356689220650459488317985864101056438186988942899276314816131141197839485143896402016161447028222175648273420064615301617015673045186184377052127062573422587150628959854886176205229616886565215837784247149479866487707067324817990842497441413030772781221727570393898531076626569482761976332874465960455935018021232313616829469105165367996131496561881423079790028197020753072041377449667453062510784565792463800382738568602245895406143936149904048428696980648326210846438074333655839868808998847151429570101451205496684289667486610186687651297313968321441026834165860359911438931807625644344609274752082523732472243963582314418661898353373236916808695029220481436237204812347239217482268429106661178494353167259238504105377931104908157295800821890410996537405229404620198482059471956546843007682203732839906146792078803130621080742887826746522279510397530185492450108066714356522034098520971712755883904861311294666733964099243492647162312234605681600440545721462865662561689286974683821633904331762863708095828508190969741762120740550851100181153302081718136717768543487272089172606743181038687549909642872820410652857444783139948749789244343537320188375097795346044005281197852692754424896325741629879428825506076395165108387117664673766387526975088379398903288357402112295635432087437414162494910515768227117417711932232945391974092136590860000476202432818881161163644928715559908299814543584037170956530527567900610385822005025774224292569773732296609385467336929449681543260568582340850739091504592315081322676781063632505958627455148922828565406945222105635580286224167640557695260322183356239637398808014289755054609555094122720020016673290789780007096384828312446295596545022120743326436571869713451446896888922951080200162568079951218413160983309702178276860244871443361314459232060147349748148691320774245973643394920073088574820672241184792682405330459869275458970721315458415404772322220839208036324127217631162891881643394036869317135582680006351732097450524378305263342982051585729293729065144082252093140038334428600943717769650829294111897120873707840935527547594667700739582996325838861067374507926180433067251405352116133767896036538579850322184508372345725893977448244920328733860279902040127995062845861769293493474864504649919686

```
3533839144956932935349913992245366418810063103071095056877344542309645895436141863087624149
4447419866698347713405300957797872072929146238962639088463929969063931016383363832131953937 9
3042804984875962794959779336483584800378416101863317414981336434273879803025779702183088650
3641810622157102928202158718144562664355191289239074644949104273596927665231146956658445818
1144763773752350128593126592576075055650198433567754320917506901135878671619549365520291390
9437717332015580807227333191001779316519681542280883705765075988375970217541177380871379853
3896289683026298162805530110755775897853482385481298281050149628858871832221804888260182746
1644879029172841840002936746970665260086282843883088133563358024351057763528593351544438010
1024499421747818965531884708737815522364407145428295483213118953754081821607486597977762279
1023082336483617233660291719339926167882868980057891191156961286113730404222996244445 64522
8811797471536635791461504943812179699911719553392915467985888569082819110314718381129967865
6514530596798131908004221827090056930448074830083456425150236093637525563831935174270343629
2684023477641389903904336235185135026393009596644498977604174378603817234206079071437119444
7539522843551677888570909340590984262800755500248725830650557511259353896315171826065846001
2893268297421617913081168782127210392175796983370070556004792659974323649525447559862348447
4040961714756628827532509173759154603250809601144327041198731596968007968936040759775018037
4094171469981885046628982630503406281730282319799125530918362807799251133065557772589580549
7219375476854503466072184115570530967474247232869920729495417686489051896687507736218429791
5115758515906698154334699735695187655323006157281995740879843326878654838770370483886796963
4471044881036662552958628343438480462678122147642516601976422702036294508798790923068997762
6220233634117711820153990501730714939961155484037152282685779983851093840045282636757612605
6398439135294087394557427764849992414146858242913857917756232954020168247866760021021513 8266
6411013004217800623443217919523686177696138805006592509070252900155749948752601372319426962
8376917390123280026029927806831063027349010110031406707790045792769827931368494516308950918
2904830296500190892833649883721439618079320874232876806864909920444950735986052895721169951
9040408338984083563306643854128890071475438665670708501846953790032571643627157135734722510
5929586511098406845689715658254557256333555594576577747618020156837852364031497853809831566 2
5318580942578510581390461546524807271983290957729580553008835764393546571457913592767466432
5448384554582730913986167177799594349945503174771436597966834564542345782349530220337939230
8962273442866717466798655682537325145377430092237212027531693856659776107823598018863075075
6040836771274187145896669834570275384870360304258428021277883107135113277277749920464830373 4
0486427902258367600773900836561591221966284269036366602985432353631799451470339639496138687
167177630565460918856551844344516890334624584682912441375386574989124759556089604029215 53
9397744642887727951622306124647793088265423574801071780915277401654871046826553570309898131
0831043094866753941511631676658281403700806686554764874897704275712504474922142296908062278 7
6085444048588139957127475613019026375150738783118851441005371031418316347433675117492320531
7682583915034235450586022630586870277924322969161754595344045744739971171211920778991581218
0624709441550694727351401234550204629067783378176214191890146908807079818100673485939679726
6934876965238322019108208731369657998137760621433456083913079919949161884261517662011516330
1336524026865060392172540343455286751808258010462905820836468110735183372975196145612252537
1356771188784251994023543962242477517373345353389150726288232132196100844063151547998599521
5888847115997837510010625972439544429056478372428271276886130872971766745038778447060504 98
1792632630112179328577963021341729058450693842312785744709828199036893333232252456587848649
9097175032022167285214998827754658306559015958435161855520548978267361357962795749330522011
1916108420802369961389004399328350663451816407683899879224143230641588672500479862191487276 0
9138365553456717578454745556760412913322446095514831253536112871452107430436355478982136977 2
0092793013726170489082803939099983557408289800561303263280487840702588019085387730318818712
7307461366420509108749612419017691344997074575283633978323156110356482124709035953681610 39
3841375688337715782793829413546239162705760560227177983532110818251344199026772861049687035
0607337208935530864008142659916508722359726946248604836665891130395850751047449472699392645
2646055226651892497645308072131093520962315760848831138260364791668246800841422358877741046
1155693227087879326874361283795757685381840746778209846776273672446911189165465543048479710
4215239779289206763896653896835646418058944214745396226232175326557972526814663117697801299 3
7110982453405229270933003996295137144383195135057317880566639961042122577872528013252838483 3
0829972881825074988518314717684205642585248475129554534338676312935464407734050007219 96838
0140522695947091991189551884053700772316581952105304731149144913758587914656238871946479845
2652848026896471317271515010401260230712122287922468881136328743346672378205581117942027216
4792256537042244877632969701292769131500425202259810800999798855902356890432902314785387387
2402094744838553944717836794323325613093817720501734309796245324951033905554193731155678109 60
0573604690408793506212987488240528497439396469465846777436237028014143003044016617901165797
6026979051136930909194130040439925056649562446838020340508948029000263762200578640552156 22
7401553880280034689559175431276218613147605255689989509498923834728790825399842346397579 12
0047011707656479780085662647461192149320181526856763348584378214733117677538206424894580965
8200413472695716237038372077935659762005227802251822529632003253692765319844596583810375507
9283425278582591745643500626084344163112970195537547485185666610908210176889791760811867 4
5294529881571076612860214031901965386239562915131391540587849663072019421858020705480546447
```

```
7547695567872089601597179073617241406114197727650252901385992813531379709256036120684983888
2151922518132179980933597821317510704838060219422357710899459174705182470860381957578800 28
1615561611665853316284726372858902442337220872462933270283531749284100443472630417990086941
6928737222783808028826637801392053292867729280423656591256451489454928932008400609684183178
3905934902376205000224339124261918283291801084770695741558673641192801283496458206833115754
6262339166418139061988522457343683067739836101046423164641331355323522737526644533820300409
5510321928897610402878825716543401817838874101554129489492109750777460955977152478691288112
4482928425717974688204885654909561576851286105935267802656143983335859217886735660059653009 8
5365462064254346379106298885738983183543696792192647757803797609915199776315697301911388169
6777038313617431644537854570073193605219700151735410076686960130543727588160704998778936501
7422244661743819326919286242930106198425416346048533061312244441005381190421705295021020394 9
2849932802291875208800031824083379536386422378318266935454676378570306064039922133069977838 1
591952595555888781915527331155001317087949016672728426303449474713565876728143942654920 52
6300619080005910944956218545217579084841829846693841949558812074700106037683563441033205450
0161516572407201252986049588947079721834259701643847598486582809808690549036772614620215398
63629416377179304762721831365968096850029180311410797043113811864184914158697584986600224546
4927651310287275862938670400213000595178163586440778748117806522568506530713507342458944602
6834620834580313392145354223387544486303860708727850277777750867762992022240271074324591340
0402892872090265865447356210842527192228663131418011220286876581195927271283513242150881645
0191208996690219737367720181554670989399273542199116273165262450694992002848523663471619210
1353179446018193273960721248873981575039346181702082230279563933543167655527885029351632734
5947265795104011499734482377420658757303463602505161561392726898206604832108554232208407202
4003091375158254174604210574559615339198458900273971574375380224264155677787593079348042453
6014455008046344124054408972659399663300799797259212922310941947078384204183075966255394324
4560963589541422566136737969285423713764749526337556977162602199226734913942723609178467619
6587205759703367639965915756363993425058788943766830142891641757385033888100786002186250388
0088175428204767842725956719604840605712100796561649269169969392085577449942497756211414133
3324323795150936409664134080844752861415797124250850592580508106462051245722168848201979344
1153229915524820485989751301007559884796958676495248802794232312419807388735906666496491511
3962924488710570456434199781743710931692166476206909405665634791222087667353162014395794445
7621663868466016550053394793158087747107647644547839610999272348900285145797974434466044051
1176045586177008433876053148008853673570211565036104548799284037532175914820188299399708652
6906455381591739541840830826296942142296036192656880385459991453155319530519391834550185884
5493495578823746509856082129842400079518041763726731295371159953298713794809681866455464851
4362583503666244085255859306244147002018821220464219259172345933989619257901631775292386555
1976562492371628465685389344727069088244110281325841910775750548159667543119569943978415 16
3324068894070439266081121561861902530322071390646769773268368150661123769280024896835575713
7231128842582768928782310956781189966969774094893487241466149739727949412661076369402958236
2830348242237176331997184239990398128493939858682724464605407169925940845181835718891094 35
1264176846914779092252837837532395601947453490905510164233807811599663448262071415872381354
2032404931757575337079350969461348285274651377146834205626236321971729619991708666383043815
0499887260671726765724838996673949347818640599731199005296600353299413932648526328093008221
0836770501971287076699002478130085130527296684406016437823071913630704942204938341960095
3509993987135158792521973942806151356564313408161568884901747824857836606800403926759962908
6309379031115067267671941876882462830751887950689739054897988939998836266317622380542165500 9
7343843607589214242046806810224873073877809478772352739016455743067898417558609780598011596
5586660818087835319300271259737913358975897334008763443118861486976837881121510877126677572
3101833251113919851666507968096448532556638417583116694938859216141667456755553823786044244
5571263339667721462244674158690129562054565276810473636826097898649630056827907376919863156
0129161425693064781006989197020226538674162603049633997127366767957428955566314014881184615
4458200759316788356682670899194556985802409067765427444507985684535490547587810827427720219
7966003820209978659519699449293354316949164917055441294482092967609251479903225889004953954
9957299930180621792621124071101622095785527048886053819284236085295701406576742213483133260
2634217705437309535701089078073022135498263628528878265585869156856346625947313258515956 91384
6892446244583440227704967066534993872354752090977064881709000110639125571874068247047136722
5709217122286722111917253220469145969221561229752437455506882056173695494066627332526041370 4
4629086544615104425600763291794861451069225887944374815778912508859111341722330315674973819
20863972206513520158280086982468765373753233446669783773281011145261959958866650108216881 59
7594956660290352758332124926843587459967647652582080650554473391211717297676729814037989097
2865069764920322099279240402066292979560833334837097343711038313640741164847600506985201567
4472277835899960842557884272473530611705160202186456818014842377128587661659119901186881409
5160940245806826199051129611212754574119275346382293994753499107485956141079594010471612965
8891591656799255444422507796929870569705697058479143040118254545356111724273371399999432672127 7
1932319339130006890262678523004204477598136728474379012867170965176478255946009076012677038
6665955450974046848589127133239909729337983586535508097267094853161645453079087157355299550 75
1692425027520125482063398833903447828489486253263843703940445054343631202404956819485038629
```

0285693371915547792962898845325057659768207643446294698914524433420558044994658582375053659
5705362244038184299359354415068135070920577444979990516676905380209621766365606835781587320
3792310267605286259507765452905795272104204138524615686057656282187475538902520578508007406
9337294298773746305792569937750402685661586616804076154221619388979463853633831125958244187
9709719549522407479595395194229768582513900769548365478993386356880618290567934076519758024
6742179102503322169643776004412820779904903233081231761123799725721469283312184717521295801
1916642273935144376698375199845306457873664077738069965291870312319459500416451412022582697
2469814614881846289049872728361923812720419779161557131344799687575703393540193254612893602
5654403122892178220340954343883693546040895445802479018084762970341979623021602945161124 76
9165018600598116417274382667307289529784092440165695776572555572957613024253354790950676198
1919701424151665935744603959673618532551061007924434665329441818070121476460301248629639975
3334724745983433900868516046724022521613626334375200406623342549993084214185882609820943 6157
4324084564710825443101883090772625857025112104655164462007203915374647393215292063379797098
5170747730380605362838981511969546064420171139295668853118832806264334317017170205170264852
8131841251634392473071713355495060515867136110105805046978358806115072292612757693952140803
0298283970431417265709132950829112534317694308075468655132922242764990417404748134107636819
4957397746437968651830444656683983184841948244176059863821383782353137304522859498310101762
2494394053901864942713232427248943202272085052667040161106549298027268862995032014078355006
8178326612442947337934708704036933947444883640146301430766548886919995190654063116647678194
0497301003751985705416725276470230859199227399842341493349983909786403439076922427293376689
2660493494416471569715647059904217421925882575342592999565986426768451410612384687880 65445
7917717504027762823606330079437584074366948131901830157091267666207989331700172020539549 068
6409451497740977410943734521094285968471727023406450671007142874586355868678236996339079944
8807437606883536820312113732445157104041864292587944963777514577235117586608817493878267538
7764130377951906050406476302680647426906879414474482693519539380970178496731946452891438922
2386328010121834314118098075047970243899193572725705270605470472814746474462082224540747141
6940652069695167600105591770136489713227842017003356643205551146221793313232221711932737347
7715778865837696990791171113172835374019357198631824447047615448184577025234412484550968 1281
1666497090604322747183366809811678365157004680187681709568893241844073623106025662747574796
9763747209063548402949173472748730812019505270963758360746254547935295423417127268198133990
2641902576337361165697385550874413024110469983643222100126772868218094989076236868926338 4417
5188562628321296599412137517969890520924751998789466845120578373584504314890844568816138401
5880396987292009854086296947132259863231317173219428914135494323359122937242309966015461649
9698557962763275554577984454403223040909493465934666330885736959602328575018026850212000 7127
1420765556772640798302072919480651293602177611360939113593935308121773628431894417396 21355
4536050024613878796067604080531693002509344182571342161361444011915228953065300777905397200
3396628941794659641777983559253422287774656400034393526477351783515933055719947159812125038
0175595475774595152071390843361001153790490150789070567088184457411450883051229970020 99696
1130971218937285330835942880990492700746796012809697182928394128198960521323336107052144 3176
0149950199589535897183369078283138634236857956796563419293049769815209974522887312459 73684
6075674766360600396879174354213850348953262958205444787692413303661183286891127783175460291
2791295567600741873322554290824475967304300804589663453378198753699486335053772244515 901054
1656658870698989013753888024327585151411858454353652987491572718865356408268327225110147009
0989862716772241528776898622677036983696995978281655794088825371837645374022181884118744 8133
8287947196445493757002072346962533601592218202808179726049128292420726712980024237600224648
5008798898857231588422146946147491027891554652123059424861027260471269813241493814990176735
7489609411826850477173013164589468234540907505186166101541070179554175975982804229386 27155
5107777996745912246616384747714601178964858677219186104417530731906039973098127182191067 24
4244194814711527834303920653681221424655022693020656758812764754343855734742632815492770562
6600665467118487652072673356547316696621770698336458358268302077663377786474895873125521947
8599052629324698436382468573872328427778983992573759979040382852977873976846638096241754 7759
1483096429915528145165803728244231957520927726582693230597524612450564355755914053401429767
5082443347466243985334376148793899641444025141130024688693793195215783044869344384073455 90866
9094644813823553204219253479168899801439178623237601755214596454274459179747606361662 4018
6206188475586487380583089379600294714755490167949590428156184287251585293982983632066 91979
9567389478800199587980348283125992532975991050207350736266025424310513286294034955417639910
9476329448542904448102689152595895214573201226639910332168000686350486200735703485896106179
0277660718167706817936631804538237919125956198438857609518028943215796521205657611093989915
4968840313775493935408569534499080090127038401726261801820466737959946829543697194232579220
6474709758952510700203774171942638934649675715427250404693871883572775634448769445950849863
8877616835505884970028685726928054212917958581391422838038713728275528683064543331486880 92
1516972378760137552798110459669882917779624109707091370378839304506450124598867858957886370
9104821652981152058332278017799156082638433465541976031504888419198608484062649003995 87816
9329427061622974531271365326944415146362569734275241608734402697978790021463626962620120 37
7533883677549691572082415463924241350575749432317953795546323852419930894060511341098518780
5588409273559116716167018711811553350582366098569193922700064682288358994486575226714800 46316

5675219420196618307034521639282318251127783428328954142472172600810147875803021229475153440
3712723321670865724341810804779578414442651899778860114020271232948237623382689209641111630111
0322175485080943353504340776283415930030005339134180446423526240038073951095137011158509534
7324822374380350893528935216587780976003257121283541953122550820412698760354189007713651108
6047181941080884311107425363917138988135975319323346515798647750468457586989391963118824114
4154303570400082640126777953841106665096407904987522171722641564904349596267065632899045783
7601136851326246834602134845575646260777352188360216622168327326752466009077868093484338791
9815646612082484867805064429695846021029304532463348760259962242700993707358710745996846333
2376105029378740807906736268831432224002634254183494649749433787642510786294049435597088950
9680133762402481909558113491329791361379976702061469804350149070673315063787624020662390702
7183279048028514829560611547406959972561949296683021021193050250622682638808965406298455619
7933891284197588113582007257435616857677236659365775185363740768701008248672732582705594735
8759499152718354765991563039137857167298544040275171738826587384991774630988127769334111333
6407022766678610507168850450924177681798125076910950909144115833703031224085067230545812454
3727125939201379371298934979688964104658348507481945401185770235917246901296651148215007434
2299282812227997873756699200712962845547283485924965768203078846795064702194730980149497744
3099497791041466285009066700904219602986633110301100111327823018058898455589663934608753728
5190743600228423038962151716195641806562700099995601348969285573932626572516364002040799847
1412336038886746834087295761469762659715075739705145216740388083854201531984940935620834941
8084482165184390718646548579354119886526224032719177493852757822503822693597054005494545632
866881669370213670549848865275526796375925429531152739433899621680155290688351370329024858
2581507127636005483568596542941065170419630389669909871302275853459041651175097486133027113
6043531703717184168098731418195850315648707721494788546280039262775184566504309126034142218
4230421013314028569150289035417750909654228140833298247325956328247018868131890697734122400
9824572047781021244257867941962179708245947151657388079121305594255798293659101859295210458
8919897364105748908948877461306386842597756423526863463439677983839121192848155904632572608
4429806903801848937387866267760146675569302143175290992680576999578973176289166009235193383
2885941822434444837337458570622675049768273613929212565903885590939178962936286792195698567
2207711451676871151703638400990180301892877956685297391770541609614530699375915962278339171
1279810129843002774890935874894539811735381576846139508418563804583298672849362869287801
5472398663892413528204505780353885364847097327544925680094275596516029103457751245135941932
1526895090145445952416961369806470811023153333882766229870284100724886605287603754043021
5784296422316353133503406804027844441475200826890037863547841565363689567311683395043354631
7801016615510364384488614982713956079572913905790086466129824415228134778644226453349015863
7174488626108777428373375862772081968306963831805881107893895728376778301186999700894336560
6245718983815017674655124808934944770008737345306194820024387252360495475717394662913618255
2446057626009488669025658132931135067443779323202503802054350185299498077810525998530448875
5072493125506510038857190824854783899326602860337393568736445576675696601191916014388077529
8766439451357947607144709888932776605307411631153013911049232821931105880973670474323440589
0882856400267975943534642742107841490615409296240833879108156578990949885157126902366240638
0215289589615775222060621457988284049182338365735125431269368037987268684755236920077772138
1179649240036159023457700349411534068335573824873913135391947581585276254133758998420361888
7955138073173462244771235853672790530083551436917470851610091475448224060922455757610398609
6635678828945500333604337208465567251648946232727869309895094558630983011143787825883212299
0671329181939765220257245584008140241309321334209506896941907787020261535758021821051232908
1352831950915725992555006719879687514630234571315293536331288669612988751046150893563383915
0702622404505679511688694605110946627672376072375052884555323350474774899801582880457530050
4609169021596452383038262921063032258517321567528091358488354854871241265327424716575220115
7935604338198464883776605527026552678470835601024356860883266117880977031360613779093609113
0872340772096181023901578532920354712719691056747947044146433121314395609675166261128944405
0366388193402864204850380728609879198298048731334990048455219406573465415553780146623057839
2118511432796551242618604478370665694246510969746211106625572671764171963200006067946154444
7383009587849363123252352851899857198091600068141919186168389015118248046434719012840007070
4117380054024841599367102849240755930396348724030137535199115751180444162615222008808978968
3333245220004404297312612251617655694246030207535958932402085289249243527039656513885729118
3164947634488104460321439087648326551672987621999736837094585493934338332588462059401572984
4642978627786282332906904492327659329244991240461338339690152475856010196827612372034305510
8979231752867773878201326684508900870180268203922020804849215743424256804673069717712187345608
5715203567062170083893698275361917197371079407399906036839526012792285497138600225654467398
5627696756447769925630094957092701311919298249555775763750859423691449068347634546043944371
1867956302588382681792897579073867574381973520813126806852841944365315510971335681257482833
4697901789014318277526180883313639973602829599010000051972437701525586481910612361767641148
32369347955064737525034060992789723071950827784970011960331362475551008728852173812918560877
677485619606389351240925078580628668215537123624648969325920348921913067134717109977033736
289595978350953252359827128964919871104481561301082918581273929221101792694864281968328624
92921084643895996928816550769582289873372386157832942848807562193230957406308380891462836411

```
3811692922908323367569040678765357616396175426664593802436019747199540348365085688712885529
2429351867994655684451320866302074899531698788879830989895456546759232060581922617788376612
2253354733863709677295930239911805566228092649500449877527733462521733263893894949146540382
1243218073615845361140460215552597536672022391988105028468107377043772329312159753622750515
7238764529436348387913528988787905821550111104235845183102276113343358047897141497715251 57
7898482989361644918289793177903264672287494186754532691836408798282666191059531425286630926
7070173240595070622738667057928733882718495187976068532280614808818646593287994277974612452
9540952671249690441046131073909192112396940683518446969930471686617424050519222976752985296
6848673483681162576632555457522440318439224623325561652251410423592327320188833636089013605
0472633749620582370618484689529986526746636302195871613693678672483535610994037381399698900
4405153889590391032827945728151139758776274744531842930536613637951698172746052088546469232
0417591114350013503950753484896156924950900207556055754384170290146078181869924923939119438 2
4110025705182138823009803545858781164004553031127717926661474377483736623746020207353840348
2309687677893623056167893806731785663137163538704715874017289052724912520827168930437398229
6588377632265870582768134735329947863858277438165477936098561315677934180002014758042455937
7378303603956313491357634013503484073992757865953439127551602075308652365385274503788859 7
1248667165003987741926537414501116049507100186493015358275730695530268422875848340321047793
0534852209549079257356397702757373204550799101581843679809773130351644989780684770092412465
8901717949986390152345242314464073314623970454745260504301874212994382125706449150735469297
0932063802903775911881873901579103827946849262860649355770579275356999844748784544845580050
6346031019432771827220312508097750299519197688024658963981141533713506843610011310996298251
0923400768862681738142858204141106078957011495068943086279652602887953539761168458073043529
9656271220921968552522884916973449075278234090379343664317568824083192949783543147314493991
4844944463428965717965533285040094675939963594990733864266562187481076324787243040629049 46
7920253848591539802660863028206837106819258636756161674883003149343012810529959988806188629
9723689641652045680607795101009177465730815456919258132731296730255920587165658804203391315
3974415917287194875701426222147192789110660275076128944273224291366994665927065725104193631
0238598717549079869943892438890089393463412138281362194718079811145030002043390157920439312 5
5399519222609088999712563092330271429125014403981870500420259608780870813586866490177244473
6952194467034906502238409693051825939968039421038583216016400769477891924212148954359374400
9993796437285613036289431167437089467447379716761820864159316835618424004845427076218560664
3959788021421643166519009607281746064137684655528891861819603488258520748455566190896931890
5511599162690872569882176388463745955064737773914158066740766500977834149348421618440383883
1093760153938893631063154871345972529048370368834150168607515857990254115319535607077038149
7122744696096894095305260098017492700921933267421388744897485958260981627811239347933827 70
5619740666378971366211011150620641783273090943864210443410015684879462446967599935247049308
4992705731112482397592335989864528277041548277629085160537960815057835098230275874215779597
7900459206088800435487434735298281470367665784539260478341670459417691748946808253772836216
0668568691135194523833890891891110912798514587414076502852590672091111527992591421284354397
5758998522071759009946241446928463268626340215826602498292115869480107657666054916190877864 5
2758667194236834434314341938123350021289777131425000529224971673107771001716851188822998892
0847294675210622424553471607991208322047262682159688664508167350961643933992447751146236967
0308230209426462536749134703407424587665240882619103362519804641137116122739349796447567014
5458128842701067719626329369178482286279120561849828090900732388615464457885782858409709604
7744112659161889517766291662527168721718762516513631708979617646484309698655020383274990369
0139566167724533477735942841050791076893352387935549881878467812308125958197651326354253 6940
2346170289036070816642417750144015178987133940719540680368401437775382302327416865127331446
7179277067541525937370934213197597040931481491994889872286782267469651931566305291459571361
8397495524748019433927949365351149799084354265713102019714434595201177875945803750787462 51
8049950522139898147845950331786257848999775100918367587992192282605503802850781001785441580
7312470071381244813199018918287915172974806315354184027249731986676050304698921400122077849
1865416706288946143739873621697146657403395403546570420713258686633362792832121561488105450
7326446439898380024170684921991297480094580816694356492957834344123652616984823031940986 3
3410216606988284623109833870141892807820737483205430749541642896324813950945589933704491826
1866426541508190058270723588418982809980191510351770638816439664279347043773648026957853681
0367986653193903768776582660850368718103572836664336505771722786667287930908099722192218881
3671309348050105257264157381340641178162104806787143023891668115663107287605369457537784780
6505850299526911703233303716719601123523444074752681289283558682868402632571605697450019444
4951701806618108190644105452466219974605510837665828858129814445152674903802269567811500703
0523761609761607516474358393341040779805577229347759913433136721597866105507342278371167761
8319948593027585726139705865847098686679533960946291886780557171136878610078550074388185710
6412692050966991492894227497425451085029268848939544748228630674993942734032468837449145564
7358030378788605984756918370045423301286627585792709510678969053335973429361420032882467 1488
0458353144138630797626597404893087110768851232307860793424512201715455801841692164076089577
1328756451994313802327207500512875563762033975330060539152081158801054294431785558933982463
5645831046924158286611788490100463414076094998214465414603928375102473505894407349196495 03
```

7027224534572201244636870031384833984230918324024901579518659337859928294701598579591968598
3868598194490544129809748419955368963699635477172061818135855259262329953991693759170924286
3664218558467667720623054441488582625370532082454374482290302780270657510380017108817832818
6514598655832587195546458525341975776978217729236120713336412402816349700143731500885527129
1758919608289738898020217608210487754500133361319171319762085641491481379640663040654035429
0848751446093045428797888157247969800565660799594388364820283160338946679044511365530731423
3276057871082079267604395353546642253678185026829228847438639303958374009738587014265108634
4620470517584760549904572275703150850585586819746842929041706716614133188504384698079735600
1777104811768366410779396794362026848191177314824089976925551288263145278012643813913756963
9489110846479984997677906299545449515731787008040712480283337111702642723015442391360206618
5340630711308281520749753719314684009710622503719592163865824282289408364927262824559605155
2523505912078414670760567587367336189411174276167915553017199436756847928532673226578045593
2978644256669444338925456899171225377298404289632547282555336798903507722310316422225593686
6224029328970790077496213095713496292896492938787597564476663310010012085380491365778048694
7710046538421970875553234295654302279840491862319679062531769931473584528027778205886769223
4779653239355985991799263382568607931297153065953948783277738880713698149746405066251751434
1410646697548078882506210803693030149523602476687170177830459443938213546668120189155589510
9323779106639743217171528610129007333518011331114135668468007910399622453150596207162070402
8551570261433581030078027781650237751720096785624016908815127492674101606302319578673330966
6741953326317915486900877212517307235789809252253022563226654190233991410380309934353845802
0680334442716519277258234253690592492756444995993189337302024156133921728688211168862565852
7099872906015657108807389487583616952170620956326824609039961837889787201822687023785356834
4418100121493461723067675286359901128088910089647379245979568825007398502380775095912981555
5306692489535737276413238566846781778140576387723487604032512946764713594366594134553106314
0695856263463368973106516380743553431260069096745376501440519811834923531887194079939990955
5389289577987504772780327084660936154885596579969702595623280284617474416482632048724128299
8949478102988228377461856185823233466718586883495818421919438832220412925662182136162779449
0041022380140242165823660436391323122954434656949827222067908232880702415137352416231227477
5730325612470426844338532247012797778599783518199543021487594778160761885270382020848349999
7471275528202579694699665538193959379828961377844300795301854003696616611576286812079579716
1535606620273576267247120993482629114587258566100302026165460068481438714608372797925961459
9323921101703973376987349543904745166541954737744116188091670072852497347235348009245947369
1441023228343634384103720771001346205794664067075309824085550357688699700784814367551040154
5336522149188838320213279173749522508591040941264626158726646161917696317331416633744493848
8514859513586790187007958173647585040709656344453006310865134015456864546098577937682284642
3033101732799271214469555313966505481727640197265790621953881325350963250947445989891087859
0169692258198604873251616314872253320868115250387783903092109639731408701463262774873619992
5160369035164018132228638410157789138345482086953949114165419212244103725882353735283296625
4040539599551254188046955347016927965810842216911467794957709031847199522420048905885593799
4644161534909346821095273819069249324012585401621298388823606711299047275382510932212676008
6356788729911106064744385406313070269157932911471683574893086073417620348424225579743251001
0038643688160552466827732801481669787349633209963417237792378803051660548716717928740011911
4472624567124700249762245822402739770702703502377124169131491308448027264009944972595720944
2359302306992730005224907365141977781182720305259060505366479310184870828397624359765410245
4719021296462440721878685429130719911560221343598109261278099244929883532142115168804430524
2231335172036687591092061218171572150132304915038524312760160267807102779059878363028490995
1332333265554242832331269708260482841091164629355307970134715999285642688988970076744233464
8965004511482489448438119050316202395612515508011429345593840225890445235491606770575526411
7751973609044020448336788189156897027789366044998316755033346099743453906679681237983313639
8445862204918269859801850628083650581758563282867239702164703792611575436878345664046590607
8885859361572607337647947362839418949283576050483364494011349865491208210048132550683756281
9702568696995491876219763972045027900446675639511937613156006544864855250749799420850002895
4444995335745046836622766872082483164135994803070601611822309156175259528490028995293428737
6173510267424188159371599489096979222577214401390912722461788838743608051967515303147911414
3357320736585904930427733798447129195444645430440095975183097418233761863378115291280151786
6360090164769745449589573231467955499389337513949564362601454959264673747216021885313265444
6860088537207722134527510310595262530711102355378856916499591169220838887707805173543839856
7867015096378088686475576698252323540442542840088268747777032853826199762542581992934205911
2179778082778705118584523089729856387686511275072763410035994146601222749895749559203609946
0378048483855259599108171236282744204017849802110317627877887503036302263616097666758010603
9555479978745699815797334239972444758845313933453664591755258134755046344267161094890817933
9689592267046440216917680510059071844735263123541644248647774387776517385347897501402520404
6932991135325561481360453296831292899129535615290402759131767734127770463653085221325754866
3079335478829963834069993715154224943808824064733263123350461388215947951691759254509848097
9110892331137789539664074608345730097651170607524143628834660918003849635692685329640055166
5359978579130606404745571908486625041462763357204425087660332076412002768371472025839577577

2548308176352281706577594153270832662553910968973058504562259368984989756227021582652652806
2002518441648981919690955821207898972677176461338008395664877220193204636718817239547049302O
9279866104118469570486847004963864125953067376666038942176189387542375224018745815972284425
2290797737229255101808867399083988549214491386356253886378916159188842405129981936517136925
9169577919988494941497711519431575582630705994857586353474963975685597038626780540072008974
5025270519397969812529688311916459045209756305283373094860238329627213225690073767533911168
2947198127705742624375221375825032008736375320464500057389179346592355770836220414528501390
7946406724667360182753798544781407692125608569448105416619567526475074523902545170531094066
2636682474575734607040652757535777432010239133411381357750332256114390097609946952139817702
8414610884136085659183932993931358081952707069270927607721717790987638546344602405169049994
9774757748287300933978940641473694571985048299051348428670709915093304457966391953558914780
1094434509820173677240979049480592883846575269082140684093675224888424661256052695097801O1
2605772822873599379849977045731761175869419846747429048640123199674462226863633260076411070
2934889723601262149845968416031874245315843520548918590453569419644606333798849315311695475
8361115749766774070315448057897817050457319225881549431143902579345049989550037270423618264
5680415899700136977093646184318296660690731354763645120346808804485464394798810546809849670
1317954942866813882765844650585179771236814267458547557138229072663460316438137501465429I9
4535993436082062827907253188657517973424574661225027443019092242962776936653158716809444242
7862498407494665563526804502768435782113627340694356164251537923224666458237107932145904446
1110922107039760456510101286976059355657979972303939386839617991898691799159386947086324241
6010161030988737854395677314829723489659476714272134128400437621066020055056620233395195755
8645128302417714282371577693287679784522757104237281724684454616224472703666186405467249250
1446712045654783572692144705387980542744365066549190036978523007037200614183725711309111681
0217228672125895948574600435329503311469579656490062446226953912511252868037826375208346201
0919392052994067353165017583782632764100489944648907195082147841020836669964415554899731185
4445953123278819884351936466907561917443638748986263627650302720686092518809723608847938016
2529503922552102831859119520952160308797092230631824304905136125178526678309896484076261871
1211938564523325880156358456623568153659741400635166538527833027993327618187316429284343663
5161566325528077405476696700018814831299264949756061744994556048405651692066062944190747I1
6474057556195518345387406406466344652332035103778447675885666660901728752098224471156450
5567243110919573466626779195035111191248491406455543525772549656639267852219176238547538197
1083198322848394692229495373749317257755425809647949858910268635945357613551466037513914968
4512296745547842471779306074999924871503917371133105984182400457742575917866712195051742896
1196738988890457931260778363161297825694113684507888434449786640449589578177977537633175038
6865692143284565907638770350854592288177459213464479036409671937884800156599085262761750g7
7394016437406423215378834130050260171319759124864587923006850025338135489151319984710933g7
9884365446048272891549710603731744512609717107062154915230935580784562839217995093664990440
9609156994214938711242914663120546913223860633526870464186976497513460031842898257475120z5
8445983103982014060948468707691618383086238789106146824197283200526150385110681990583517695
6323656969441423626101521553817250369391988202927136854440106294367264512033344244808295285O
7786502235886684798729233633452675826546136476448809927763316550213007449452989543396175266
1174901691213005810955424491226738528512234836959839780483975246451012058826742830630999608
9076557344363448014904882983571898164096451011928989539876088229692264354208244568412368752
3258977838524384542275920567609260795846727938663976401333752981741038008397136698750179251
888900509616272530290638512244815629473486671807921675743950233541879714637034135950706887g
6031015016464474223923286729237172565384290147065906886729406948425427159052053409390I43Z1
0813138545825970434858093148550633941870543754820191702268823175109013294136171877005809113
3457961642203012598020431073829668649070375044538684428440879094580713838962095449207599g1
5536655713068440469527129948783097134507882757248448998973497039622465110498770041793712g3
1986655042482645042713229161230932461641353303916768945148358569270216603190656899930352729
6694254093298585047142854083867108892734431087363457002691119243249637729822940094402075202
4662066447383917204425754834014539408035462734099909640690720756229073746841311985865787988
5591425214708035178496735893693353500754467232461312525826870463756343964639059479070392896
1259764866705690718158460299360428566416523782711376077456210903179806571731999343128179f9
1294296204556952012433154460835957656507832446721125850077609968907142990621463722501837031
9985169220050813910205378983915622992500646873567979540662782950224745926656176868862932116
2565605008454294559032917372009820588173537468783182064470226861276497609063433941566490z6
4262194495999762678798874206865377484001240271202527473344361668130227204754587027046409864
3467573641494455604018046902564908532516727167095127900523934217027430328861413233096169647
5560201838621599787236096212275704210996837700071225799429518696300412954188779628724093278
4617980486479076998905777338860558382491142283163748692878538148143146224283984962337855773
5086051101050926129323099492474189267513161881862075325740386848069649046982799912216113866
5663820326019135968402515649247906443983330031807895236961651840561410338434799376178182100
4743519090706548064032056911716643220992154712404616942471043152222051048853663827047208352
2207228179230772437862146298606683003944318403189711959387588071981150483977508624928452053
7660993570351138469597842959544064857515050620849712281233606395414804523183037590392304193

0938024379128960180082794047481742206332791471284209513701056194327176292868579090949321805
5568979066286289154737548673198693738466419585618899770827990016924649425190347377703988630
1492011183528372327919965077715581634061761969840722231867827012354034994384291685565051517
4383773539203225611599297568796557485637139984984188981872386344774773551501353507919108180
8269895360125247825470432140977846932329438014725512584376086099814602199698631548473576292
0809967022312307779999766892614937094813131176126725029020251125017695385831757933248237475
8716019598930968995429457152380277892235685048764182413910232691491655744448451246083051457
8741750738717674417355110130764553789788752222185205861330107591272012841581609901291829118
5666715739299809291799149161000466033329225776086756566635965341818542256059884318442721810
9423181090631060596773327840395059606697721027773614118272064342985384424658772847185178836
3375281932542583005499614614837350414191861619862910670638791195176205055641054814853078236
4372016539996520950423890411674976436029024341956762244685142089456568032327777818280402353
1717271616138474526434256170300403880716888884214757957281324163069397719048693210177484934
3952208897797746064132160659123542873066349856495138429915119375415682688046403440740031916
4875242281289908496049108875248189766295443946375362198306085302662976776229728237088410640
3067983957045507986425562413295697069031260693727227049738584906354811946653533660264315355
4561276200224543650140928707010384502494229968246989489319311063805849968334966842315468958
5739417810047802743102434361706393732266714140476450553206852454527772713379959897191293351
0953352183762378144828212389833183922695403629441944477939338629478208565391602768654742216
0219745416250347948657330874869636214605079665721155856826471256401983236872218016273702740
8546123315314874653193936261343872784984098267899861969122026697545901203347487171527203423
7848532019977394108939918323993534360838319448350407170160500197194079556929169441248268460
2905546024805566374925676902358565496305630549909473833868200225327275101476538201571896891
7643861760384669147127050209010166793143538898179926138949582056843152542717333984584967784
2195542284969377538214198753983628041513853270951507067783176184926867492451878878256523880
7875593398741899239410646608428415951768002918996744604562347684174628436149052409961460913
2990782507767172994873799300497060952190291591878815655029486929994826388639682384956086850
0579992081259169809576250063252274297757223532446463129919160295278283878086374379484878160
0798669184494495203389091181996840014360193709330547221904717861995211092911279170019766720
2021636691842224134953526405415034347849373009481075000992303709153882015508200330120076040
3674004750282381217235331054698371010096575548811661428174197142241114653964940881068713531
6799674897427937226351358103899882545160553672510213641692900321073122343007239955691422524
6430126273566668178228590169033995255886470851754284397934232749253399892584039232079835993
2521574358425230374366613899386320008006457475088070937998462747096657080943692993610700273
4538156848014398180022649796165498392242214953855516649061338869947944876407062566016055171
7891131051578981248406741540438634321808049603577636933696507502496754659653517150085997507
6400045595426370119626833504239694093247325407321746536577121897863354556824170391037818242
6567244157818438494538256203497811749471046589508232140820478205399922170830963792471914357
0526892737882963017204598416396765979399246845120216731557594061085011084015014939584813243
1432648317063835229338983573286296250064539653232340901663455349761453977543545515101800227
2987816661057242312430623503991266927255939838704468224405690217527208905973140317194993937
5760651704430817843584689023226409067025582563156527103991987874499600566965311694201789033
3193079128764045002452926077757355448308514991216046260407966357004292941415210785179395124
8929311310872340368754933321199716941558224225323452699165148427080749649824320910870913027
1922073605282398890333776482440248216436744892838932717872463012952137775840656766503422548
4479527343892962635217069248295722337237260521214867559012437510688636168620684810753252551
9080870082393756679930005256400410568687321345774201100430212747964046267720796028868075453
3284461163963670296167636106120956409159039226759772561277082336910179793240276009477905049
3905949903550976232855245692014923380389555114536945379896424390775315438661079617254935797
1644803446126662353804145557367642625144590571925802222930640330494317739911077459948051848
4341690301247105284001145301170159264176031004466879843400676366135754159381073949023384595
9978566490063310019258076179659274890217308818654512491561008456492191733984184936400789242
5340052885127409782607281844993623344396777834164303286170746555744709588710661228597984383
2898882778608994498259344405706255208466693362073646516132995175544990660709993431256359749
0296567184680351887876443719273432284967575348743806058683983872087107123411960330893060235
2193502379647530151415937286211822952590670185758559048698103361310619537044107720860233000
6694355598229899720038942050712413096330124739898986501613446041636976412991855139856413348
0244010903820420980509818816370765602535422885206425047489586808991794668611719325033248230
2410598055847663804552137893230572350200971557476025937720767760874681482134522531630208788
2398535566840846201887763338893823940059690382347555811966040053660170851554314092863357092
1594481160175329658341333471773027110597090517811589017086602990160512479450702430123230670
2621797011415106820022681399975072583213035561667949126100542012864532298006726890009482097
0758541021988488529545960197473063613284296985538522652381630889665914509124886813125953536
2960576603197504295041188439397247053605789479862831714003968480764211909414275681202732454
2331959311195239505629062261100996439894838164644874586683075485778532874081993757274852197
4137180942967777411722239364135603321190933440755678783811304519984514862989000608483869420
62185

2719280187780424866808029951289703473294463170946003859512545338683557968905846517230067044
8889684061086304061213515520387421392844962022257546658820866986406049865542588590814553099
4843493842733842178645051398542739742909585700856146256183495270022814173253676539794691275
2974701317006385415965446342449683526350594853447447210780561078108296494264788100259793 18
7756392390432917853276342037522975657527434082950845479470152452608993138857831239117512692
2556675728851334043976962540393117493371399449529356801060379694459568597524987726734807907
3267618245233552121621496802344929254288655145733756557659455570923953342814246290317278154
0399834155641983771801898211247608559555189995062073007140345208155033298149750702442677264
3603387375397314843137407092665449229520423199007345946393119965350568073329814865841109199
4439462723284536771128484736224606331360285910596352371938716345986963644390685405322319315
2413546932487576730463381703029447983522602051814944458504961203269092337527162355133526234
3207219430093588150339359897449335269578745727831403967039691001707341493253102206326301692
5237018012024422688492909819555117195612083815501448583657166510269086648717323819014860992
4699131546082001992705047305688761418932981083102352648281081024854502208757221283441343794
8499972792025835434172044259846932740914178214394928017997456598736982874282682674844212137
1546823275112853416523703165307043258283372112371376096959399375495362322222197465961933252
9074042487602513819524269739101756371975343004479617825043115331506758256273534347625253914
2515275704787843767885241871966346241992700802576108392749762263654900186532064549951558029
0839851327262732196728478302538522190479276893895387803686993188466031043633524373271 54699
8988111864436701140284262026150473882358997472814933432570654746370224518872890612550302737
9190264039657741760689897698345664647052047163592144830709958430647172750763371802071459744
5652514188505037163773818902969685284409258193174410055576089850292327101600898257223817394
5436985296547694901873840646564373071319590114076131742822038833136029708526145123490073071
4762453405024542376366685575740120604059886955630114415443141696986074032207886003132 9055
3917869674163555240250767653085632242737847149746037784064609346812991871902892759763070159
8408877817451926901476910300302349794585110001808866062162868011109151161040983273088089954
3375511871831737865587764873588544903668790741691825383133063623382058201548854498278838217
4243758054923815972964061963105821516709190326318730933813850113091332770930342511221097215
5056104913870504262198052602476116075059710379436647715293534917186125066116367383304995648
7877936569791129319587827777406010753337243279000973240725607038880087113730965963445709604
1175089444791191621745516970964847620461741281545361284226015513015895258628069570639 4443
5478023905168613385498619266567622760358234985569192248906901164598660961567955415492157581
2835409202539317080737814650788320352665134570705536856992811242656708448017786461497 0454
9211843122761845224410884715075701908834950224375698850494542410572662460945832095962 7287
2030994776540107398558069966198019534500506514501054924018861089134173060759238439461246569
8616056090945417729073640093913219567683643332996199979654243480265694068369867061758741316
7650506027135882574433707216458819522613397054520523441280923173065051989954502858538352287
3787286982917275807824209826106060901509252110908989964389297862943014111400676287749920781
7237947462091689983896189486307730602749102670388394335247424342123671217702461011602406111
8571687050824404916238943350470250813649155155104327507479410247374781922652059335513 255
3018121964249924882129926017740801037198842125474472160296950027742685077521758669179938013
6258422417398560766991654327570612304528672807076318947058954406188421315713800339848740868
0914461845854230344951448521053991248932455486659305335584578277144237743385339208241 7763
2165967538326650643063880695569156202622259469414290079987698344209146999897956832667090414
1398068633325156525696878789922574327961396437026543144639333799000819857530797881761337436
0948392830223380327972038653646242498055114022469226478931592944918040382983649034888638 9
7564414855608565053717722873714822836864278113657203947496906932399156610036828075141178473
7825622127759959167758140385329868885136552323139384317422585356280701915440077630163476477
8126132438024842186566985527400764105119010954528983825634840704558080905221476972204287382
2020644511165580201581372204663476633517561799050089778088560093208145417644390323524 939
7315472189209202024742704058579135437926009768076362987566147826443389261212134565944568010
4222761652418376401867345339148807900136360352843217478040168314672618806793649304686587364
6311483282698049202227876255454017850917749772829467566929354516660986419484145836444789096038
3045828536989560806656661903603100453047200242226393881572068674690061929873082248490 168163
4892125543375444758038873615865885924859755874278385999295417099172251153402542222969223436
6177781929653313496747757220978430193818445059850750805649483189679220583434147890510257617
4909975820012347244102850794123184376014714213782951102187358993917081686805598813354699137
9453783137711413549197124346581093112783326621759222758936993477049843525192107351757370200
5457345130587313221438462087602775180453489371323766290711205526949053003888228042048082108
5192876107677281454892794403227236284124794319264419243079683137038294820058697420 501323531
9872051992035387731421588221148597431823879098919932539341503787689959695804327251777689866
1258893954420139171306418862951066526896062445208448034034741133148800431386473171 58446815
7548365316705126017466407607280959672132729422453610426679280946977358363834982281147669169
5969557327702827912099792608638170176542101511158110926832874859506462623629925924969437818
2229169234325485361604152514206369252147745980941988926814776443905376111917463026074170414
4922419498001706238668169466079892475169718500094287444466241005863803558630650636095727097

0252115943278393284792647056206906139403648830945520239437276001155644876784475408356160399
8488513772923034323530097939678336983009127779979497170462853141004353493338226748496581775
2353127196015906172828462137140103053343920270345130194910703446174565771792191324143736496
9396904896573282575669132764531083445687159449900509202240475994214851413924545725326078277
1647130569958137234896227241015135814633935985739176240573446271578414318958068767448800803
4901047315958190724146417291159828969702593777675006732038336759992089814111989857577054456
9008806673510534703721329348905545549720535301055732469661053806609950070275475226267638316
5272527915483314536193916719551030251519417178123912448276111453221886677717673417406452378
9930150371042110232238847769373142553479838888837413246016948494522990510710895587932162056
3220851565300740795055929494597435103491904411337915663666177246177234250577135160442663034
3126850879654103973473927452905140551241030298362589336235834267865532047780753909090946014
0438067643829114783029646518215386189201400711494551862692991324737572992206115252478291665
4575695663832511478672525609757827406443804607071542461773873376807193067971913031072597471
7095148873747469503491520242571874386619420798287288310571028157936402714634532798473494139
0242082297386601437354856090802957134692265331182640679652544349899969780862934703855361570
0103796998646180680289328572972529014282901970405011170939604017994007727907300595740645359
2391666388114459764187426920093782970522564055698299485145116253966586742236308393508148778
2114697145156264218397232451972563939261864816182977438532410643492525416862643522704313723
8046625985568603693929750779400699210927268702532645880616669225572963522442048586718120450
9342716663189051926245014908460068805223509444346582740225829051295030497996140166077255644
8746146270978688973256721019292300982454765438008643740010975723660692413723186800774476268
6294526391724897026767456792734869542632962933077993830606951742589565375330331982513746697
4625871617196767115785959129389464190051959423116255426558903604042611724998909306405095319
9964610719970516938281588424916149236396001113845325917165402764954766172956590312791649517
3602942136281872645926776782768960296649722467633742345885325543235731917632165397243501468 5
7623916565043387680021015694435823608634845735010253174638070912058156818796838583945104236
7958767056686080265948295232559420292102688752911543692228947178983633062840897730393136992
1911471481628943832342291014432554651237764299212082763929737715940641397405209230530960407
8416316554355424023706082178182299215828215654017676697661208991448060059529906543762363612
0263059889510077235755651659219714516783674355129084511136295559530875867083778001919961816
5568310045570228278919161302403618351641223162709045429379674128235084330945220216062668 42
6891971808149654830769221468092724377218327397092955067524792981311566988231593310969899391
2254344793577456066112690464296564074054192882264785479797944559229982135300293155312717 61
7221863197089822353116106940684881575528948162082091816672483131289081046237699070132293532 8
4450081408941518931109879657407214618275748055850243538161513918772004445850657984792025456
9441147796639922979052027130234997864403442182496163201891811804326478311151594681114816 47
2645477617634978713086688756952976260303166684121463430262440794686978285987418395031713942
9001355908772255770537385820548895316960180686232587915107058893271685942207156076389078 59
7607765508430373190771766931455239135186223631142711608544580408475000247998758230058708826
5491462207872672680636374537980674164794484814973892387547284593438752792867664432725647 95
5615698313724625104542888500733489513025043675009241929034354360108566920829426185038839729
2138035920978526334813384995927253013258210860871562799411912242653301351854683014758836172
7164882181498350287788557539659788906106832228618619529827640257722566057247446559340325286
5816014386518537361141630755729703799946651141140540794271475377811114255133972834961152 8
7533038864432816081165190097196055850403199345652798222342807299181713054322774875923028 25
2948026550571740861992537062968149812420426377685988195395996847506801203170391350760070 01
9492084836887963851424058353860689680377544207064271651941908844817749095380525810448247391
3499622829643783561309374571147615093589594579265351844582440734844891009395575560229105606
2448456125600438212279003427907039318710752380856389211364039358354010582073711565980725630
3077282358517313619370779490857099847401336685002084129819112235959696822259645458832143393
5711984834778926834588974007603069394540213572747663428486665759667909377976476816301584881
6770646038970658327592363081409299550394583781385143772011353236289264203778348412135950821
4072712089533733168788100003420840576180389037755660267923579426453426358264058240 82446490
4136419947470546611833543879107633145242000537808999550347417398247970896323065778806615087
8820932715957565448426168832058940287967211719805372836240656118907999138028832094343311246
9126814143218206702353906652549656361761513240156795689103548807955825825328000037407243165
0591530590694165524402644222655346570827097143842841856265032262749319629589024754165345761
2824093535406270144007091148209548333649836576628566250273021544259798453829481913014999381
6839032640802982348877414716824878481818005552066910156137025327368239846402589188012033 7
6500920647729115868497705912814253936463325614938138098819347295892191223730295843415750510
2177387600274257006713072132715585027183263165673229741655699387896932382888666604753463987
3633285056162548773854356883005726249740754685155054477920664951596322925802293266172296221
3907725474952264621797546086820993904542065712223201937656293829780886180306195284931320849
6738723326039474869730793856785007594093947867425498820242041547066719824068073770803660751
2546417371045935695061956103385552732209810939122754665443071528565396608248218609920130748
2570769885348946915431971656972247661616176670651988734448966245862862515222538429015608740

8995434217695175410335336340373475038196456961620860504864141458492224453185569392104609170
9499351230970681243367449929819627438739313209704016695375731733639240662067336606643546095
1047803390531981705875771238273780252473499031335004611778877727476072034257314815970711634
5409091842317519827442776377940258294921372461614244122992493589461434008809389144670032034
6521898372289742397437971531983072961242850269656158846639448405567776686058195053148337099
7686851718630667649597890678887068315052510880215627001700423292565257755357147488071703303
8406465942131322256028818375188180027781993016740998644106271998252745569596806164230149058
3712942032835260868134658206866112088199942560871923959865755990688479447989572847189711576
0112663523321187199746658400358021813404365355789510224096323064467036239649691027401415384
0261860400252104070107826599150449718939463765389742339594447809412596446793881059540177061
7103493179060102858481794286927768025160634698186487615862337015251602363718178799903437959
5511508651454025879726423200572504444419433171201374682541907085310721520851269398466280171
1102642445638079158824956674349287553422153336739800701841459689406069363816415346937358041
3486216823628124855196282073725171164471004843392677129047095449821771245997353794989592501
8192667009919231981513968720392407813173328822740618348993689159625882779434181259782237468
2335655696616170703773942455538602130433493640075319533984910869963335613308498200462205237
9421261127386469773435298406141202933574769854283798507314230296086006458390203266832971066
4748592802807062228941198468523711846288178252337801817573627386563385765251145897691425173
8657976813345533125961089216796759921620047777736601739698157005189305563209347680575208239
2470930750564865354014709692586332447535240023579514208088609935236904979271649529733073121
7627022775820584330992778199380439217268111765936517467634858681152391360381723993804361917
3708704178324583687072687927591512421232793069249368067256716409379581154374100844743180798
4798184562295337831592094370585987930674314958421280917714693715998839338365967633328550845
2144871734987298280228722459721110033706788519570863646932674715906123201811286192207037816
6898254061531830765384398395669071980485139529940333118652808812321707773513270097093437728
6450690552483201886405445912131117904412799490178046065119346213835182007919417118694779020
8647877508811872244776343972876005334911972357654068682019368086771886415436808009906851236
0463269609940850990309639694836217157071869815680859943192755078361763106352286244358297577239
7161712443900078527257874424545538826516658015450494415164016924498904268345734562617340057
1401179382531553966917865085328616022779776182844821286729462937149110911635104493201078007
2370744963492569121890493135736176727370757948988198708148032945608027014245740279928915695
0749771877632590121855832116833245638324635426413663047440269533906874618048742695730825289
2854977557044655307253726535449091655058544905009080736081330077728805917621134078127022071
5772179918469199996476476550010097766017279646966552244526699337699312900316835211790528327
8749544751298134025062913810954966857283877952905044288966151554228237601744913735138627397
5389837428783645708577787917772829418378625092628139451414028381810712499370857034960067797
6856336968647672081079401343326899229203210797152854322309368783898249784699775589777584162
1288966611830971893956180555898887347882238586298360614828197063885376638702369971905688791
4200150058932781576679554126561532407775118370166626802333634507878413669795089586402858492
5040484933796171180328045570796932170830887117625919959435644139714952826220987117939506412
2549381874381430808472755308389172693462948996786375493611546243336309926769946870192230881
4839034814606660954452470388376120831651420100763183375893493999620082480099860462830624324
9049275733571918058260532493551274110735860302253057698204994600214598639757850583213910161
5820893810253664042838562215605048187456596545074877137045502581458868787094158414223636958
2539050044102606727943451061502477228062235096633157361251426679434140746652063534546583922
2611463235578393993709702620191622134738856245398302016554714620847629726525746426872338636
2315313553556816636051903571895244646237586619804114480252199013025958934999070183464431270
6805990043256138711210450689055750679076762563050384262622513729065225654942654827321349984
8416053950047182498565601847314490742691964574526581135702651071623877334688337258997786436
7259174115570165529248420631521873791595246448319525159806339460374218673502419803903429172
8820585693526786658158201195876069852539649292348914679443084786574974508366962329607901893
0796244587484372517492298595716781255748423316730358061373238720790093363369257424578919538
6758667611341258247160307089431687496941257167276344440303055435879439672798391605502135148333
3240544829591240121878313403045929441612192750499845016709464849534409152471837782557600293
9794250148934214633867588345896387026112729779481845303444231471312440784982148467358627326
5362862550103973603017946321255354342329834650428782992697952507621176604162749698363594996
0324349579121030004621920146211722288584413301742909151997456174122142548151012748826300946
9748351230072170223802516362654245731668291547444218100277761276072978923682586116206667022
1065842569816638217984120387841026448773556169962919187799243489762335918131207934212685808
5245471431809776763721364584043359927672555158766872926818986466457737181567137271273270691
7446076837023027879242438214038304398712547006213796556007441290647108353130420289291215211
4634522567535668396813627189995449676285459172951332462312686271207307031686740866015957099
9166315864652238874562344964515990749792099459034313921494067984830272254572430514353045490
7855046857565598503141863084834865010575124492875671828991276457246072592552964338464547294
5207641184438179028342584640929845681217561693893596597574042929557152915076829707802023978
9169692521995569167435795107281101358448780347612045865179866632782748015063649022752319205 7

4521535572880248195865656936663054699706295114422061255504568691480327448602817268281027424
8864026160189341813654088170275190363279822038270382089835124557790353616534469844285133454
8386435254810831284998328941817291612083907139068486878921381010367965044352512042221465614
3647220149894200214383442012409701466236343858272692961086252552511892129071483604566795595
1686533053105451019783216574176268285593469187149247242547912327152909308767435328387505631
6259536391996859258022570941304541646785723973762668711162282093471373839530974538562283395
4012484780817487662218271515701356954660145145276861488219451341105980195908637689785102904
7454766574382151811345102502465512821307882573115182513573208273422069550416205631424449 2977
5785418104799619444293639466973981359366911118451577779926435064354447789078668856676365 5567
5101330203920641099446748697238001890185771237393338518911517615291790335703578359795955 444
8978594989542466471543277067082726518943783794806403342214337724047867869406306620720565 027
7370025852374393455794943717575948222394848213090905392311698664096483735068307724944504 687
9290633705387963710117044090375203852640296257030044175089847800778547400690983159410928 873
5871895339473582884735120247775144152864143330152376020257165466393135151695802886647315 383
4042344370579637648669804291749897294330983715121568619296541976790875435900658851911949 101
4260752969463568844561880990145071492835593653328658780734465634881032988679671646781357 384
3886039567548126731638346326081522267743361034256279904458071024372908605563941984409751 35
5348193689894438585629536549986258860485713492088747953260910977030346501294040228602836 133
4222350547868311753104804378870682882815000408270466690072446076608132834861647163816967 8446
0515517616537118876351523592785897555315812735391683028019688722025518660905434784145591 634
6645871317346752404232051378466514548452108274337280013486724506825679412532619761659887 65
2396668873925240799849352814127096654205069769479109091969184310175731322507064339087907 860
8673290030639835516559800074053082689602417037023267069764470297602604698157613952920096 4
3118412199081244329745349697140355250428613898420598735576265543534721231099641807557394 304
9847583589778675340827775255945346907202949290138613691171938131736016464766254974355119 237
2319033756640399554244778394429835182877424641232791662248726116615311955651531837930374 483
0710564919086376924643039253332818232102651629843824798894081615315260981783582054204757 574
2391907906610890617263336352753588367285253235669995686270183081216740528018000255368992 933
6938678811674407772991654278804467841356200936297554569151807671331296375531481657990907 293
1041379628475994177907248909988399465812988705098836726884172624560065468114480637174295 084
5879829312533822895706426355589519574792100474878009906747134908177116597027874004848558 461
8443621880455975536139781877110016001209738065852060227467398432198019506909533162304589 829
1761625860113602182893530594673628712855570420487403580738017522416010536449207270031358 736
2744654707779352664844640806718320237279420143447234741680498214180639211906618542992546 9027839
0239469367565855047152011417500088637443752809863355366630531447827080158599461612399029 56
2865316383085174797943117702616621107506672591136795657312610790687425271321020893420430 686
4426562190889801026878816775863339198793606817796800152073864581118643322230027606609792 372
8491881652219262768209018854780389443560320424330725687346061737023245268043661758961997 444
6116911030486059055319970563600863393574676825493273026102929726522199970137847456683369 278
1960326841205387250396773387410094302331065949859757562894408874945023244710451411575928 385
4319043656099794417786945650590867372794050181035891330078022518367047129478583932589452 033
7371154096525172614324582136510949286496372790675667757029078810824521987372794038199950 249
2852736340743617223491460131337418826157775394499817582444937381706204950516722942428537 471
6677617880644347567422409659208038034162784725694268290229252152384858533734791367159246 94
9973608350100908415999161378048415807766179309191594718856909961023256006367965097758829 543
5738186298518032859284770413724364850134614450501920694469100554517531628065330522640076 7770
8933108986747592363114249219647379838595425577854457923057506806386126902090132506307939 519
2221338609185950651259496621115675247703172613236327036342371720466923617527296437171794 845
1046238560425822273820574669416399792178115941355964646929848306709201425779742380093529 530
7642131187963032500338498464286036340724983128555939809627486824431957818590388875500902 591
3675504375891472026058362137766642009090107059305338719095934833832029991281661449330234 883
2428627809450374459419962277192591212973961871592020847315534698082291794557411069295622 770
7464682922506407698844047590191734774146649892635236134717021650666560590473230836469682 439836
8514816737296969861572310728805030865542054653459983217996813769385218793864713741529934 848
2991880895775706697549607425734899720499944592474776550655881309885779153221253482542661 84
2900833581533004255332405214212483604361281922172957838444800154600298950501182389646309 78
5607091078801026493793765650947187932258338844608895546152946266400196083891130912856890 749
5244109929559185087086298774924629350984305416318920651890102210836873850768604495583670 088
4497199414711807644132023195029004398729819740588179575559249432469415479940500957863469 107
8935958277286600741560112775892715697466918567208804615859568973929234646086518259734807 87
6278032735783122824239714918079499521896489149874891195446601846485979393343279816952173 48
1047300746483125306807551970638079106679558987664530004506852433458445014194380760573215 972
4289332940953577690289281327309503733441374448424049652672649123074576028003390297467260 071
9069651789305684608570486241921921895529501206499382979045221890711544996993791443408977 751
1702614082584014441535739125752687821120477956764332887539697262447318790329525014752686 425
9374561435487996402355502556241286564188871149563905477942768587250411279911978525278635 555

3260549077541637281878794216675674857856141623043363824076503788015601988095772380487988087
7686818853155071552135675458248621074536528904229917221564124329654859604047603401089607930
0019701881603401870668767349301168067625375834101944939599597517992945290138196724876429435
3034940384045489020690811451703580193819590053992538549904281164432095981042972560098939
9781428018158679033616012883408918242656076965727547631996722453307566356551498892403328017
8529096715912155922079660592005166471511308401574719857331559508149313274438609677728968456
2866947981365031356609445293868587621647238419472667526482797803646166461654600938432009638
6651058793835840874963614197063437324407440617596395040543023084204531168926186905477455123
0814292867131454787249367226271401948058072089560729540266035730001659184622869442970735359
2797791351415457236366805613510337359416057986935094453076459253643501249918340746568221061
8024329544721198860420889704487725978522293551441435958666171084057619129648024968957296336
1908106473429291580124923341595072790860874374729777928310221170360078554576950931364786905
9130192897508136820693747662440979790608581957036947956217339092242356878719544888707655401
4175386489494700125053265954906591158579312704816593456876477106138345165728635656730814481
0722413625202977151230115216366436175554153777313531260736738451161060841513583749649991446
7183123847817266127832291011902305693426788974768845309278879053490310507761425542996293871
5484175196399791206714877105669967322253891393223401564458501503835897166317796965033760872
6334162566515216857077375304022479440398754569309976118475950363021128888392344959267003790
4222571028065129805454695532114953758276649718670663197079169226050790892188740761776634726
9293430000285444517296016471890156412069943099861693668518983340105486629594899465690353605
5415702937086950368322581323917400113357891228386438186621427639112016762850917015801323940
7971658678751993359226067740973101517142268902396322001301650111700896408566091596419960202
0603998595167599336164608725161053783060830138547011469178633538023410741772497712969498239
8933474609781466633088906239419319707976848862203944896652185530855371967675096359880517797
4726179303269128318267486205780926525652903428019088270590140546637470013833025889361601715
0154888689359105694404497217202113924564847498885836600119303093340504248190948084678987603
8276692181719086769660182978203559920718977804292361836630667945726051889605383234728759328
2301191515865551801782831335658309861373165259350308058239625590828657292138654721957793122
4335914732375240378690825360216462948132048845739870513672463824650598731146037622534977823
2103010145429875113822448213673526737210704666777974242250838584648872949096005218614774771
5199660246552260696212706208541687823951599782686120792232886495599471294392000997608462614
4452966881819111809448899195588147137993148152932958251607601071166249515565937202893034513
9657761202158250017927165821147493989825216413139833162921591167878631149035037080467291134
6756664573677603167044711872286977749372049841155253422836893646994865992138654781830929333329
6705023331063186454715946198921174696044074793011211416649794227696638793413605543628013565
2188591691916012650170347349219857791215599655450788459028002419792836146886166968729406732
6579448551421029331647678050432030238929162094969940946268112688477619419298887283020453254
8355595645610497507526105244258093862734206358927768284442812958146473473670736225597282943
7263774877687683992863763234539366344505846403222027497341502487576599102151954483914148945282223826814839805199707655926889831544715769511831555106187300676856804057123078324433568627
8130316986843408552081541485255677208828951940358785837202454478168634608411970360599469204
2050223895050999054746225247328128667550756059266570238196798544369738430363475513530101422
3131859665983550172909122663560683962724430840465236286528423238142349908676609158081152998
5673188270001310938215761913296593145799781199823426305941198338941256260215214745561859783
9408169145555130001751310203825563173616215459035129106180015379921299481140928264215227032
0318799595833637241432647124378051975244525862986660913976536312050348551968701426164273739
4425538704104093401178690284831732444669643839274132175880980004949886150245568393213699722
6039513159990952783701454801275952792565706687603394301212911978505936574394130654178468202
1900338105036071495296968271934082495408242161639655390093100714463887620313491340775627556
2058777480798439458119495188200713205259403344213400124368874611015102666890106725161058423
2452648551398239240043572195668307365786346362847139477186705142398707775353711988544676572
9346358469884781033914667847854708731515042908742459239461326108929195037101182549234142072
1043794200626722449362643509595503375838171951054431168732796056753298291613125754356825245
6465008122805226368146115975321199170660364359744808288562267393686560625429382249006
1995607753330652464844307273487208879767292696814797485326374608211517122721743446121372624336324011843291889863711234758307389741059168181886689559537182399583109158955865155107939
1105153715928239197272385189345950241777905515151572649757087242876794409731453020409590769117375009613264837074559534135133134490003875280310133785644191147423502245236200886553420535485959620977763485917378780621225544022592527384830776517999637382300909619759380174752578307961563233626646373083895738467111670927506441574763282421096818667021407763268375526077611108988944964673277534390149108961636184144351402764581222896050603815546531573231035915735922758911349256900935607147976887007319541022834271748757490709187163047623887234096963025340782474650972500272241452603350827917050952440893757333312319820302154163507867782655093217137817123137161142123181244080633098153607437639502654255747238777747951603707602548634894828153033520219413464669637514327152808029100281629344182641082759195249518173693711365151453769757463035500396881557703938983487154988401323876915333088608396152038792659834262724

```
3177492768626963541310684656244843493116508966874844693471034053482295484404249445480290150
0871209116791765860652787248125797753474788031668900351087458568174549707049735995711339834
5543688948216100537152614530056399124244539962580313280228578155567533705517961433593548312 6
0719900258511108667542907999170353700606436838865760343284213467493632847981345995095244594
1366688588636535801656439672455889752138057631590214842158335086871769121384576004437560 81
8745484730537879160685430938408101949720610599381353773087430936080254374618360436914874112
7222098901147672877947895395173377894112656204674800771293805345840765561616367140328136450
6738962178520907892224643916798604380401984876059535757297848080536465417964743416320801881
5226299727917536184190105725391023526100666128579386128428721151144331217481644040056 18360
1867286327932539692823242601400072598995097051264681198513807028811692974703651388278161801
811431468727933233145431510250480273769735906929697188889345453153536951518987596889 2467578
8779434750697095948389187091999856782139078432637031657987840807613470059542315330631356291
9723476311123701263743716988364569939180204023601706548474104482716849915119737619157080068
7543188967229491535191956193124787701048836490034307122021693271644873789074869716889055669
7893495574826859945388159342379901066924553808660356930934748516271997000837266625946091636
9119186683408760398160534571873044883787844599456410661946492827902987144851382966227706977
10186797262748362345052498684334621758253519948935838926400082160425785815010148688691944 1
3913566869688314459862119923349722584933741055324623722317841154042257919783776260572497686
11808885686579798004500743655996168491050849723073534559981156167551316684195733447513 29229
6442913651579966325538347945076610328968486987628172465341810383001694345217588085496074784
9007567303970474979941243512618421371502775616682736902616881508892134935073218269322806605
1823157630541607230367138987483779334050158419807105831531091345171439567188012503059886950
6311654406196180647080736123767536839502282439875286051051135181419197379569469363868127453
165281063503834682835784405514229348007993668210804493606862164600676634483031922495893155
9540458169497241368057496365679330791963671525698071861874731197459621434447874538755676792
3021361485972863033894182374504989176974007142884239766806283172901190857403250338545222354
0337598944008979329603741205460353438418200763258809362869789359558085094975650679953503 3458
3706800572396726813294621407540131282863688230745377375494664487670662370586745285605 26268
4371031208597830707742988942333196659933706724709689525249854458209814394921207939343655680
2569455922608937043796808830592173549902808187239423500831667258629898918865217070485 809184
3945174164560090225973841145776221030576886909260019619975636498357231553711648007804190340
7349958308441455122942817760215210493581318239662767871573714998284140803688197142273883020
87450157398585239725106689569962349628354927273450826891202714752570427050611184594 64718285
3205454272334515940869862411990632707461826679560117012752583508647388492046027857128502347
8467533903131878629664955207064550768958438391867679066785694775621300377608024518082734525
2143205516063315040369941548606130675953365971680023592160894781404681853314710609546833 691
6218480655870713410551936174510371015992161361995097086501377805338975939883669378739548227
8968333613816287002510939802307692164016669599177393122483908264479128099857806405324340913
7186218853230491028901137161083086808748672381158597421815653709296744655184929287500406515
8071920282805299224441627354322382564952517424671577482689612161852563998935694450558 35103
2818566413199762669743911116778094871793696573690376143192238347665546373088851777088449 683
2380581861049089021478787690731157126141234536496390084269944708025514624680875023203 98977
3654607130043284170537344139038932348425031816883026913873884588479420355798916511772879206
8933863168270043214700842467578529416604696403753841191237643274386841834063376908656 334246
9199412844660048651217780432768985518402277518098790110696764581909532313211287890901 497686
9469812633598854195455671757126766788371557631267027615259777699925616437210301084993130 3543
71898992470093957528242987296922410711118009672641573072618623927137157828061141430020 171114
26482584889272072257212203771300998294999206516489224551883661421595958912823752483606 2172
04449590248575680996155862344381651671463163310048739229322622194319536546576778120984 4862
54203960830112776745283134067622943688413542209394960718259832600135575309969096916373 49665
59745037380554178792938203007569843076695439031187270674422084002598679309241436629052 27305
48733203749931817038992564641674449649355962665215348150771057177303188284522175363855 090902
87600520764445585217234669265970493470604553275629606790606632310267244205955949961738 355220
5881466766722615252539099022373470014065613975006335694487509687715208483235189794212 3225929
20100695072008942754098085726809450590641548218430923520598808493156199837134863086316 08177
5309934313568261193911313197553117878918315599227750248461596706646640528488092119285325699
5495732701336628910201852959715102098731818463944280052695190904330022355676019778705309066
4264844723116541768542221191647486235082140555241633628561937291560265630374851963379 8312493
7125125846685544944179398939503613056358538146534974294520242828047303931963919665 8669750096
121194503715184948395534618570760753296976206042126445050572723736239756574400005188506438 2
55472818396964755959802630009732975909676681125019203508629139643085638026878054242269 1206
70846669566779380842887975906633338519183165807333128864107796998027738812163216461819 72297
9938232792250343923207155706556369315292188293554619023650716907691665853411416202786881452
0633343518244458692779598046627970127434881999983671416159300403854909347712321623085 392496
68813677226572366504800742866450667231972813565442043144422054427955692892481651067906 36054
314227622982051060394683907359874274419025274298058005737842467721405075868932757823 8964933
```

029539316754365582636829334227866799690862018808955961688981948336656830850488836176460312166876308659491983675260971893798508642961542780131573884226269097207549301238347693325994685064488503584484386598349300601794354979546847118805815318348388546700900036239016567509098519743826089176297051751626446321046822400453548606399543634998761793295439245093275322116718512553617107202565833354352696800851148963267718413948971015796822371232377998170453134977953440975537822404146878310311873204302877139841266742843083009963756515199425640823532499590528093660801770815480297746804698730184428172248913336690764257349831495301549179718603868488641641366820315278415073016038287609047855070467970510297237624004973679654044375743461492630923299395310213857334039465464313803932847546016682894570398520289897056199050058566331681025424796122497994161923808081718695617683355593082034329171118611940661424593023416858928325402281122375144878383804375333860052459837715219808574847409115965605101261021357390877587448522307072786751026934059525840044387691660888998376929711576754644468668682258216315938415334021845430200445567876616535387790068479648161154614774256766434666786165714321395605805106852492930203486311187697906757373061308658049805399624983088516297448323420918709324865566316859988821807634263361803803309370806856552116308357042659878493962774257427221268652608755377034324279721316247186562185012727210015338143527640446743840817921398524717656064532716663053443606587885200216200832224339754743884656908084822976109598909361512918143246941901775429720168260292606936286775939441303998700485624722707461638170802729324491040716169431127216932459613466992507264935833273692236372077527056795318598698939329745192340658032028977873471602317472274608055716294488616376900498802876817834462006220320710191351233577036490080484555442557682671091481559676365538582594382219513580156377119716793670206222456863485469059877803465897456584478524088192688309227770546049463556158414097453554239477673427530500839360542653385834292408867914093681442328587900922305291527999159050090651924744141709100477084998890303385633941944104864392190202256628773984626697129628687375722161881712782123563334904715499470758868040594632498061324505338954523862725524564400813036863468726841379219379578507749890278243158382732350331096708993301570664195240164048025986195829466611465708789699312666194868191195168899785713826088972016502211515000045916759183141379528429240162630759069281025915047690687227211554583699847244222110127830084214948985427598928757962681408284246202734481156377615885856666062870759798453898588539735915067846667744073558896211764902638877304631228815008241486403525126070075059042685515458730819944836142517500969198812147177694290558463647557815938880662395420189374908403227510206348923283093410282378940889895317257072781466983925467615050901133856273474822826535359010089528178689238513054833708012163757061868763785954802148810067207114027051724468180760760129942225757837851526237298044375489744603759100293991487767534772424112309983814691187957254447449604200948758632104967562261710980657037545797784528755067068133301194037028368463183005066807530624706475224361857438269778398335421299357934225135203492355031032263242244961884867197753558031652147106199584104062211908359669078979633808121363989284373107431582309352969442335189333013437082432643853278990826149765002466223360134797174646420807983695465133294537755766227252446205078516996720198999934010133350720758077104038265583648170001882520487388626947279776868198412449713014436744461773603784505886773104155213802955114829413819681116530162355989101477594807594117715701165086921854114710049853076615445032636243434205052785612868371178869862422845371227804753731921404895699108618357580954983844456601308474652765120152251640460086388254089210102461583536189885561567954555943415393774502910066121558706401665298168145491504870910453636023336962679007420452451078747671110858160388335049073019845459657543115162722501328826413273272004586475040035975388411508587123667673305367165176672359234741082205566207389714589678164244286013184480990099669619418551265914031244826821505050968211722386212311526523007131658654273609247852137350152630873645042097086869752775065195387346837523167170317938647078333812547030567421606759571812448172415490067795539503394974344065511014026688323398138407299525779426860509803857100388472248482378587024923392172716067232378375966828065587790533662110909733434199797844334852653243507225336039871946098706430167889540908433831832738009554905680850927913218961619966362620009622696371104592305859857933213945718121849704692397468471194090316286482672781602334664124586755313537220698657075888456159203927637676159553914381141064107128036641827384857021316647667552407500949113768318919687594594576779755050543591395884768627920441607389943866059704875576032076189399290784732570121893863512434504025611153110615981604106293472125903381033962210769101359206418442727572563624499218841929692845048865571680814766789660936464271937555630095802657166740606967045070055976452397530935669267213475656322310521709797267882011756733844202585858563099582772237670124261950140214124151701706257482391993757315398056518447478149788507156871414235362443327302122681085470827797568225700932570140588369636640436028018657355839449184790336263501554324008794445528858414945115640942709224065884058157027469906282629123540380245799754932701823914476262867197280067415106461578426087089210088433757773968560088108136928575650801843593099633922487482273469794807840647767757743508106481311385412026681801462169606348638693518228333021346613369327916859503079924691147833251308207669101517857971695866018579272996719400552366904988057652288340540382957232294956666106181631097892263994073011570024576283747735763081837981616381190797360315872121983138196203449769816206423985075228327733732583324372882160597886109873551913778558814037298650838175116326674547594083452969670926281699808448890104436

3992941713355049172185304441361275537274043801966167062333829738024049062982586095139350274
9589875052807206731837864730248913057905481562736693420315336593480354522123759323198928884
3748037324107862086056224621755669140664965603256270152469394700985147116009940891283519475
6827483296722721766829934944453406790736552541717488658390103931928741333687055929138002772
7314775486977554119840138896045288554164615529596730625328830411855501188829841586911577081
8537363775060713350543268713538259132850979585614230274360395764960678598010893795565430875
9455387321323500760300773010791789640837991887086196320867905115889137412620483854115784882
2039592359433270452459141147350780545500403358190338470648101424868919725638116863193321649
629814849539646083874849543969458515257951809116266545236733517450163608333529739655892210
2115691197831672918442579257575500403074904666422709066432242851324544080760503099725830217
9025792182169082377943883480865654516580322492664139624733960511524759583935636607443829936
6773118971243814345071442634906683367462679651448757604216490046578045668108976237352466304
4865139464823196604072671263927405371480600202881411947914174210964506313055942410056398778
0307683154549550715730058201479251595904602466115178393678560161253240627524204371192506137
9648508919819095877705809924908685600103886023943155706409262229658546194059909869664765074
0890903710204107377322833000194344131318989829114607687934794756379260766087148325864793093
1942606503765031220789605973721194264580743339322946456217152992869877572374421745243510593
7015224486976130482977756125599017514547595430957297867274007217741044287624195270575130818
8966669903902513418046187913963917519996106880395794578140869943557929398861400711417249894
0512023152862732692324098027034403935721351903458402887798823381422660898331849667478892669
8874274514772695849546580773589496632043196842272939050402342069936593465517594644019356968
8875736513565527378275584560031781257854725797390168904462967021262486121787662647754837065
3350285918705939390177804647175942432362408204797958379349852045596799025401594094945477441
7608395777936867376905855647918279488713678562976470361971927727368758174220619342121583922
1471693970525072478316583686909212066060297781442914515406119508656526514128818711064918796
9794316047996512884740365408399967083236314679272132449362698570407047130584348263293188454
4051058661940375587325052573156652753929021523622074153014465759307227508883267063705821488
4319615653104189017912554845787463405381875056140442314611978451309705654536912680525579444
8042588295007696823218986262381111072368744992142469150404040031332186682305915435954967189
0135590314696913736224077614431031226486037647919392677174935407534162571025588711228300980
4553940333704873282358839765090952167265647472580205480906398927909594975654229061846067947
6258129147809703755742924808981654174485509672708892033514269360692215766563468441714251418
8413007346342117709133884972815682697556483084091332633671724772500819038332573981873743660
3642934168154160852874645872556535076211507308850688034569682329153540606927242413612634839
6243025222734822076674328244625195343816866329833335123189264153753902689802092306902469188
0866165342597137031996465636551784185225207740037755013360935861416370449092199891298081723
5962029538477316594515932545751276218265882696502308327487795212641617601548390384586984583
1937117209368199083288932591601683152378984175095542145657354244770307986890738854236551194
0355299976861512183036911858118061965525762964582474395494638849523052293904319208347004085
9590624775869267390038385675195963571883814774081913671101305785355589760197241318687351
7693888960920970811996086393237611436761070356756751954509856677260928307830333384947896302
6102904982778516734965663017924045814188890168611037149218707553685442128423002943618462997
8447099023892090870282586775997932900240687404128958781800155126238506698352076101525810292
2220691850589879780761031752744058602314927111485381252502212065908659017802587801042247426
4403050814934008893553699421554124279402428833016355600845480611425197360007946836767439289
1368037545225852503564337492304061188134789864950179120395213927258935188503227479728304555
3778306485639221525481817233208066725276659643162054180594480709373376273851191779318699473
0245908116531708464778489793524433572038061469870093270065387351237811893555880738276143138
7104773213306585242921769520098652215583227076240478647201853835783437022350425081424571
2843756571479689310363418089373299722019185677528387336013394417726381562202849015960447422
8410691468157779660193578485360756676916433461402954821501762780794026532754016988343543419
5316982597257270323767232710438850214575511607810784903672734137568505475128333182816818068
7923483942357902830465325709099698933929319568594221510427531613778589133026238395722492462
5652092380982163100220099385178387862912847546474997380846098849157178387404461981374483906
8734059128423831399226835506173095377600733441551971134477801136367129309493990900198370576
0561472107745833441235752258798197320154370849321917688204045074494910930517869705671177011
1419656169548746956995545794664902459880581820522678280554400630551716201091706454966577280
9123128273037117934488819275752509942568057204571560030883512548354531821670031202098881755
66560248156433398561210335218031222038724546176492771976075616398999255588448247125397544418
9957528755338160752382890749579434084784098190504995472232491767808998973555428169119886029
1505048190046634137155573699308168787927857366696462826628267844983767811270499161680058086
9983507642972740292518890639492218318736923256039915870451177448334267912516853853293533408
5574069546616393992231256623732891308244660515960756818641377290495515788532889906154123434
7813616994804639083110947354161918944252795610239155036306202464858209675195205668630960889
8274241602664868431018535792010934148995913294012970080979209338728524506836770635227193756
1210705529957700568521654739563093401459950709068494399995261099503701149114858356584035694

3924401813758729506682050712955420991850876507111812723830525509427097018083673324604796439
1637119624816712878168808667228632754357219976027958550212499604293420723785566103352134288
3540324720884075362274770767226570322161459853084807014327113323279558962703353311330191389
3098742633572074810144260604122194998739520982043140940011739601500116374649373933374250093
5967983549598081681749426411617589002974453790246451001157325681153660550492182290718208490
6673068373474135408768646880362810534636606363963705080400603225944423680684070109041479140
0743724325375420452945492320548854094472777330867728957284483519930624062333601489465701029
5372769319239800791374246128988062094042510718216870035418271782469358852896936838712339508
1807112652032316069421394350441642211804586597284701987470587704917452361406216647182684227
6504309872213025329208062441013565190192429768319418422479532304887222761999981305934343540
9634087341494009836113799290104049021651980016965345105093201186528895001349855481579764869
1997535540019962392183037155704956611140749069890614688031627456504309292968564920493914266
3256004909546724624506038670277906597782558864298724579515518278895492937913618643354949560
7479606299394332898956071018500741297402790275983298534453665473738254430506492187558490547
2536631374537077658929988754531817075803390144697612612080121923684960131914537587384208870
3277363104544410317520421681702024922468543393848183239720117336727143759140357324974219076
6628395187262094877364228903555507099568064481385391213949440769981765712217675877697741374
7693008038530924147025926730972434251473897943330822070919844429634936827345559992756543084
9214500589594985838897219490804800211031010774694575030279867204560296682902433004901958656
5615233850660108608524705125925107236890391442604480419106885691711560554676557754131337846
7343572819135579215212524416342672879351457987262360684768794244924543295937593225680382412
4230804044151703230354680593025545980840181419388391309913137803951658668856405344250459768
6306846470385293042281253712888124063837191968251315506404586582122027033445251500245556971
8520449427126617557097790765220163140992434562496582346327419996696591909630315077216229597
3794133044906912354662899976787063964427543970530720101567866765146256209664985206977071028
3319925355222101790715425549106689098901571435225232088249354832640582544332289933881814332
4607762021192763536055401812466401180644907486567924930457530305406358998581036430506691
7883604463376007252105930721019229224189532232891589093412822875051098014631623957367143457
6541180542227401565044111311050586337680869378330384195969453861337328924716025322293697313
2249379972928005992675567247957909534963414170020386634196145344182859054952805340999776308
7934339975978910568604133901260650786125608232043804545448631332510663723910133243023185466
5265092939118054325741690275954071908417628867735299986425460585144807032455850880023749219
8538899825763569046940203693882744668184013998417739780380225429149259195749277317837957450
10729161896999328831375419807672649180013064389905496374484069145828464261242049961678749190
02870799697918853412624810879505520743526441794719404034447965109102724481791903205559775870
7738427273813105814360328119623482496877066808719029887234172895279364187064069484639801089
5643153523342290031479810166843136947919614720609730858013615070551665133391443324485869469
0120492477325571823058188574716991463603187793301384759759861120961707162675773157297613346
8570481409796915486001251242062098788553533764784651123129289985200406105400658342503451634
6856303094050978983625277393412354469101293626170198997139567103939774531009630544901054483
6570216719918722034635756363824411167109378889385493935561250090479363717154224080610343811
8860330575561248673326845606941752793440949702599774350146701995027107914478321097845715562
1883274107109765306341681297934593467427567072441346943145162167047337673582685317196054287
1712858870830159316048841492190324363058050330721966018280900940432717917990576993235443881
0503240674918606915784062898734473767092342257822449454348280812656771732125804023869289361
1255653082045065306634056149010369686585620638108841621125072437468721892420926302653347648
5100648824018753110775238799051914751301701155512593650950277663865604759932677726955347806
3270493039489348979598091177892565374432654393742278506271653261700491301276476585887813008
4808407118441426902906254200678976496169966203724074999018383924962308016797133423606997570
8749062665937334634933117472389156734441286767762850073286742893474298435416914069489814464
1854134452472851022266007961380960752701040772596892661516744436606657917119518927091206931
1570060784613104860095902797295146546772338319753003929982023067750861479378310340923251667
9305885809444971782012406075320584269045332099732793580656207789144551244404825526930353
3035133590148144451647017174096780541342209529918090602912607156833927661689267445611553209
2800093355234193476248116875078333750521448641230046935912745516840949343564359202084008669
7288745264476416812224319790057403767520411314593569082948636502886651386671870984019126520
87193821461049629177160561124132622984729181973501923264693476067359179204734601950214685
02042227254990605003905271739830882393469613295460582355961688596144385517732556825720040866
4066715726142874215865629536466765030539943726433777117552486333465468661747102947425707471
1145240840693574593305810664791058725770870394121595834972080143473202166732002959217783114
6547941566323580901593449839343603113947019602368064364710155265483303322903249484887401748
7162555417843234598358313173685674119482164882832198303929378208900666864165635632999002589
1242536746598742578424453135056811633366503798136161033428769139977909395653758746991782
0529512660654358748024953105462079082869238253173487093488509220298997492167707593046651158
1133830478324658453779995964224511055205282259855135799543314078046873828830918171688650474
6473420060161594458175927648783175100615405715334080277700173393486915972544835849957031166

```
9089050234790041826961127743891011136824983651124352217329412770603813026341816523575148350
0779868261068935781083578681115816638025428639454882447431521714465318821226560337168643885
5279490837229672715058599839020073704352045196213006682618638971124575397983167483580286609
0243753365970379553017428601709822852543466282260502978228192296797495070684694701411147182
7123771794543954247545582317637072002093952480305502486152919425838074644561247566303293621
1194064385351261733638757851990930337789563507099848726475632881577185877829735370548456 21
8406166516380521163355395615713655488304023083904849905346402275363505322131262857984748 87
1208797423919712980651571562251453737622964969995785161894725860193048018878841407706427789
821115503893404172990784288779139603190909475642774628234645049618558957186727089305050 9917
508259060162035560854100261506599582940941882231717166856103431094090151955603594197629 5271
5191446546570114627356476034166407335530107840661217068804877676582960344592623864758557477
3412285590994551261972615033569804674294654465241074799894679978464892745481446292704610242
7724945172854272025170751372587973508902883565123730751402162131170264048251331975042822098
9513845528136268841773267008825254317243579889892752698716039884633307640274102072542860753
9146320563341900517801695481641794931734887812244472518611941008835313755549094918167286 42
4417218802638816562753985733360041105999433600445109382525788027664814425790955484257632 56
6676861865912705148398044159755020202230844231648171457820102308761368940062171591863696 64
7566801150589395069179486179388110691357391119291194764571638424398506767609270156013876 2547
3877555130821614917863311075676996326398363601998430563988679303503631101462125926182324 32
9202305048739735551038806183960338390222445021877806341801390292508001654765599060390880 69
1771852440750963515195819308548534943637526931428347260128632155695589347590375217333956 986
0535581813340404683458712039407449236354697080135396702968920564153270576178507436941042 162
0028138597409944580394843717122378085916106254729128941850143373320113941923776992728498 792
1679570485720848262117895374509959016057319145103301592195047798861639973513634301812707 663
6196256421829613557147414196825197784512923995180948027615779051505299624564676859410800 319
6552477778443101848753683776930481208594934751495753635190836645103834811783830402008724 954
3294359801839909611614425208081024615483437721590074746546970789568255917810215356444060 139
6893159844515933212019827378778074605279848063188533935925532640568047587139273617127439 049
4442064001760465960097267419950111801944219947030763868080201891521069608033731147927545 0469
1807086633068304717712769938884349752036150838640309236770796659624074665303205885579543 535
8985947775420846585446621317417321363819376111745267198453771073659565949816596887595352 72
5655305225867778743619699554527008888504312759094143302364295198309281704636367105770040 823
5562634578787478523448239984694378073980038821035519714677936743948439795042261555530639 372
9577597612139082829477616090698661599524434740720825487274741637905412032043763264976757 883
9449115948526175508148236432014490068449037552549504528711277590244026828966023991381226 66
8728716943914242335690716721974852985490650286693853139002780062228105465949194965767734 087
1738526222588531958476574101365001688354835623699235440122359693600605122970484808670655 9828
3362546162498884058080568387476805924167214899254667697070427975947074439924019217135876 892
9455771482444048437002827609384443667265579592053332863638211834362027746460871764560182 3692
0499752142614111949509141365939939598884968732539054561689863096296277455693159627111291 389
0687533714285816832655822915316734128890277343355493447886835534106128230021846623652602 520
3082990557359962941212840361584876982844767216650605084309332357791634125986725241074116 285
5560887417648349820714209069639040582853918262162289982686959759493805904885753681523517 451
4964661426965879562019976643810050615041800687076584704534771470059633072335779079437670 642
1196119205824254444186413088962966896033391500132432796099227783533958918466257599319452 669
0242146365986846158650593407148400860403033852638224643815811836335966437381856212104058 2
0132816569854031673556381630196805645873480396751605716449040168382782016031003260680326 683
9604685589812913403117536801291255768900097036049925914526513977572983468530585536936351 82
4757233378044007504755143509075612721952284629606722106216074612377151537118688504003714 786
2817884264613905805364750289469072392890947226362566212572056919773693290313934135875697 822
8791242833507250272859563234780250407896120197892164132387436929916913977434727149780099 649
6729789539148727048958122750145890946238905869642949272303541293353238761892115645887644 29
7136389781641322138439455803462655791314402914125011688519989228707998820333227458850878 7396
2019584284916999880962566639784614021609505972997287096124330457625312926815643291803738 394
8191514649529198853619766896498777534700409833337972715949051939180303124409381216360642 72
0597499374300579616220470674611740857341097442874902407222407192008491185818151812427633 85
2311408809193386990524737551769679153348369860778847341792375900020696454778980465442096 165
5824545657572601098292794621201603586459098001214611081297486526766493775485550163800936 391
4403874704406807417307111491203955956476378636872521258664199651815527268261024910471618 97
2792199637288140577295437189483001292061255825008809586482345031158427250447144179924088 58
3160443635426313119988381503447432739773265725829183742486253221336201914847369762675550 7
6004784747507130263315279144264848310542617927325595978995021636498056801672170239863642 2
1513849136789469665189599636981895289292091091581455804158302963877917869354121830040998 688
8887076506067584523488371448929958031397226925002634423933729377836121998946004608051929 1
8157365071406052132436657117486518651095866553176699331817383034483252372392809606769052 368
5146458272384358920906669573835462780112429104142056474580713944479048166588098158783472 99
```

```
3362048767977349797951642582972286108934350157998396311335671442077751224522159445888123539
3183178984277679077619574751252027257634592410599926915418595094605377094715366442336816034
5377494478203803147994524854190241582254730780105109221383043888730097415958976243928516827
2417354024953352564978836174476519814621487379737335020138996317498404803141747331125357681
0877282054402753015794992122482281883158599032176421808576117958983050763104579394151675401
3599164596088966112035636072409926071387687035353083602313716182758794943707880262354513499
9471005751616584083140181416096414848555695573048403239322052485420840917721499157966705053
9409497091309426035844241073566596751505941297650572681495317756547067231503130463608454835
8457214462467208837762651946049230729108575517180870401192629859967437399667039842997856292
4491583679456050193823228919978420229143846192877103398117953279196400870648499992736416 10
1929828283644198702283182353696013372952696400314320550427157165630034780171924642065185460
7568110387948042645886919236548593033626064402769482209740683542342439780194853171920260633
6030218984998773957051431924279415742837146691717756536221538380395561258833625325561989888
1383941315190594078361441569787973390220266643667605661260341772385273381717007465432876226
7357799173442064014595759856058119852043609907487862010633095050398949713531747581834943611
8333585257563921246465585146177331430099874708293493663050146531674574921491274225822088849
4609209423211433462825171607831824274822368063119758762681072277963874119144812076079613539
8449987832458778085584707914035804032279332157013895936581773539678475775385919860590770257
1498519979291886207175540665044143674061959756902461075245136349660724935824938152862368659
2641392363275844595423516530266033702306645558408623065624456971108791978300610297648846110
5742426529547417648662520787040049090179046710359849647006034864761711029493672651497009872
7032847990599934789281851306023690074930957379371813869516821395468129591464986234149183262
0755026387682489509567486763202646934551755102928182498391196467909182393524187155525228632
6831894208769977596787361174983485889930089824631185447842241011310191145821330652805811241 2
3005358964903636926524369193640694048651607563283684985719246133771989589253336526525704820 2
6720647698022098371415108748082727121455265654004946322613711755652255785578543862048439727
4512811246989303953851327557208738586136332845154980999121622176081942298329537528843084974
8152659895095960317076754986645374137630467832607288385165158982819059836624424098412397675
4338199564138877339025561910404340709254058733122719515004390733257007402291089271063985702
6423394507230166256217803265052508088792039039830239053040930830181301726145707308395001 84
2861952901257381244218064366115969970222769336793770489676516002294892551841716903012990721
2012965013335062700714227663549741111999219819664698709566640066532421003947145178129100001
7803245406453689450147394974900566906224257146068056925494622647946704886636289350462532097
8470128681090305962783791319601090907816037257598889091566804943193195890596973623783181042
9437253396100728725746329776748022624482511578553027500586014154190875372211315288767244349
5488939371268118235765079757375591862260954758793900685505379226352071301751998848581413739
1208239095529104948088632077345265344956069737731565388547835754306823098580903306345184634
3524211935900991772519327329122989298239984803314307134208898676864918317664827645516485097
8318312757196668594096546739916866673803114287725605476721566676445897568217849958036979388
0035091827535854837351023803509660322552556599141555444173691944962156924331126508124794987
7523397160098964043204516324156612432501455034316605675360644354019814710729774780115502323
0507765864292355729797955055139760232195070145877926441473921211871557593117881085673494674
3677579086970048686007610485539674009396682669252994853769134670998340658310623221364207499
7103677644880906366581828908867836544765605239961168746643503885454965793933667829994221239 0
5754675789611320021463888751427704284851614103790853626728543299282619009124004269300184230
8974194723371882770765364599634437675073059724448909468437335025536860177083172039515236001 78
7907322728885243637033300444409278129059345368663141470104659341883476898282629988236301306
0137669269882177988517212454145733784882303824671916659511051746324312790315608741488607081
5548311021325401335686854055883431018870889387613937325023408807965938201480483031644811231
7620154024345025897217767005259876857529110799488761703346812320199323113219287434184661259
9870181746561179146118689268370252016529911989888749488292420616964965430894423463417530646
2620663204127052479046522225947485262988218016651037739152095692571767605139151290790833063
0891313846707678071360829899189944905399843274940243889710601762751648654324350417468217404
7720535790729788190300647621795656051593785317469975436785042996228068593836058350652163718
1437581203594638980135385789008753863779994425275139716428576455853881509599865425996111121
2635252183537375408938382994074767194795565653338103356092091651358796043175645214900 21087
3745219407016607907421171463892092871847601609024923191104226715102906017895674642383409519
8359114240864264571107074853007624980220673638377984459884147751507162293291920310260500551 5
0907697894319437834821122313171976968730832874683832939868019319163570266382003482464988882
8009953080219176380419759462730434237050498168626631463313819924499513504093368521326486221
6626143045638015541670299756701810799145983714301340032034976529521643857783420248049746048
1356556278767001411676453276570915946987857471095170775617589719547014691405289876238634466
6075216918405152903706434167143445810148812459041088366769369630161221404303079623341 87927
8070741455430961219509880330732327122514307467437929490847000111815787217604725628436874440
2999903490723523364779561482607275430475073383579416952085411858141421163366331884361393046
0864044381203050087374740743035198125879556512101543796185401817683516395531429788921097933
```

5064421892206382792601708085966151340923101445509598050049709333418260346282226613652457862
4368933828748180808311663214088601896279333796917967023892600395108849232222624879146995246
9448221322207162281876337541174407176440825635977749100498441131586645655216934794699385345
8952764802986158402264099994210004334206449394164465158608227497279056804659105802319981404
1816664689710703815899178259905244379416476766531363703816495568807841719706669088818711189
2963554097089449350838086720874087385891678280578464638730133563290056081755657051868983518
2885385581894187618464318855418835322055865514919608401350510913042964386737267017692094625
6840482169559422438162836317605490729939838290187707137864821959627958273728438493021076517
0111412097127189513677811336345225119432564060929092039892030311428693110299616289715741651
5312265097656638725415021881894576960633826540252017462748433137865936683535892728894413722
2712232373031899762712187563590305524059334406804067165885499108922339510318522804003163077
7931393887881242637399457661735057804548647097133656122691054526803233517094657822351326347
1197754156648001216476189153839445438270741357110988027382524358192945270638724302898388786
2373972699481019099564763398726779743818824078646963720613457502040438651404814540884637229
4808918749533368453833291856926116001360905269807485077880809719922079054938464491299811604
4510512482015768134230369758459793135250764991726718978359204624413558353968020439011298808
2084879270599398452081514555277160455545091663910861465981010943648552995834158940501132217
5918918227407885854505737075417198079357657134764225664007855202712359649841814780918524754
0517829859835871945090092645620322145679360032009803658914036592480297059704238934014178494
0898340588942082813754108453271947659401578491808798841278671288346973044453463300113407842
4469746761005216325231469661471972352275188911366108472825044733387698808997882496174571 4
3265389593198919380945373562006977956600732920737598787739533401224262824638117604665529549
3277601516544433987977965759642130364849538029733629734054095365660271566620956242040189725
4100269030887306885967583236348486080031367493378804698810817924348705558586126044335111341
5506834721028038863079884248647959934426910709807053082895065139289872456094740899115049915
9326607612639813504186421268398792438281063901902442716735076462402457681752412977343770472
1153408616804178294996765068580625127475299506559532498818661118722169921472095660654755219
7614550491099906975684236752153392973559712252575150876656596645027191717820529388510936944
7210327912997299789495953721796541482204684847107971331529242256581065964907688575121283151
5757008915688390775159233949705557155439612034287580617518867039830867833408101348168394370
3392193419742431633468771675540102879059518554697024410748369099885315922357683605018587567
8557363745857714841063401334897590877749058334553977057953521359016826647738272508556557813
5488763598832002785770631642240468395161657169656331177116454122497180862165253084508 02635
6189132604359629200964032383454637212951594753702934135578205609103465031482793614106566034
5442082853716002311366813190919641028730492085004174370833744628104646209427796 93785580934
2757875978418333403996601935420267148826128194886255395043815153360888198352817494735 42529
6130520588989474529789819276536230214649271640863202923565929941917524547761440843060223793
1856760648303943416218753627041474976139638429863915287083114593851766848536922452479133970
1856796618981007020472212331804541923079943922150899183397221294664854266918247805798 78826
5388133877917479992986271645433930424690919128474141007611054200897125853667283631486089 8634
3464569341024174867567648864999320167607691395117456163032734498044609078090640304676 34944
4315588698973721502306022408768962808996777200829540097286219693697999085628637818920687 343
1243425191257166586084885331322342618432605583673517357559462474494240918913520207424891718
4402231826670207364676861018624736484927580147358881296157116453077730991879061029 88862871
4930204679227525167103708071639439123743167928668219344462247657260407054599859682878959481
8122960996644984189543550512697462222284055821601781563884893241562942941023547244744060652982
7595650852308039881041767531095394508295606866700980596809723878307108887309916708399098666
7030216146571722478408522623333842572081681007339653460321498432069726639309186514925480137
0103838705478495805692390809071470146803194411882916774100108676071463670346097016587747938
6198655725149160321261997199738034901648422675449125967393123979900748310553850686618304829
0644335568139253044901755675497722458655370131148854521455752765003400128947427422375583403
2167742658602941502854059595734178734907098015908582653022046587069213686344418238335 8 8550
4406907890487694695230168242268953030195038490454709477237858413080942448126386762545261790
7185667849491594475752589043298597155625391687066405003386911470525752877463230763947736622
0502124317111976697554070733112675955811430766435083776613839374188211987281402430195925772
3399249774565359917373704823455256901746838618160590685025236871722925582045471781431991858
0749491682119101061410175466753076202891546321342918722601569145323392446783536092923925956
3179924773642655885414299302894571429764367323222629230024015550305643202837051864402703207
0094133089307407897145934113546630626365872857188977005569179639209408954049496757766916683
1282615198053868579516388745693396126973669872220449857426520785733934500552182495973648387
2781039461205445156379761203029165947657469934154327101407747577289265442299660080219 14307
5163201214712233628868911003141982697620811610237200462099132116432607069198868028640 97226
6780902380740359354214499157461979685571481367714201028436827004103443187994214361381 19770
5387057025157767500874535392877472019654504906215944723770565106196759999085694877759391491
1594201505099136774196405319122353927497551027522621259329031592920206322743156316398835598
9476949127802825984508358367998620353352020685460559216786552835764981566953231585885723872

```
9888822191559448037870908916485672990721373860536043712143961691038569517616028475707074122
0885574454803861554929996011109008952930561509283466502880398315529188908659028176649338550
3602113010042614046121856202729086358517057052077500603308295180906193350336573369268872311
4598640046622373484736298028779881021471019245854937487774531159628979254055017807474919647
7840674655279039319556581389669254392861168127028607801649247175794769004071383841871022921
7335189894076408097143188308922163936596875379870142040037849130127501003618935528646480420
3801407266877894994702425251395683293667201267277468876032288469428730134997355463449841082
9039902461431124852884825552468148762739994271498908989640658846538277748820154989400559486
0851084658197861933024860833800725503537057526726162627120895748385707810716790396321406114
7985758927316520665138741418399014152408069427164153124841465750736716210143728566150672804
8482094590121411539705704846221539045505320545140864908348169336750662852070850447616870476
4247062925198421823405671193175977385071213843566161200541291487091099968133185503456755250
2739480560945533332426165004974273699236895955712032345816444506183980944636812010841892621
3314665672159947081981768665914883268231854601655417288345341670449309166374846568976763423
1201898326438391034187584136241967457994649202221979834593056563692756849359777671093103041
4113073125395642486385014555007579436042665449474702259689851026633743830181532607046361041
2035069829100774024752336575842434925980678196106766125498936694745793203834801189180462399
3440204860547400539729198870648908353273846254259781523770165393409066396161418136993626227
2422063733819843067752648038741771906134560708695128829421341889432614115598374198430965061
8079924824859955747397586597917835001625124791176820566112456878975467228944116120724622218
2150361118719603867594046340815340520931954899452801363923920455207050232815917711079086381
5994326625268337083516221862790696351346100018927287897223967334211224885525379496233480501
7456457141696886360100538717492882149746928962534740324906591107947746995501662902714298465
0883917957439011915442316633387279050548931573371400843033387711793984550288105152253878558
5885276786724654682252601394142126380025151105253620202850883368116711793145351827458269070
9362143382873636714785502540618315074263817135131076739357650065187225796621355848452519981
4004650496644293694462643253534227048108735843865153165747836934943817561843938910192099339
2079359173023513361343336174093788943324363676621020575206404986003394762611773065979007173
3843508611904667283091919140548761824903540960361117587384282953107129788741300678157290070
7187202852534737368305268388208851900652888992067114141756148218048590301612699363022004245
7303654506308344452127181404811064626550218334918087281343170005938945464777807178007554115
9447956636875231302809685638497664674164239794038097802400682239304397514877618551014680749
2444313049368424027979663806970107218594446946675695263158838285262613400278056513954164726
7978472018739287343174319563427146861286870318680268051307783311333649705142434586194339937
6038313489195361652219857173400602626816423331526275325615269986064467428210001630787133567
5641760570610365397244034349964075523914459700042488278070090182478520476973060681827286895
0111230402025965464639168826534406245138943800868582630992637073830478363038980860109948994
1257512561401534463844237087490956244130195998756389104652096675458776600865903952152693072
4947593463765524999573981368704682383578222135022751562771743922399554134549014307806588887
1451328133707614850257685232363829331474280596688096462099842247620743942690027942917237589
7478927985624247296590853215947205332369490434027966266307402731316432230471242896578160810
9046022568044881972470679934948937439150755051735578827367466301133651280628067638738944350
1073404778542844945810324021530268892670928927343216222886653080791725525366482531922248604
6719040118849796691897238390489921449906378342247258297448757138716393766038353195822125838
9950053175670095529364850788840429000362324607985108094470411877669656985270022423654214840
0823074249659128990965088536308725432732151415989181628756781130705162568510558151267135930
4483217802678350896047258005426171033289518836389103244737167483205917873365096282974559694
3462409255652816656642813369025930758740440023467313737677792486726102625840368808169386094
1830435421605123289943113775339106511731742579190387744275557746660304066200990406304260514
9202987043184601327389509099815270306433694469041004457120223545117101132875640395937024233
1710298393490082072739036495979673246070117441657434325499611780691764675964746879791515572
7815162473060583345263648512898167784698088189911321003939555111869683602326765781946083927
7758877356094075598291775428086114543301395004552465512429100491137288596606867189535571199
0373330064908975683351650049482437502013368515728499636967464259149536037394115496098234431
4351093202218097093597803295497595988950811045013606216420030405425352518200915587623321750
4421758880859419299401661600036343910153400940398613816141852965918958274686221760040075402
2405234914487411541445060350425636232969603659720823649255942147652077137457479512200232533
0757727354406667254606385566002002468570446003727540392329608743253281392448927596263699974
6081980307612158694436812543464760058234517098658868757896434602270548007083790041330514172
1926594157615687911501913402974858051714860817315609739898187117889639975438593851481271228
5659202786935286076096100145004686282143308100288003423799080316038850406082976294182308278
3808603522724981023677059060464634773095240249025118717986424339190253045895732039085850787
1952255017770376521626642185281981740507340026663725152809340520811671011269698677937225985
6933495194326932012590242307651827771352718844725327780205511448358644478230115471184418352
2932511493257269886174912603284020727778843300201824351288952626434850401801176692189400301
3846230392559573128981537243816953077315894785564602548901233598445260305842110783664177704
```

9843804227277561814636149708220529789404684196421051959529763442794493800876237527458736540
4368660323925681203968153978062031844117517340635496464494688643129005659923971039802605527l
9134441217649315767012502328215868291339917094347218601990614994727041937223244811365777364
7843334202259996627985529882348358134519821814256759243498863133157643554985220161874700944
8486245729014155591894888707730437495867207924838385743401098250062896166079971094418369988
7478443956767929238886241602443690271546527600224939349036905471674482965770830739242100152
8327233796093569239903388244656012980079191764301420219423739939643744425088139872031104 73
3044683994406298819697937197577353254193649997033298030950573019449051768134116524453593299
0515291198614709570353745265578742451856888960135130446546702707588099460903301835695366013
2791718794449541015603436922864802222470447675869609032209684225636134056343683682971743949
1345030501545627121130706912819682638673322131840444414977037384509444617548305453689936068 2
0580388987724741195238929242163746784562498542798503144932995331585543002766715402629626516
6958091460788101747143069917441998658473290401655356658576263080502414955884775334898523646
7223893416365653247943645100590252258632136464125849984679616184355234035232472111052122663
6091573602713021329448208976614103780709193655802622181784957122075851190422878000874592867
736276332300969043780313708952520766671757271829986143936555118371669223725419466798082166 6
6811103956604393375037280755451484806816604367467894326404537115665863750531512081271327549
2053068222000525692985014308858791838338588827226166775683455460042038732166503756308540835
9999738344203187925351510988383853900329096587405487398852972968379972293660129231230716 02
0550973393093605034590395514435053077998616792471614432707476245085130197897386992709933257
8952464554750676306826464527152552254333880535483627391626239252966766458754889467344577273
3560138382737290053938966565922305985710484827743980497205838211155382009892096613694689317
7199111474717037337482698105962706129131399606088218772148525578898249605715119740995507139
9286692015456583834310142603080858684932719229841589509264357183140924710470518451287586 99
8841092873590287431203934376279851641103244122629263110011096914955445030945335769214098033
1567654806421257727767562525366210180506368182957928716083982340214720353625982063645520 08
5231280580032671686683448151104637370484997348399072102721190358008843242221164334445080022
5977952817971722699732374386451794698445764806394894918334385251804287869326327529024478904
759379404285984527499222779721000238911215489383823913828729899317311 94761 73906115044782792
876911023764755025225717321948181473706301308841788981959816299954108339024441069270673 7595
9569971195359309384961 10286574076506367694490893018558649870372897272343345722492789153 2609
2232477022877262964249176980803027823621723937988540050362571554887536100890114568649828243
767815051248282055049206761472527146521896630049688575999767752259397406030511028985803 9626
2188197128217051926322308951746815864772494006634762523998541731960261610369241957159776019
7169490239932872743974630843656593649688010685286397515522475999764941859502680405006 40969
8435113073797110441197918005746465493078021521252981008731406046947356590646892418148391263
6000073624710556481982589380887457645362774299376813587654191797357229612700089296847136964
9368367896352518230389131039926337585965257961649644990890955243550865890255302785990775532
5901273060023553112413722883395464048657778331615768298615178650924134742372088700880543
9522592788530239430921659564909840770609594261296282479677881113353262502987479754098788355
6678790042919545157674414867840448236392233095660072754793914016971072318582441279892 33882
0023779406397575365725162501335163672644359159774750611925713016230090937345100474527618016
3807096773700943768059667142294135896008247553832459748039320607960449050176920705851236726
1984589568309379680625434025095746216595188797550577965491955049492867123325133775567387160 5
7356380028942990248851218801240568679236189247556048248749553282638731464641642059885385147
7433433172591297317119740004264987222438106142110327499241363713375474324062966725181565791
3864370256202430396479048900504429852624465756623621882085409494236850573272737622836 55293
8642131946178526062604990626547968847458530441305937394727793077535078193557627344106921558
9407275736285969449663889092158512706101710614979762053857085281209575276329498576677719 47
59352154242167877868173437055674234024365096351799715330205714311464013586402890245151 73
2610767169202225200633762431074161787476243110180290133180972231123824004466527025579134333
8648233847824083641509142630321466554736617596256169665943312066598512767046145043556055676
323192723803451402535421280961853640658606595686500900542984050046093548530620626770 4765845
6432303555796213970401284145075511329589154551669286582783894033915299223882332902538885 726
0584924330742050480774965818966106091810585454197932480203796556828039992614596920546380587
7136490314877440480911274281654824191745721110244974231615616924754790847307516632660981952
3795676463876788253431508822081795667477147068016351059647568318898324971204609208556997133
7574144650469347830224327100384214768793221424857135656462834010324241282632765420816089448
0701691549541907889905838997387070670154166653384419583507169714519341920374457438205104077
7729732736083932416374562858922413376538636749550495430566377084345083651770046466463815328
6744482262904960184686050368834407760844823970025677621323572137726913923930959252379422056
6769837043926078903482673734754528332857659917761025695553501926205517993980215710312414 31
14530230698589870103035894212885231515064441420652849534936220244215603285094454 45462874140
7401845085733373435077630594261225019252553251299186342147658214038307979527387376105273026
3924182242641542150906460098831844152564307260014686146011619491302403669382475017141894225
9202080670774549157595384542378138860870217866424786028682455382570607007852827332226510563

```
6996599573777441103790910715683586584656220858621071395493545391225673280629527519007549409
0489639438880642545570726221159363124394916459725649101842575408220047228888466345128030448
3190178400740116764773956154364713952355819997693590108417752197336203083262576165968411936
6145853311420753211952927669717042067051859842499762834604123163908122790890056023914727625
4723044656137389193482911984549306094462945096159115367552528626105912712122041446841774978
1863050111297400394111935081890835733329055114407430444467585330390819867745858706466753105 8
7332044486643819547370848098401901457110801511114446629507460652330517345945257725758930786
3700719576792849542202391372656825993183849635737174554050387578054083223542866825098340 74
2461917212410659284052811166200923282960301721363849285104773585298392087098926316984358857
4220637445799561054144370524882233580267567460992544022776840093593181777507857673345320731
1853083797369573820246047450096045240556006415683554046864181064155915986925744890303471460
8636868420714152951953996888639944162985012621982654789950631292147960564718499931339244495
2972883378335522530665608113911155759997907138289241837357409051932411808327532105758344340
7862876642948811335953007811514259578279640928378127631676468852532298028567924732045320938
5421015807147401809479461160486277678673477575114375923330492549945720627684233643944693270
1733610844401875653569316078803127015677432921109546037466986463058964329961957990839163885
1073583655397358685803947562940402286352096347217039450470385257108531336244754542001052596
7121783578746333594165923235625703933128018819799348769808508853873790156788859249599338041
0450709566819780689097910475312701446911990817138057938235367271579787439956478915490640 76
9381923678366723218190582136399034973143981196742170486606919650658688315134830418768134 67
9042643955738590065483758071528181289510741440960450170439654853590538278043481358307724451
6003786097373743147217940264953077294295524732164285586419313390462255573142876790225334 47
8786885637977093220704754382447137072108172807262161922034516766385698542146002937106613178
4467434949460342745909707794025711988737531399123813260009563206368236285830789874153227446
2127591793546312149215856310068890958077806059372828374066045173381475694066896879074464372
8903240457174689316227991526076700874957946365529810800605632053593234614913221150818691711
5500655666554774549787559290604722761924901312866777580134210840162883087292122615775509522 1
0150804466374403297822650479584839492908809137834911052701891586665978153952243363020381943
0779722100749295291901417577525169929771479350013718996448891152064736296676121821839308489
9260246004189915466997385219675672930964342169889806341929533111660152026890675526392510810
1725929474115970572467020836237914457657307631055046947966134150629498747616641845707823 855
5743704747405720187095339272312325000336576544182150162660235171847267215331210750964015851
0189813774914265452998666920870889036949102304930463034175089835146799025697287651150445102
6758356083496277333454143953879619686112286271837770262649999543789756618638452242447394924
9215054851012216707555240510210387330028459361318458442786733823142617697356364270842120283
1884367381928347131950871731221910120316721141109395899922884674801741656760993787819687707
6344759701878701153635070426806203432221962481896791090562799268720631573443595078978529230
6967195110433305566783849538409612527795838910548796848486208679717493008452144359425346200
1124108426656676868978082776278401346989294192958020330574004749139789710591226422104073255
7891314047746709521633731095467107147882434746973225362089718434140168951520932937289579617
9900974531322807631818289943189695689530472370399538905839657483550150819470100336494607 54
1568093909482754499811810031151431124371620602850821167716052901503038399817787498619635004
8908052208969068279491550381572239746651144204071213280056065362446019685738573258138094507
9434740660360543591168108547455413901005210856826964174364592697573011123142761569164064 38
2930414419125809700150147626045084302994739777044340602555848315518370986210437182444909324 4
9990941239696807273557499097475439290255798479709348219032808509102331850565958856934103 69
7521787966167710423049423523510863007281287132147932780402066461426230078561408403259834892
5571208511898538223851362097287919518774650641861010501100015239214019881155010333190671539
1496612736381353490620189880118602648881416943529275130201207444850693949715656963700528 10
4436457965400855804416248425718544837208664333866575252285810948289217257839158191476913646
0326844762022558337884307066268201365625670604291660967399373963337255981754023690188353530
0799015939672492877457231001781338885062942677684523610642620854720708060553673762684766 8
4621043656625525457715582096848955125604270948386990045370602363886713679104249114919963014
7564672600279406939362920852680415939165569428310137017215002461341255538803212017480246619
9405716025981142053849733099095858647713112190057785168213546567692543695868395539592269791
1981510567862427873863559696351596525780100887775161394859476530289336591762402297065783698
5360711004953475675722840793387469639698205275488541386380912804655679578673802477962455807
4935723887491817201030089198899323795339275624929514306391754175652362056553753374784035475
1434991801696242127730575175317271408992841799710543997664693048399857656970388916180268 89
4828664983964738224030523683857879176549873616284716015227511055535642270930341290634121405
0374706538761104405763127767768795582839693606879749299247305575701450712864877603721671366
6399647951681218150895635932214508085348626452441380423193763653355274835333215583412888866
4778013962249460243584302230591757415527544778471665151580601596831434699386022411670339610
3314344414215237812127052900415296832835814274572054807634173997685403211427870270994658214
5669614204935860051783203074959984999453677596390154433298372959877021587984045304241723688
5395654311324912800166886143213359018145988153451156496930872268799815440163790362584744940
```

```
2767622314058383024632327835558970491228763755160993522863875948264709234548966040439552829
6934963273296194539263412540443583064912727969941442577153786602121596283848008077648600684
4211951284281111860656338162758796685046790939303024381941471345044461099623814170804588938
5979634382447612009431475013914511029035345846423398665337750340328875117844562170190700826
8753712348942548452679529059672899114162168717207252789541303662531312161687184002908491401
0882474192903310039585332809030568981619595841464035008818383544776616176408343356576282916
0365278550533429201734442399991298215606563923309683123260611349847459047534817572479352289
9893500943495075396373482891154711017298440790711638488229884179218542831749857560164435622
2646122594640283086477663873594598842450470990867877167500913930038211751981118425649944996
1925019393804725337399459333773125252463064043429925100636277264404252212933536398388871255
8650282148393519537829121923251329550479427077479817573069098139817583642674915675638034024
1635030089974588466445595105263773038875334873440217725854816570326003356204904177355790973
4759843947599584542976546367412107535150701385121261710170943881638681800325344560780113893
1545723258763168759141418393365682229624660091462055145978337911564647926663543627823302548
5821978207099747310916035110647009748740007315222876647396291277862184468355500202043071914
2007284627901831863978702570277226878239103697244548641105888916691110592202944493294362703
5413309880526880087934617095630484602882766011907089407300282006643598669430991288386695237
9298666281788984272697048886044737676094202615377177917909677512787197471044080915599067919
0772341720808059904286004545456751422771384737823411005311824430632388715284408626875660500
6972347847736219620237658441103372159043811894698293130692861159856453139893139948999833404
4009242283791251755521746218912876051394689884726771874665047852706643625748319169084915371
2588054145403632674786953964910372400574613022029319950310198775060288023797500255215749964
4642453349885915909369543958084528045004936639830563782254105626241683217301132374663650818
3215513904980193919996251482034852336035202979892243773111150091658570103260035364444751774
4698915893573470565875149762563268039695816969490397599461063976343230542272130876246685734
6704606223493784199198380130993928023652274191986054264249711792282050370537587427136667271
4855309460807796290809353835465468349840363555216845703430350063410235028534877663530471250
6884408723266759056557933478459113321260789019286980993596367757831289572697042883799355130
3926951240589199844906046319277629905646039476875652776188987807508202115485364253791970754
7290711263442813605992811917357099215255551980276056037180905189020718577350555232713913962
5015942725393023718644501766178359500536742452835334629660040084680727285331808352724863433
1602064968738739216160955927770747209186383619128575571939484457227933909841306594059996512
6384799973332898272447135236300117319458797298546955749664148606783193641212157264534076580
7066896025318540147824874797280631201916673807223776392087232475421013217402193170524688311
9566130365670703052191237861779392569076272238477050523927062222837494238143061034403779823
8210887741439631390151070820312754566079546433713534599280628719694697255592487623405608599
7602542338053560291986990956076137368277070442866704641224740569967492098598383612829365067
7449802452216780957009937928110107393230867893546477556514877507479466500875692695049132556
1264280600598839499515516257640827798160572755744396120181474978004513217821297863743751099
7476733763131344406693221698979064814152245960579603637492938539058045809826035568195289395
2216695741564220430366437229914696760438644194213013675900169324226934913049246702707782481
8455231134611034534892733150600012302853833423036382471550255513687456321669366560444146424
5556981823192741194508279688704694176702966019507450249851652980618680546381347525143843327
8991996092710858122008935766222569799359869922149925464717682101276519959597824700501422174
7545861942960392394509288284181468774841913614189873828126483553432410169649346552629534556
6346170833510950168069402286750567763445714741321777516730620778218770692244447520828000983
3425570451879491919168841767717868863033212689549197645739407537009883714004870254296032963
8779287543770695604373399901002948526381500326289972855113010369858193267448850522284219180
5455408227747527607465389890506437479816983471777490761037600628289061945763967812992880200
2759672944986154770652047321954189029670858378060569502688599152022861683177931813811133700
8466482823164294019403501667489299392408705756479425131999586127833097352653843359384167524
7530968424697781918624377111559925282827313295136978782140742545163126864523275780821743900
1542146889435909773181565802205796404419421225370147991892788537903377743287340955117413783
5201919791527965001393868848556937474821612927167295727856384738632469385840529246749040224
1343895188323801079314601834291621633196573700159794273900450006384165131451765590859700264
7003221302219852249741391577952987929096349728985117601811374469220942531031313834496135599
3181788354416471450387855471665976982467247974403116606061989122504156909044764662457128363
8206166742756470277596897462784181051476701358042590385753062036572937840164916694827135928
5692735430676917886700049220273231626404070255027956209349621622733861948681106084493589360
1787085883133844172887638909315374072400072802532562764284026486565019686979744304259225849
5804741792279253400552524744950234083926561723909309423006093663032348020210867886808965918
1684792736833014327146956844570493654212785236419762748941760376029752016153593894487622020
3573913546834272594628295090576514319420959551607261274135359833191841235784196421342887256
6873897084383114104658560037688220324630865651541079929646904657770652379505345960246149402
0615605448430643787299452582262636091970063423456958121081018804298451368286739852132534519
8519868065279201617538965618411852242529689346349832387862657383224882146718221239216145211
```

```
6332527567001704289399052465482587785124125185612578868945553166549754643047535031903559023
2143812858179275339840124608238907170546058359605867719902183465283057186827751076250665370
9452988830211962730293185889270847570148568998529665057338471038620599638943209413359577964
4769922141537865511246485379439254073621927524684823824997312571864576555150869582415134 97
9815701743782733663799343065090604980929838630333539425021822566381273209743546622445887 64
3499407355388635877067206336811113229422983654052688215612702459628857235482642183145461433
1912545833118125597914736484012914686221986737581897719518823278520809332782805285034388138
0195284554650513932469026911560267684358544393507628566726126650839453589830932080370010789
3243658291550801322381298871464809135644029247125244100245252544508023246157822063586871671
1055693285438016246834619674923755227751310510012677605764387991571994859706517602138914640
6317350223384643458394835435027981902728797303202850846884019875949870378146179668646287546
6703998963042483342254904924467013293924725832362315311997123989446217658842719338254666216
1038214006990230277426443857141757458794397897959481580497290597777262187482791915421390156
7104042498796038383987308071550425303932011381726233669143418847662675503258634492672941635
5440616416058126006897850489024654095367384485080441994812315226437783589328010770528723579
8131917642254407902629775223299431624405682282404897958586204209590301675307700984125504143
9517370577205755550817551260179018120073513341772372476220812000860440795123951426598964340
3762425060829599966615608890385710684640291412717376571513488794464268910769410895310119099 9
2999563093090503522277723326291470140178644514635311873837849555438825008569273087839474528 7
4920176886447311783104110199160063149881892999061015277816870842162138183955707918405119806
7597769599875313775772688789108864591654468983133474235479298051910921514683071632385535103
8727187544676708295297490534595376525931925165945147933685063816797347866368832707895439596
6772983270966800627905395999829457773168238326073880180654102514617216288678835870661909367
7297966422255933690824586710321214530157640656384883204620465511573100331062717763663272 53
5510511401137294797424234179965953734894214214002365844081133883197617525505890092454531377
5605884224762865238760627246990302126704707809451241471629495570270401899866663201798423005
5070084407533279625699917718765426525703312549513970864944719145272944883050946018415295562
5147404095257980099014633837977690212939408531024885615673506063386349236844895075282334010
0752025828306207113719059426781552141092186057054209610307132937255536822579473558746256777
6516453310929822876028379225930251318516581337706052092108657561743012334289084699223497351
5116314217452542671397892480500251722320908212457411077611635359168604652376411852083104556
0051390958949870907087231114254702312167332038108548092017873914879344888372685456892148 7
7830390016547741762281260580728355415331369007931396300063769702007625350507261233441510111
4280709368194022369899913082474246540127019401132229999320483328746713553834945796358368992
8862329043972258449381710772590580394971625950663691604282881282543836971596653055474254354
5597343320165017471694261408641380380466595322388060995968930493981398914417781080440177680
4126311870703803284078136515237865950551008740358384973781723210016623052721994787990743 60
5742314099283345866153030265910880284894388262719286059268854625261181150655431439186047386
3832014952014199240165101739767409226043254842945659258517768997716520267498641989074933 64
2588243030808022991408842303703349200032109476425374937082515388359612855402857151199968412 13
0951329760106062238446785330430360528332459477151752110913218469296890135992039906751746663
7717540893162632691592231667585283815133095733518294423401948575999288757158961137352500 73
3529944686451772778107293555066200111662786406845834742122015354618427456277813956310035038
0090185222039972627590546827269914375360065865512634531653422399403325698761990327001829322
9045380216469805315530988295337618967309534457130377128599254581802272613746556905822595786
9209898046116740093917323575445141181559427904164840501217527511162224841376487939528948 7
6891106208346787576323688199506508172349368185004920139536963115045084063183316979565001151
6330083782711074977286046415193311497771862005817211835717658891646355701848487330656741216
7110459918528506122196801107322548295187740766997960230384720025332760059467869526790514 3
1952573547714111157306283794871723879901011073719703379511138790244228576611951347093824055 1
6867298698709458855280989655509050058394797768163621359958964546693677411679523655933019625
4317145982816376377348304158535288710628200928673451317867057905586242287769770380335867189
6644007604521050778010902637401436327800464286289324312169848956969268126996557009611629781 0
4880833226401158444986578869198915511649877595008201165471079495476162725359744314069895 01
4347915521487018052440688805318244504861510557508245833483060153051527141034013461587176 20
4932776822117936382237726367695089960600576457607434908380867249533034011936473642216403 1
8773501742628383091816033713053081947005481456663342292943479129613611797429979597898222 0
1838204339375151390081879567578049881967116995779814800468611110202998559769628419388687 61
2327451524627733080446573369546365493840400819777609706639132376542253918686820356685426 6719
3268490288591996788147248350231950588774756415910641899124069125309416312561954109543 53088
1464234340833160970495044930981167353983129373553934118732008867086710676292802662313 13666 0
9838364307561568243371003247612866087421391893567521305950626336204982646550082066501 8774 63
3318404810965372693993549925084609322236389181879005874923861078321577979026003556222 66439
172544446062893294594542958310015673005507543724742621184651637120770245996827747589 02127 07
7460823281087774656437622050892211762862594923337322306799176150246435991536381620 6074085 84
3974251331593898638383102724114385075320805389733801159125087956234072913945303862 7070681 780
```

```
1468194772402893961722164417584863020451648879583761092985067605371677640104122787817955001
8233197260574617611883779468454732039891838117019778662208080181016483471431403292545031424
9522008211143330744664013624225319259875091575121739132432965349401209539286534708463158821
0495516801442870649484831563843727263048169479579203556684457786382972288953534411852061006
9545041770445474492597086698863609934470069933886472344992791272223165852836232925364825930
4210735524995285484423127322046747107806424366995842385286374322732442018283439734000322418
5901923803059005872229289610551499388306141350064936910473902129154397749453605108064872080
1311904902231107072307706242833919528937220911487783908790449596315222989682708220530489656
0163959455860755352202215957383495960928649204136611204987681652094163269125894048452822290
3607027727550910423476071510260847037204995330735661652016080315883563879622431208900709419
2173450477878774094071468706792259425905227518180949282295331821489040420843933377285890253
6650842632772581439486019593764875492447115208596616658830859553361607170585204247977505790
5952120494899134627373393517973537490955401805020862425294715561008799154147069653545729992
2407093258038425538974677635148089518769883646358942549428422073120364510050271607803983361
3170002276335732205805047209990128777689353375985741664585200763921687804857367539294950331
8409822939797065831425553928295919229698068777227966397293907779082178517324761087355641890
6708494182323029269132494491340375769778800008521206899488519501187042430819704776776564770
5166600738206498848571710483227234571192591806527116704896922909858075153627517095505284290
3922436500482488074481318574364656698445218053666467548379873567916422013296190351708641479
7337157754106151617424044495799580315561115791030873134720990353018949994658219299219647710
5688228298614101420194639054232858444381712408363322656243251238385947763567301206764410850
4753981446342859310494968693638264004641625964695149031961110485447759191706584392706760240
0311452127176470833320091756887387594777063240998092068463053477433241945220021763000466221
8202380827780419779493389391889852244085506866690987261509993432755942195136148946032754854
0028247463818557430386722484814571204128940220014152688477096246122211499922887643919191089
9400076450042673636033595644644270818978527417707745133958409576044621143276559892571212464
0704976060688947521778888467536577313088848317041308470830281177925946670120877184128659419
9018778750963200281102375514363561230486554615329882829990461745174858147760123133434173133
8771090557709367065736550203175790043067229303144502419919774280967622124251992863274025837
0400752972817435480410639345063732675068434688183887483323541121663418804241233030340349096751
7794165377908412586879828861032352788573321553381519883058804585315346904313089809636940664
1813704154859314966671159813089944082545715355230065250822849617287239674650825190045324558
2357486877200667479497121636028208523543027838653611711245321486487942413213317008523154337
2774607680663766996188951228804910891117659551573649847388606952471668475237514464152133654
8924672761225853936148416514385818691738416754348278131766314291169378556461817166096634029
1272053653025444763830653355045114641522470865121213129009990019681516959215243039102294969
6439063552199065139432163036534539747151573501445915609700314795373825072228643267911802228
5454450510066886838264972907481325884808710208874950514269642937392581367718416906545215610871
6157378020535279580044684913613691746825371728035367843503618901245777583386467700483718755
1541811503714129454911427269687720886195290311000652148060479389430426121125047463622256753
9347681922221920063516876682582150682798801607357061108055578616867049474864042027000614400
9779441876147854976458239562498054449551257091064027083239081446009251177876520638039371351
7117644763292216214126564837394710745132290507372055423326208635230121119230099328216475364
3692379063250335682531355433034789629153304492311538091995755532944987052801903351167407527
6366559814722061218043857300307297879217356850001256233180674259887240109968969813852397306
1919559283336948611903239492535944158365958161638391218541195151992655070437222451106336712661
8962567275866773882387907913364509386511722013962859444786544296218326678451700202174381924
0093649036627235744372874485633108728789584584823525082015627422079239220339204508281946226
1529184460706197582285213387796963236786401331304109955645374774064577576849035137916732531
2182650044015006462416364046311782779660535756676037161374442026691617218914299163923048497311
8254289422199854547868948256704547712083060696640151754701139843828993193363522888572981154
8286913596032428511636219222076679819006388404842715260865907155370497185933522605711810415
0457934735396327639988723256063689608441031544136421487826119285418384995743044427686838514491
4918918742400661902831447985922644596334799531028630278018311500893000765762808870776888551
6671136106186168996249963879937029113619500621550959100266394298058423177896496506627565297
8344151497338825523633644652036220132162803213500493619597507026917278323701383715764323028
8810132963328739382457387462450968950822383308441761924084760510272468601914474303915108037
7748192387105291127959055174988229390755127440803641693282921255378008849192870285467542546
6697357397053653624540072223989562013067604811339156349727760567144964090640451148094824868
5117962164044280689719576297535622361816888500272856943365288001318441212141123898385195278
5119481467901665284068838218695868306612959039774599056148703612289809841138200615859142471
2862298600471890645301008203279408858038576089051226987600864246064826948504861862965172211
8487518355652881466312752376870674667526917244167297354569567331667718492843943138599577385
0485061097313805782920944994463239430606875958119003860261904921098398719699336474633114061
6294511147152055694804027987358243091859738263977134041141601662377526935772236147756347905
5527521664824146099814862813287663118752410741743298743627538504577774254205757662739315698
```

```
4043856772914383783590182351736877088048034374286323665907452288539522835778681347219537660
5008468619896263300503309360409978222914815147525771837952813848915680491921812383604122713
5829611649724710802612545920595248651142278339115649754666274486718521875618162947119647138
0668777153608541786941838614660748536539552580901696623778000065583681884719769824445873229
8445308869902993378877952657197280899159793941934367522718663437829079368244403206246396018
6699049723190315024362504081305535338306531610923789527333914369792593690728697404262340424
7587033791700221492583435241015718645398347845451758922412361367352913626017121554410849303
3216442300759697110588546958695717126320379851371929401448711950153715879163321253830793896
9441274689227398610118372085142869319715028646909873284817207387381520159116379451230101019
6666203644541295629190355481051912534387131600152412478550452245480417085800974416436084037
5963801883860748953526629650353281648096816794488017615939923935630643145711148351667475654
27759421672537822961337952004829042288165999567050760734870429085908499684909529491046326 85
1763652246317013487998937688779842092948512962785230159883015336126834299177661463925494770
5193020500310556054936776339163283953895578869977697143135446101324961890191705701201820667
0211657766541460513685343451173302834710975267518355759247185151889091689894865760416453 32
12417028081148467590773013272547946094155097286789671879618012204433502968796219644048327 88
6379960409838825362938230395839698373949610171235821842177439742703646911258107551594526 6355
4646751436788687978229022955994771576430671265259718556151103574766104209641784124768301584
0339793601121187811200823174503714075700409271083743540108919993459498375670612740971769921 3
9541109521012508398136549562045150243668431133989738587361130651247452423215425715091709831
1414008602648905393707127744124406690768316708542405730036117869052432320544268235686500327
0303065015077480473870020240267292414480020515306773270191114548987396349292489206 28971290478
3044926853800283148753581059970561483806923730096866109888637890295573247377321839296 82372
6596409999946767955760530718216186939459927781644525369696581224500935645899443219172791686
7639855789253996966098824872270586902492001784902712148635395532805946828846993357856689 685
2991438034105283369383898081065416312507494946094470888646908365216571068529029379011400 10
1710418758204392619824337261561113568584173076286520631003127497144699781910388199260901664
6179754069102972565847469045071925244946583352764174639951788616905673265931633412458545178
2580824490071885017851428871766720831159955592926726211782561190445950693489617572283250 711
4752044127677657505086893670980336668678679866809585451635645045670009828213046712442375 802
5533584949678345502763107561618567611024200622908622178680112434591564775661362731079617 325
2346814090700110500979458634572441902662005773671790461232744208537976097262686877009464227
2586850071636459572360638163384749434997520654319048826875825350515691074271345868417945 695
5827177098027528168620203131954435974916468654922876308046662143131853417398650352264519025
8054517242379319713547989443130184302401189808568284287635611511359254505175900660902931 75
34197237037316627631045526770572841082661953953967680235004676392322381988953904099269167 8
5915668921976462053713869576979999088841317689151137434627023755761356023595321292951339330
68804106622580955975301522759011430726120998040611204959544702529022458298103260460366610 7
9078461456247718072122094537822437960892084783698815339985784383584762331111455294499316358
956545170743494100864563756823652452255289029797171999867299638162137834712532 88298076612871
4625534783529714630139379788432298529584543951967680386477081199962158170809443989580382507
0711358270798334780985661030080924836334010664378517170500867285605725665824900630381665925
0276035940142072432535503290715340643720991049554417219296172851893187876675409135877109975
3068394228329617048806583434971118140092278253026159348139475517360355840894266447493309584
6199862068129484299906904953095601991673592700342277058077725794298919248350750002625357
5382687483236342276724808711441393032576445162636301415773729913585526476183106154750505 43
5003978879153453277021596044566357030677066100192017932140171479691673846973333070756058 5
9892283092531295264942795361836760728799401770860176084753039347911247886123969453298233 62
7503274176462432178205058631210032808102535309052281121335769067348278937719290836686403502
8279947062486247688670440208595385347241370469282593722752895964155974991677578726870096143
7933909121938699113630197318971094560373016111097666244244001817806505557246233985925686553
8611682612704334070095180088689713989492131948076545616095446512264314966934969743616983961
6874112409269250879164951012251867524836356160571234863846892796456667649848464767165046561
26699086548540370528105028232541582319648245828614979004180345759969586571657893599120269240
4754446825626567071441627711432070572623204570586425486485386428718325923588272100501781925
9103218621025254290610641964932197384829246721450880276773631002510614658987528184567259 20
5007900609926331793502930263391497547899805591598387407228201211603184744607313092642236 05
72014068318740741436847356693028138596844963678163554669045752531854826599116179188647507 99
2213268388078880217815079875262709591652828076767314368740762605540277158332846667905622524
4150316045686489418112599997950353070728399541880040621837690405280463782206835537443655 48
56947783615062635989936347870279090309974627721842411001764821590127056711820876687822757 64
6769942854113054242846979677129365563719081124347524991889410442389988765581490981631338283
4439867883056142206994865643705634568169510209714342381265370529023114891741626975984689067
5493815136882312553178553493746115050458035667819443184768513482917267953046515495980756411
6899823793686265452254476823193821655988168975654498984722336080402362152126378985700273 20
47970983507338475588088526560046011136366410695357973449086862143285777692977138838668754 91
```

7368355359148530578245719109983029831395137570525256209580954017897695413946151720261764966
0795210633054864581189033232775355608042092880795481310443083142541175646937964493700880517
8843906465059869952993456228849781367900568424690668982348037672283914141463938434197050525
5527456615243070311689399586409521846800689011361913009089342682782883757056395195330125180
1823500492931069727258057031966431977564341418649195709519441152022579601579421743329987124
9539848164321588401682318015676822058890334434057690623837262060541947083026988680883194001
5177925067757175174593722384717722050820930704159311736220200038813060788840091117739664188
8367333204465296464459634419768596428212624451256257788632315383190956542867923083451240276166
8883596525102882925470174588508778546743233541314358139890052342270388006077143178342526680
2996652515958052673968256629575854112732459999634827193710570217727679088300584907363364013
1647993683787809427547616082779063539802635477089489921777344518972910084616490569126445840
0492070830852606455660554188794101768916027728337257152926339124809056000282337920177526406
8935118044977919973237802038054845153464214411215740926117175317752534252312656527895654799
4952499966134186685611371726575357616124675639363634658529021988359358313921924913934186424
5413593442816603840579430340585830595161258412086641797040450055709015103142797901457995856
7197456136453537244757325971762416221665609815477651079243328459730350221418019104377848724
0617468128371996146283916642534803096672402411784837905118698833839179026793076495649132796
6578197716956457475933313313426207748971367197005879051641105750686803903926865826348706634
5405515763139861676381077414451225941285507544942159529485739898630568471553514877119332279
4310386006628760697072692238839211010422054182314187838700284748888389056675063312220920514
8078706136108428374406008904464146679737158262720291116842293247482478918968587778059776094
1818644316340028850264536445513550671213401188690785557499410205012020584369359438338431421
1879849669579667123182969419117181580494352579524060183758509979343711308802640215428816443
4430672028630306124498537156718090967836741275202011113454134998391711117253538517021424306673
2100031441372887105544078958247023764904752320309705960620761202742331730176569032003677492
6942273303227577627517007941506913023523382295229380423742991955311001375700873574048960493
0149100131051482865386998429294173647557855294153337949392024402317194271602902312715943693
6461304778015704697510260615433560235322727132552378164940552536518894694893903451788574439660
3543580134349760271473843855119847810892866822945772575359784295454349990952690776186980501206
0973242575663965166486094335038414961838737035093807038010169536630461609240729436221133
7355372256317992452086818271670641961004506900017835172681539217865847481240698829943944692
8475392120476967040089175169800447350134011378005521056304988254349320679964173418381132082
2606619087198336021714825656239371072770800442630325786437546914140646737998813330627498043
4048844433937285851420929071406931327851505346968127345232046363566630091702633597632388614
2443801882404910085101582522932565567279300996617151675711037022790900577242326451934853958
1533676201804307906634693859522827634852807373926695415340681286594346995691180472437660893
8315621924386564103131340589115080721932867391688323814944776071992081035475388423453896732
6548496844080635106715752371203075032887685369166123886017735354040091088039589275121002549
7166937079787186642922014014558824562342414467031323035012810324420163216305765377138709905
2725968494087829811861525888492527218603289522182402628298323270081763455612997145746583788
5472429674618246643849029786530077631593791964425478394882826806550176331623401014632709472
5972018823353881335302545653904634831051730084970426153736764062033013790647873873712146455
2555336583558282531298690853960026366890725505682714100041735228984821717599940268074649141
8887030638147115329646789559318086512230266369972047113174786349052776694142734227232795808
7000259828052580137853878320031180872150984623227074316277615294128040427317387669976955481
9153808427735709328137376056176693707288061211955806890081599398264876451200332178564869843
2090637602562999928889730761247741228383269616110751648915228250644546268306417227180338343
1737658197124639514478783200093513333186552223889556602516470810190022446747793987501087746
1626988940950281310748569751286370900657719141437702967548562314383251595038525173136644265
5028598105764183707048240607320787117705529545309698183519729294115418251958353083363474955
9978987631994251041743808773856423077173325405197636112390635219894917439052550024775592393
9446107776141318676550924068922203286443171562375620553253594758883418841103183260566160857
0780124121329727491660000489927474140215834370124815741912988770947116933110141130464645731
9878710695701135487660168472395555808872908971746912203692511897246805917112574573943911456
5180610608056378653089578477353911887809522439697800184582364439544824465655562789229023722966
8460832554705494068221878803473178991834160540268599674872180081320778855338243052788952528
970977080260850788175268441974747503008944242700277302472938196579912766676269025359976229
5246233268788313894840039368170446872185101395713247675408223304378228175049812122184923811
1060720044101737240292002257194762803149945154783344470330334645316373131527491626927728711965
807579765624902962412134273947494996058045828871922218243736016280861644682942178448666433
0819416549098050350619393537344184449884818559504965026322264508622520870983941795161372926
1563166641163790862599661958483269538206401026825170404948988385791924216865098291704758399
5293260119443105729997009488200064628250641429808857846119843850931743499331587540568461844
3087248169038284969445914912112838991744269803554425667205923759401508528758412056238186700
5431189016681809717891902212293518874279092195515510888689031344770845777714549283578452966
1724876573332043166606413022240780940992408614861966164617915731781241135208581516991824555

```
4105441256762164334410701735120323683692247023947522319864680946657670084414776271127818203
7067394773027252712992031143845135201994634708981058146681732870787756102442048074753084204
1044301634872633267883450445024484231091775516736707605284105175214522934932480284264838848
4690020994452862646418420347221657095686434779811103662204260528403203412153418624039613679
2653976305723917678082394197387937396993118579045446878731500279916476825885174078440005612
7034280313124159400625600806031689679607752678055851584447737573204098686615089568326179598
7193471910824256221882689002334105397189176036305647134218859359916610040431195689986685470
9529630760786863475180887668213990046769273709484748663262578526322996526490290475572655642
6281710673612277932681885116213824214638514198006184825602021620796477460122499996696722868
5245060285138006176482634185970837636160177178787584787211352425712748345276492317626462757
4367092266211307733555205683386054307054158740244929003575611165555716998579313100068193328
5380018287774723250914115819850576954509512870720057652266342717714995753519942375852010832
7557255910134198306617809208403270159630241973591496606810901929538788649629120915479131884
0927623462313114441025278015853644351302631195924384614550783343687132109051148727123095875
7797122207183607136023614627933630276200066151301431755842436447252712844828608334767494112
0679990018473193190469613014178604322552671008309502966151612339140072324812740694337484813
1945857018441948519546090713962540695926556536231923829498572212861264509463919495411072692
2190617568177212932823950981632942369731247240843462067641516583724295223693017432684138741
0209413223159043112309008559178089809863981147242343125977273072587496545079884608503649403
5563606421360246367250297582588214239709069638947515852196010056708757617434222006881840186
7828964079713421198798942420054262322639109160808328221720623832181566009563766131150703525
3943137043847640671257073659683704705747299557705633292492870667671578426397484164818987464
4206273262918091863456951408211162111830778423188055048390201823855961986897258663753838368
5485188080890027567239148797657475871447704496390596664763884055513983208511051808694673344221
4696438893651987429294500796357933677630658354791344094374984874917811052595293494608869603
9617923756363527056828663235569387547828496049149555943558112337629627949110896272845306695
9031292373894987390646454823452653011245970936916636819842940197570396110501809396370767769
5746134167365949186840715979940977492129514475364355705104049071822680477534689219219223968
5598892640183385425649428775082404565581803397987528075009321325165955626489684326472209508
4572694267619620324652425361138081285541080986138899323175276100059368274818919305726879270
5270668165094738441124135225224621640589669773776626694722306047925937658904054510890872719
6692960261564605692234708307765972494222517344900495881032587117349851293340748288962822868
4514406587059582208854635662223796926845772708006242862470839100012713227466932910775957841
6055523253942755096006076083705334480806913574798661003456942905048742886541585205717824749
3430292664502012901522850857613745521097273911088254049019546790225373255943701093302222343
5336792479155486508906510315092010532977003311490993319144158254039376710385615125897084131
5151528321798116250944078384463599269824851477998262383677154228180696667162662017616097056
7094861125093594209257672502737040835833893160975056783035442840000397002028642333353238003
0836727576947167063207271563288145135402665452805370566133757657565561560456839735821112723344
9302665713737615780888148841695460695189245089776145827730564471156036723401373751239113422
2135099520103561776430770908044730482689991779764687600344803644414864136346899950784555510
2030298886333848328181072699200089828571936841389153981117676352370135996047767943273521946
2494183398303417727528719732165352397478366615988300018701354800725499677948156412225073198
2077374949369340515926152147252409133124328535226609509917886242062147076181444365168205900
0669370269728484430350602521914049775512614504465725697123159579764295821796831320720497667
6286570471311714659716899414141941558552792132916553410803586453942360439763461695335289846
3390144370977103171885263352978600986693086698435263934184369703188574390628654710685190800
2382479226597066957969129228279776008111989619170518765770471548040762342014690147470123000
7236720063747941465248848800218697254454637056860047232674220196980822142277847213930550996
3930666588351205734095362327068335190537432350962416928024349246375291319682400703838920909
9468207970820508553026506084172906467894329248904226662371493914871852045333605092819272200
2667835450900672192934483571874004864525843619500945520255338530150193608275455081483677629
4317346666870183989663273687066717388978381705851435561662657530589349283799568837156619051111
7469340198535875250672746157717542792976654112430661688579214663048263263917863634747873
2060481168564451331963377597452108914206426210773371687162905791090473783763999340317610132
9586566017868615084132025994391846880266009194120701567367052752104460254246476622255379685
6221129982222136619496927805123461358938800937870064458895300930967080220567122291173244
9621946663360850150959491680911944318831885572728807260492048422572695023477272736256681742
6430792407273243055492388314054863945929521673461205934733108122670744358544306390513548612
4584692352772955595950816339124034488086461557483165110280565969161260473822009624298786189595
2287301938329285962793498447285095834161821543866108691365440642590891158969812989744277147
0860673440889508112079256324343912160486709803726929822324855824995708943110863765484403737
5213836977540372535093086840240831865921894754342546568199331920286973641876380780559427266
4909405431860868835870623993038093248937760639588088169278821723284010080077874468552849300
9535616813369878218813198796091570780060658751204136810551501389914072160545407320984244571
1240786902752955563717649969227320973453390327493842246971775604291219637940043929139399366996
```

3834312381057271231601654623818608034169377923236080648416685167008845800707990539901913898
6928867886850125467916825295729795090778140077583729195952592307789852900953749693144648856
0420183072483668164534888900616418487213140176197920673842538852829602398428554013089339238
1411757012080830155418887191011712203543960412588136888048929394096629476679405622656481939
2253637168630106007982286989053718470719552486361442452983986054972266738139927123232697913
5267819475081542475158259570718215174779333083805385422525935868790011201769715069484687232
3977569602190530277291344179895332845717225695951393984500808185505028461731209346332389767
4396686784116298253664412222350542063236389978613011604606427642524721199538797765254709899
1387573337095875444606881810333079159233516940026805099690092016813695028758939377149493311
2157241590212362251549726987858042362441274878998655931459382697569314305549817950653144186
6832732881951302751995672175382370571522522917889973898390630173991729947859647328824514805
7315766239727468127206928354685997204915820065493214263737853653777657763105425649156377280
0189810994412679472769211509560728023628284880601982030177055736035503431347690741276028420
4070278562450186760493680921796666305062857919256903216092155038298157384365049568333881991
4203756320762894376846024766103943520294481010140411684096352222244652669840429640253001700
6407037233171935220761783135003574568452310201544861847411294624049632889836405515453802300
0065762431476684153339802677981987237595528463455943508759753081225407831152856459138266900
8540619890759859202685372792300841475303461621845748488155548751802807500870114860205663005
1107952626218165099970462460938200305624610355311040342287433668786969896589571460526360133
9474029550277428860048235899761603260749857047122184558667132271410069788469581712627149938
5898285859214625368691960786535613356845007576646743331086324711580071025086357042200427551
0279692229828867950516039032784227388738111830329773296824160426832369253343394805615130200
7747565564224353863128341393926559729662026384969453375872934690259628738874014880709646338
0659799698316511192908802511925602858173049910841216417996843252364020412026660339061356441
4013138932212028730629445326131983133356541252058211952929321494053648823003371378130699337
5262675257342720547182598519343971228475497423228254040766261730855917977487126298870022667
4104747061146869802870273514819887933069078040518521698287223191317558377555383293064193433
2767058711857276687145649647500467923706677199076691387000871163039442974822989518510941074
1915838284983000890515633749970923445812684118905572039013809374492672632599147334552216665
1405838474159317937747013883109292072972574807268927486362545010226180365457994969418363051
8520334858306138860891537475768145068904830504743231041756725444567867754056535324624426384
5011254015881133762879227914457699932454902071005719389024332315818067744447266723176645607
6823483682792139092387243041511088833740482602075644767577685231345785784346498458293362407
4648014159794645214350928554444465662367600705710744294714808993054625246150535954667294574
5477522309885938349227321181401218199372897274783639130242229653227299397888697581742933
3644005462333979847923661918522402226254562010126296227425623817530051776328637553954276860
4195767584876682935658016484751646810850672530738693501865443186067821174807067102386061302
8973257124478239794432392685146855870717593267869335876854716034489616776117163412996673364
5058979211075460183012363336069114496418838793412184219493537874996652379751539176305915964
6103471521214656247239185396502131632591123081652835029486819565713558874767723962902191693
1991677686458730587552887475970901591888584134023149445351637158204611939295386500630901968
78711487252002463250058595509732656669759408809248852766267444246672639849454940963335885449
4438550708277866043263766955889909423392133453243745869236955358408441578541048678823088765
9149925858776134937893938172395661267326458605886099833130238817706692933483404804894481441
1828434656375280816656029472988769848951911289727995059763032773051776937678299759925957347
4752814862839444189362992099002413580600242332685520325343496435889752706903435988090388776
4835281141728985220615766577189745996931269049942745958577489007150177102800505102185087466
3337480281826723866376110593672121511789100664460382809245724443141738580831441736587686372
4975750172418050556481564588826944241362569737929225594590205061321039231722794686286895619
9674192340073901316879381804182128317285099359198047059989085315255060611129029607455276541
6055543234626101670881285152031851635233054684501630978768688625160955392182019384304322085
7880847407848236511516852457920537636285830047248894990623220277150103893542479206727218039
0323180854549352300215703224048303575168346141950451837704610312945020206404923254337082309
5668957898208001861335005068753785517389822960864579261346012293364278941293472373772411834
7105671994749881325566302417485511254461353073138250801775959002057552568829353541033294058
2476334595489119148002630594112285629020991982970892267520245118222001125571579240733650574
6127588382381239480241104044907188979390179213491779855750287517112124497071036628890526745
0506250939260199653995467076685614565930046721731049675699045562486633893772473508896872455
3086783819397974149839080870071248444061484882489613102697330738591249879037418706260010514
2158390408876123703653713520292948787650548851828534282484100383985536623133764576709237044
7705443448028249088623220965866449859194336311920583162054531014457848223373995095568172734
1450850356502805930648292718529747212853238817532400077625654889901111484683462321804607071
7582378163621157379393336563514361265578824300183870597868274534862241033127098248694442254
6320518242977330631937828805247362772790102365751583877704457363802324310105913302522397460
3254422842530476392499368741225941252534427457191435790426198559803235541075551717960222573
1007940379296322417785536177805088049496315873832128675554297068865951555521682850849181846
7

151197608790723569786036462041091972064930041231501888377704583113976291870092380526818209787516650895211993782704945513992044447989433788484231222487627259892997895482574664348575579264603758622423085401606220231239583793967906186082020738486233385006386037167953946412827981719113119614782167000830808950785445813266954818163862569509252316482191782213462414175913354379790283414237783538889205956684619798105231928257665293832880911966876104818588964544244022054274896911206933353455235173072013952795452161236905634557270256085826606485383918088179160707606613864195339075346310423163143461455149546839215254571765230176279071346702989641193481046862487310912905882869305615485501098657169943179483204002046150289224283253987204035091938364542056806579819349237779739923616433923284412229124161310236812384123094008595559439212389026101480024118436732572185669286852117117438957735567136944036553418826630321967371220477846139672424239343820655757101465210839041105802549905743092709365971812132537294532761292557160338115993272951200795600781120533146361127222089311501471925179535242820970463835362813237330503957992142571430996020339068800578351873981889314118130306073718915536987311697604985511407637751095130499113983932418267750678612930933434194460047109297871418984838011031102741884378329204828390622011459245419765221268914531787212145133126779878455604456159595249754529857535222154681714898414511138425081410550130854896234243628497910419440009535419847829409880436504183375719505308169336254654866850676594860210844032088836979178574562358881459948339271283258175664781489307630183188450317518770254338151217217473808647418369178051185427139283059255152036961544265579274334095174087902928468948476751281828993693696380052096625809630952244784114162334706388675154201504131753538500081328771628081047001883468965555544325765680376567350202672652996826688446781066574956350999859617889432443075158310549771763453238063905820477318116208097400124014920080192386954492021367930242580246465176983105671485019785695873997555678750296617328670794908275661321638302579365272711723576493719772988183876501600469601980762607172973387195864987099099687247174947611141014782590188011824536102152204220498197618163530033988599978726056037579759868030733147522475640075715187922016448589055409022006921571006776359249857239955276320144412168491543577800552659548499985124797809019990908814255453142011174116939154833148205738280414543627180464686626291373582349664828752208969958362900365962129406854850887900797060971536150493030709714479356640149031120553080824095024438419875824164708605864899073940687544131101744503519464872331767462602490006611578886109716268850323904256421665793019714233077714453553878628432514336021250189909452614454005268521377177876674943223919259355906514401227995323657387859633667188679821005112248481754029247501366950050475967084418012637345880106622530400185066981810971904908813022918728763660112598163407302581325662620787942939377308834058169822940480343932468067552000853043214053837036811967449736426643299903378153525502225246825427764482726049064908269772138869837559244207237728578067019484075482502459031366717778767945828097120074709141033453979230407021247047895972416306316793904262463653315382468027846299984929558297067770367361780912744865109613194783755421473472609778522142206977441733393023758891545174462184146588817406332192510663998626369368800156129053977489178692275227186600000648688606943843341695689761910479315504073790699480541423931403427721205641761019184651983162275524847093788750088883031786537307282918767303563271353874927186278478368802704578485708707347281846350765235117062567559404561475108174628886513889489019169187358664401789113965033124828628212773234149566257038143667039496496422017426965254125031386671549257792425824718393040622119315529395247295659610883491077311846506610853782237227650723300729864336816764066346348271265966113355194054621502427959882603393437778513689665892077477038091230619879767544853888493488615179022989513355151317816944793898448055101604475387293460208105642399995653132943818118179491682066434229861411748888624688910910401578383578904647033850062422545091526178581720960154959041901980817249863332365323996203529983358128818444003123166844128209215710365003177932767165548592678876429119443885218233896509449510829929260775654351813998833350031659441874901573825151534911730252921091190759492242574830715970710339463947729017711117954838753245430821919571097116313655851113361677992674500225456746172702619265822809693016765263536797856218150440685524250206327743120789245928073083160954493228199057876042271412546989922037225580941931329073979529846907496688497302828612768342445094025419733427838637133216298271886802877048859093981654266513122174665068890343880540662876132415147364980113225683524539644591778808774654570209538890575598696204337257885828876643040148602881347856677752231677008528156703135170869936872283959797761427043044338753674046103409626598140079595373380376608206680710192988098346461125352172626474614809062450843560918326623328614765717887367070432644964237558311181086135320630452731355013389325846980396507589459952787098686773661665652729409662709536189923808343523250645354065363667008123808314212916084893926064757504243607733700769780104862268669732720613130877122488380795136823259604935462698754785069760870906211394446709870504353997170682855777324556183385967258415295843880954100363797690748326392232269676310863039981067968923416082594660541196578250833791005176430719600669142267780803108635894954912666019682168984872798099736518826787773105328505919123036083903834063911136575293847387327396475869511903909612921446578009656278230854852576498319237213841985818804914914081220298366647625638953591530954244210238114009422010543587336021765607515378419898361830584080950957923288723131448256881159002930870419488419522251557714253601969600071163474474393500568456344376900335741760282554910888521532392506087844859788167278966902631720010672064720740459

```
4248900508076282339720351383460410116855895150189454592283258699909935831848388833334959057
1254321971399928556698368262705426927598788149893889555327752195716198846758409266923712272
4294525243982523836417638668895023936487670293181515076725859767848492337458449430892319353
1065125047084459459822932339044945520691951947530503597462788335698461320222129938974906934
2840233552962635602769933229272508943020206397278510558905844300789720504880441292348947467
2886783891502622888529128742952750435565020962942247367934640352551269544793314931432012374
8438652466578663381046029077025167406752254703544717816861485292245879861896172324465895281
9715140614101219273275694847104783728576946092451816916879953558040498412411049197574392925
1100959314280976592191588701463865514029775960129535847007686116829226443748883090358961861
1266068498281807295600945732186507395063439570125354825915035368957714669165095764450433626
5125119916820408853488218399214903746883206389219583967718072126073278856195131355765752434
1345366570848659341598443546453769453590903140796550810660494682247214518383466501317890674
1103928036189001441926004517726990294651912262530275450380603248851883604793646322499054825
8049577601974085448238309028870415973120470316393483654892654723025152908040772707730361851
8251961201662424935513390875866910423295052196222742624256671592982893040431190067957040120
1008409478265978836503276031030284843132564211053477207583503146038617532938273761710329521
3812756699397374441853371632506355839050047644050431846555050730408990389269936288620469402
6958443150631088978643382529879170065952819878337554177791762887619777502524906729638062187
4794501401437110271575943654040883382581796441943083330859984775988917685225290274578421689
6900368437138924036903256321745803965288188275818677750903504077856772821528037441782855392
4639303017935575994696195281418099816035856222455412759745369637536195570980535234513266567
4644682623554839759342756845834543058091598382508947389287692102976887429987118954151732043
5806519158561327173516811149098354192211828347036572886744881559980262163347287343430001461
7603878659001368802558127766026346001449208170959073726661036073624230859884385252469347359
9660993796975691783492560369338961546602465312090800867027278477415610360008789753367663944
9245622950923406683358361325146393239122021141047583736381538827391201590659474884818049489
9836365636223485421468944007752508002307778637642480862819102818203471183174373034933442617
7975436953771948128215642985465056109643559380311477664303551338882948516981378638751130749
9107404631767287595323655332912659476404873562844117507971390474005513323938961955512856978
5980204776976005252060680548352054715812429473628012190883115120816936817092279617805040894
5578359913093476322880151499698891356968813611105140234198784170595077656404824631188859014
4808337761115523768193830635714319409642574226714354981847395407794813508778895488544130013
3174612510004307332540107531424253624326777980106057834007304622567359488688561912669235601
2329843557725000006474319751470222670528280388950057002152053908057026851688178906653597758
1263688859147694197974829700113258576587526696799680032089677189952205029203490718021401691
0200562865477296008692638027911469401471195506772843968772487327158127480428597810302450
5132899744107575415357075206103691029094313706923000275848953212511978468846423010680449037
3289192260583773886130912107117705877528703187465304552555815403887856524173249573697748876
0767011950492894183245918218707700622495028789984059966097284353140332007498193707480320834
2455636186316599741500158189254372358414756584357119349433485975635464919175251174560830819
1804386335764683071924141075004094886850106059961850142045861653689695511475987396066067619
5171626252502367814350592992743236542178715953380317592362788987829491326901896017961588
7369958353631530305030483258619209352221459420820741303977983790906406212477970343951141
6304880082178681941363928392496378920442456710399995289756704861790288062734238454739784472
8193551281160733812632791742199283209721893969611128149769722842643702754075034764079013453
3313313245649630288115713553811281549952388263090680098257040325222482141895457311947105049
3392745559351320420656215368929493664686409905631095853659861276550296528504908502547745982
5669295127371133217455907531571802909943258834053869948164099672325312246083210899317524899
2344381194820664316769432057280142533520526218782872148908350656108741927216443745740883270
1675994309456501459953883255648240406611283333229346944738229814758202131797535505554577624
2963255122256361396446854997894034439749368161016591941235650173277012122574966526646311730
7115734836699975131418259115846143281085787581342173761329838207675195559755419571723966422
2676454746520021198627822878202403645259902635461770596464704118323000965795490248713711791
5631899562108167542835268880911798918327001510089430933502265509880417268148908812291287082
9521097664154447618330981136912789774771229802021332127465898526346719266245553883192771449
9914083410105952487256903065476732185557814100283844205889041468210966905433755520653291342
3204111494444100772459855641528901216225842635255114707859555321360988093289506964483761876
3252594271087013146790767502763259873257667911904342826270547524536494231169042157035922697
5853210231171944589747868172321561144409284498744812255972316167944415034458684184246210720
8455447364215184728768745937138298428035092082752117689938454941096246243754536774918274654
1846734745927049744842547339625754198994080811398880961788701145201432449905869529262140219
3397300316065173591893932358754137954654082138809127473065435451735664490932758490061726388
8976458421845913459045197700840345225999096188791933984028895432356279060824936894154632361
1677529403826834623555194286330995651263969680011564888048929462661934664523184340988345860
27305854133874462705453538350203975715425221285252128218301302993326617904122692387061468
```

```
3674187369879878250594371175061368451255835800714655979918322786715428353719341954906222489
3595622487235001596551595820360278287417452051357454840974327538257555219568073477789127242
9525285475377416310543712273922030540663165394607929542801194972285986886262095970577136576
7457694642298585674040854993161468923354856786331441819221221368862997065403171115279792138
9343628299637884132778293950989205495568478674730118373845505613147815705416301181460518125
8318152660993266856544749486427236111006399020153193412882598321073694949529160862702977793
9042236362515914082470343247036819246398275189526910227950314933730899837799279245439411604
7159119733154123209971781337228886015363032800532128349392282194279859554554166792585108532
0640320984885062781566162148812846676272041620168984368806948599100745257530198237645384205
6047226797984563260150554934161892553326356677175294303411190187870568223554712015982950289
3609563368361185608376927023150693340265942304195620459672440770113647316949691061304972832
1764084695335392064815005835018255851030854903488038337481831944218813095847742203769522647
1444172459939593411907054416363079721417685593828641120947165620194101307656939546975599640
0829760053541886617882311102017271557302255059529033501374025869285427719746698446360302981
4118345183219329346621191049720619736836295670334194277916762383415463921665589720671002111
0390859686683905281737196527813921345015475687862913183328433454758072201247546748768289818
9234688032497121578622185846523818179160338762205445026105352773016917736647808824173908844
5258913852404189170593013605620502532228909091314659975223046546496264872705050427985635524
9995689435484656290533528389052407476828234694442512422052432146049691151599502745119211562
9136198777574429975081994571497877404754366466712183671863998593864775848049737957431031355
6106922648893323794188621034303009967129575625060330350932217667494155356337239116889032366
9273923796055594782223183502575769569048499578355341992708004537102909673080487193192187349
0509578327909293340799012305095355177878797425730259126615147330971950212836644394579639959
4272143484791826563859652532019504389724159269468392524242186038072871266166423738352176839
3446568942250005575813151840308505972561946962356965072584850934813782928372217068228979426
4165425784454200928474864542851382837277838133513581940827953579228398897399113773593148731
5643412685577389382827974403739403858080545758537646920265681816610003762245923078253690283
1976059742661345582628952000747175198661393484522858606709892291398600737672164274502184189
9068751282105164071420660638958780283243197758108844372613835546296124606128103381311012814
7483064925001565512390649263760563155724150594446447578971934930991026680957081484238104884
1857925500513676842913511411251757939022262587400884536416338712775753025819623722715907425
5547573401193630835292546627694571481133866548463902123036916905804954067841731055946591859
8303503065831399068316976483876101199519366253613888976226616508466733759478466304203938446
5890384648834728228452379531706994116136410819446969967244407469283923641305679339230519291
1083607535780895440722657842315084058834195478235687997366218421868049687643075313951636703
6626375443913518542939738639303504732241669528654384395492271047001209217380103835760953115
6944974648759568577239395946125495083017942186451249760690958553284814130398283321957441569
9412308393266379517589770912549177973118459399261534522139961410983491061840577367414824444
1335724652915031005080446257502534527545985515392948604233021458280713117375319139408935172
1215518043017046220554479737669667478931730962714817804320524153739850169540905116883068125
3148680904395232324376023162252504388366889685706616530661819045685274746655871617726585165
0734155065945175613667842590715951852649232661198941992769783302883779411117501447410422908
0890236608339194065211139323726761359788538923428288900897730547336312680332517109129839262
1484970005426861602994296096384886444060049102945503966529170234236346606504222296021098785
8800694421569857705366984484108686731050696302960906193423160663874899001882894951256155911
0240446282053159377096842656480346033781731481405384504499075920355090664459099090914445292
5671495302827264521527396612218260413461475010286492445726576575452903240547143706012344312
1775206577764552719001153953342505418075391219150598379852615733705162295441197030788874317
3998914579482534998715896943787734373767516156639546476243520818653159751036668970777583288
3865057523580501714023236204182085387774679830295084423383311037458065364190744749706284770
0654767948296218866925906821760067313916066581607858328425138624683306260336679546791249223
0323889295687728947612151536960309406276531197669010911380487405493778715586082757323563545
6685806749062716597215990299218670861389689513730683173156800919554827792046505577775066888
8521186692976521103907786318443369590672352028399996432396387686732036137916466867950311217
9126791204942268631969522649415260318384601653704509259257880042440594434946762285550854525
5660206942268773218946333902767153582022254703312234798566827028524598801234683953776355174
6891225367881238189199546378441270332418737376332561304223327118444507497424223782661970464
1040111226532758895572384985057636480494092480404011111627708715552798840790361257278835912414
6081033368567697834958256973338399561692398900008502935353429996574069637795021408519030064
4
9547774735484116840551028776110864198567266226787228785939335839702878835954512635880762654
1463405148082978002699115811418605476295128819943083866532048426740555510253322746134221993
1036194777204952433882117850322504622921424569555500331377584285710265052016884487127931856
3741260727741141786989397154226727632286584861696775818739529467092943452537335065005696013
4607318025776790991551345034841583984675265057374239747147481254009357819535459734584707650
0744709732549393103595244087802427666984630842644463867363801628651193925985133419563039265
5959571167112304497992321173606848975917558263162239022622489846228657935727962491037640382
```

```
3104080481974942859270246321273900690507498877317321885468936424389420964928566442461752642
3270727279330815571558866484163195316141173690908132019027389528425154996722430348902376328
0543729161398227252990836908892497388522995923775450126780887326119546163620900490104565727
2381218607340291854477995352899592119455188052138295626177408041273303794209036780753112567
6008042604950740619056487808050234373558916155389927465633076200800996912907610063205373231
2693727962003790543343746221025899572139788919097031755019735593786924046361116027206338338
4090322398941891672249406584603868835991275521420089279274309866163507957283790514385513872
9527112983667896161918139486407368579422616671178599051403823472914009009792249130249978704
0038054145640642906637903922523044921716095890520281781615990117043582891340913588943930495
0965996051133242944825098365107498514890151282305847215258025185011999672909230195341591046
6349751480976575854195444193866030102393289408190947927848078304524045296572175086034722585
9417577247107124427077986907209955806822251978998647932984732830779343237408852481802412599
3607628074995522310463219910682998081182041577020240378672352363041586909642813303646625339
4949402426868625765918335222413541020048878505699747168524067286575194342570625734736675473
6503125572083747217077731732426112803077590654692395022906758282061276734984710635197644664
4271672093846156072556820379137520949039538816862720308421927493301196890650218554242991742
5792226204508851936642892877228775513009477364630006424109929900045932466735313744405486684
8758777157886475428825132571024995835523050990406816463413145731448493938693313477742735215
0116669767950323492087026670633342677121526488087953659299373518992420672251194807313265923
3435772079645297777548674384247689261606817339169281246359135494609645011115658857292538244
6911719755728510786552984542787165830234121111553000746635255504824523454104857318779100347
6233058840725783349844254988058458762713484532692040225683831642322237097645471405093641344
4063619592205000038714900195783359807810085988860559728484791165320708745934356308021871621
1148958962680089733082142060670637691930990581223716105016338135993918359318713030449261801
8971089282042610031614996598585966795900943374721233443895178821392131689613734560088472118
3405537041739088655022155389774248059789541723435365861490158428369474900604308895256061113
8755438584962726915091086239755480590136238040358262600530735745124871077414263477512509773
9773093907252823363210026480288229727064109520105288380786769462037156395760476611450058080
4771764272878001313127741324430272340885129896856038315246574743679823704601279075780608924
2271283222644030799006153231410207971238005338205305121911738709301983853679081734700155973
4751328332160254612250272486712583495315739005620693532954023597171539469246442743880275961
4864941292475277337413495071487803353778663631185623061534867577670632549018682958003825878
8485176455630870877721920831838898622536779155140403649128193327234664104104208811093126098
3961840185584637023543594672485749153090804859418312609672994066748441944008425983217548033
4598617400200431378508286183299756817765710311963158186599504906723797917873672190751564065
3437764476306217057669856708749227075028087672462042253538944741424134363110166436639699880
8785733504534672454066921810426881156695438451339196056976913074521339412192950876911121175
2555502502270789147173800685423650303237374867787025583890598936305021008716646978571180516
6173156702947958588442627198410355094621510005467265326668617442935116210475673902419773096
6147242208704524111707433388517866626228389795905203128872018952354482173947821942443997589
9983506070804123879219036567932572487287019768589246523250669611473973008800477104433865437
2268843956825008857164813094684461270956543139557547580507935142675631381936217024229731878
4812277683189574070484623353836216595868433085796285376160313676474784725658660926676629257
6087452731246222355044158659706369989276817043499411681279792821296922692766507086672448008
8023309789282035593082888597853534119785021182140046842505467402549771417333366895230491683
1444376297734827205059961842796013824382640900540500505438995622032576940311410729669385541
2386184534165135716337686204154882263119603753953515796511561579168752008167453622412708438
6082271549504444160687673507152786736164990684079102050434460123082621949618692440030831429
3044784092563118632077751264305941995949177170641308906867774638543917793819757616446811106
6389323583618409159532116359788090633295173261028171014866694864396113101717553654033227890
4447010019763121234107646363624583097732689325932774191957149924498559646976173046729152699
2474055576981593496630773754704071040347974975517710849312135392429329973675722029345975758
8025764039177569051215528023145210293130499653339373023200920505409686566150405868034163793
4252197386129365897185693312537414578482782700860598921654039560817318742975871919106932757
1217995208732082698186359846006726433876420681561136791228409737944035561387140597390368679
9304742369235031065342146664191636140197023934232575269429902746933964408159301579187951544
2905334626141049155315688450125585550009133220611127010184435006952174617306595986416881093
8163042497608770615457839544937918719179778214050225790496722122077816023801492381294008546
2371404052972776933521421226846185978211744358524205910970289419846246899952324223981655590
4667713228761896101838487431946537298122996353250374062864396104175916247182063541974356857
1300716754368106285383585873611414883279233104600613445141308647000247195647216798552823676
9001963621404356498533319768880648886200204617790255802270949683423461083492572475354452133
9268873693931289850485958822328147510381188809460451439780369235292336510900341393458467850
4122917413504943706196058666194826656431821665662964560637334750932895534325174972737913622
4270823935645582443270660077315547130178084016939607522344183992270011897688984846350552660
7269164237837900804794161768433483228458537684138118251167756383889258394020120613567
```

```
4469196707575278047069344581827691577956860232495884116028959837840511525597978388184102901
4784762345089670289667288889647657977823069979881927088351349330445898170864681797111283818
2002044197499117721541034205165427027031999846634914695207615986506848852203163287322590381
5064835501000845177843754507436145059221942402418726282490356341265264311926550304063202575
3660531509186269423040093331024829860919247004411577693505738700428590486697364230705586127
3564020540482677643880903258027885087690994809257329017331171653054678392387839859920844949
4428235455111107556714179415670619711986419956408981974696503835985600015377631978659426847
0653207291301834658782449250781987830112350426129913080412937786711714417436494170413095998
4277496152385231195216354157162041855426172577328975427489642524558369008052069719897834053
2795249628326415693415613998572867309874226214028851812860019084603231750133307807483123616
4178261380511779337144704148121189959190980223746787772812890453035799593400567204305644044
9354780269634646397191566000926368642173474117619390644540231793906317382851890365239862900
7099830986252248923437122606098581030409576388510924389509763364947748584167476644141210440
2699677685198498165067537953954532870805499052982680916273410272402610841956946273759163057
0306936049304955176029167714525673235033671309570781769610890255690131338374511581734260872
0809197689623761582472327996967626594917696890350001810871147385743498364099092793369454718
1562903452870089331778646260018484583502750939465657435197966246939627896713327530010336216
7058028060203271745531773549327571281289722301694317565952958213137736407650325824120958394
2276617489875728184847630287518607461981595309145177675376142287815383246915820396855647131
8706824864146943554341864240898653402265297935042531053074556474458598776518827085892094219
9651867033066055402432358530574124988971883964658269498141403272968040098567409447220294441
4410268192913411094218741513282873310798232925145066610782792101218010311197042776907694335
4497528305709508933635333318510969023890698062935716343038815074851498982790171065936441270
7476112985186817773137047234454037456002862191679132213657827070240795099679141803348219625
5862669519743611248846594658272876564498977159444421182349275517498968274483846421554452254
3357771015711153126469088386801039213792718885796109842454401760358927360092579861974341020
4609362898969559726019190217380700975580237538083550621119923314740908846814351990335032977
6225541026224766502446985717135357265288218568611239302212235302190516277356974128634983540
8390327735481050807116389655729447668457921741120944840199655614355306898308612084948698645
1710667370769181572544604668202820526485233586992499908059551927828814586941368229897692946
9666575230382603431048858076055117083000919710119849253648072836156976781877422150711037399
3692766152452449653509100345288959777029742778854153339785881066071568949262130827794926549
4362107345696787855068738556113335206511000951672238444435331586671798353595357645119668095
7452740004243401544004906266613796295747065274075783714609400233265567720783707945010252698
0479349759953631214724888120659995044732454052956949161135437651275923571260142803889143997
1320628419546819688588417529292266886442621434063384323544903587183699050534709475844958153
9405452988391465186318150939736233214054509690894535311623502316264542428788803218861917253
6257980921796925106976631553486672128902553534276632117995418894408023111712410789106391179
1380111690841561471043264120324352019466878197773271630704885109519004363450847138672677153
7892816556212509319933084617355227009185624196261048152846404552681817698323603329448717990
5087448562440525846667057078202969738438699369354654364564447230044536227375266531452992196
2230988117645680676713978543791658473209504694430438488370771865018432569270115171349496173
6980782426940804064500922506823933795683717612153905708238585482910045715628540523094477092
3367992115848871886152442294590478039610523547752945184329182177647040126741902556257847710
3968755033652996221448817935264058678133326215920913490441894123125521539959779526570682574
6240764954866113924814670065722771960249573450805840870221307879944535072556030602188951099
2483703313007661853085253912740769203896980996769175607014847575779142527138022094159387748
8494049646831202572153355806488881999490244912487443870269648190456178567151821532142145868
8965726342557795756265270062929784596450617489642530002109224798180888946251675732735002967
7147050327998757989962912792874660757819647948475239203522264559406312628324841753975481745
7010657092602259317232087409327491400979781869702601437421478631793853130815571167180161841
9885007706082881144649675351462171955213852392511041984108164140482204442494178279538017357
4309636944364950635187482039605091070892098443141678406446191093677136150577214300475164292
7846276061258793264955586447186590298481822016021004997719836180377821189559651689225393418
2635010371636211577812146023709366910632191188391695270536319994253584490860239808314298724
3632625841069153661791501170034582739884502300190025577477431214334215609102142563004729295
2168051282215647987913148361230334611027752033829796984764875107530862096286467678635312023
0686050987180875128226550528198916999440554582528742745970634022960335685388694979938282801
4710998600870595684841215196473343476633762743513560052413635371901147912029922253153318866
0251537706833101548890999536990171736942984470666770482793224482341820656742587914678111518
9747749072558489155466470043329222039895064945277075532932299426267433298828142825568965733
2667865756193371959390806642919147503111328446751487396357728793429897564133604265814305092
1348136798528882925725159524636866705264718983961963598492113415695319863804558148479071780
9078695292727918404522943010294283671108395063484250638208555865539232765452862272664883418
5074874139385493074176302795550310290813677069430289701202531770184941820914979238296316560
2229836198034820405795231938132665460972135883930448521662872143525751137236845059292984956
114
```

7422682921830579426533469225932522637203170191999844767571541048969160820055609293880438561
5393938861080003889314155142519880728134675709393315430052569037837144515997302344291450569
9864146759503031812715272789425023834667263317333745588099435443950036775670310919094071611
4115405573408848342833535993192144371060068593660264699346572009360316234442638215142442839
1715961465813174247317051563253482379314749449200697954801646821898843327591528070953988212
6839893642318106548904480489276848921854710679678861350333524498113861637395731026802516423
1339411549810626704975020136128532716794506413100084685100521112136399583903140226191080728 9
9098163070206354131115422666078695487177382021410547401402403263196456939300962185517129143 2
6524427459441441827560214455153440454002874324957770584494080984033027258180963179652491735
0701494846684157254659289994476236370059804890396576313824027694236662622690151478947116904
9802549490252587822206853726045733035973090775835393170308887085423495312230318022928795990
6405017737334421306274314312861522090518089923909090287912051223118684602413327860975002467
5079171260577404575292564364823259159993166445098901914614802860025482343871969033739870536
0037631100238503088551562739426231573907145932473869850297213477822607116809960060440749909
3418534005721719934091308208823412305076123526962124545508422240149886166215731602997904014 9
6699491727462378267301789409424959606884377389474315405894732714701696198582509128215714053
0857846619186132280610365034200390130814037928612843022537881128448946883053710330312357004
3462316590768763098908395415916852054588094762371192788990746785753669928142352470441171665
2528910036053775597355884354254237465176941851447031452547687692899700595461349680397382 32
9362389980198620565056246066813102252036805483248433496956896531003852375466758785679940094
6425372666150546757091298762361926700835987626785550302863066687993922650993773988460839066 8
2082066230124612997303780115748296449826052470590020013885624414633410581453363132825605320 5
2005929264808303132120350787766295846454418916953734242813903516292914225048390362614442557
3581074868348925185396565314981963055712419995035132382195118696723815145833934908285975599
1966972170453430432731619357189676268639789788684438861190418094418582586957960263456303755
2477583111543114762035938698507377670742765108248192897681013385969978614342443000676843942
0759554957407609325016782399296004574035775833310658604115555081469085084839959586167666251 2
9053153032243940117244488740345224071805352218797147385313216889626028531253487585855672513
7078186863521169633110572031722370604678119508611426666560265806290848488172315565972646242
4913746676244614371952845693522156184400208981301595486002990251885850735730715293231231813
1849917893637341453991341102203556541051010772435986055631748277847240137983474630972453826
0700785102526381660274367109349768677960974264539232419633798976824844220980191330548596452
8681424629087353705341164347696964729667525830078693093079849842711687904408338186326775973
3803252682422433296807395064180671565602714268211230312342948551653653215269457610646824700
7076793291110119601654687799208741506218692435255806560814350075463657282512899089865298 8
2762656823007437703610580622266454799657003762714425715772581268682546629468723995640650972
8324077614389187704249767623422145130917936877460629168518390246803136439897416961358829185
9736553890645775130811934551982918149128457651522996407262983338964187393802463224707363927 6
8595129132896252267569031289898208892471349570142944686822655595752774582282842997280977738
3212732530514169924655225066614655913575986554748942601571238087794284727911437223671115303
8274775334142424071794886020283405775938586047439950943326511364877543242214726631364859057
7719453727858104371833790095179817963113508959960557056842175321440798955923184808524878 08
3675500683459483934247832856563524764189493364922492977088581624231502049139804359044981004
3149323301059449024747184763989316316844434740475056811723746439216134318381268547094021092
7957187993693138600003846851436845821166800218282012999174809263989909856653940582958886002
8274480269991698010642404924265810759212724690630992456074216611694183897204028455317073315
2315111420567850949657561203900768315674762721070457566617187840296262487211591769263270635
9138767846553619998598318230451455400969742685037750120083213320695886019705121870854184 38
8061088381433471343256668979262770244341992180768631001648573384040824075853991365579081178
3908542062933068122947293355971639367946203353915290906372069467342338151383426947141024398
2243883086676898962441571506447479056693233180852464295629231016005111864095688006805225939
6549137978135636662786584825404606873151675168565871305305211587055927383753478689080814844
7224684033527700001191254671233038886156296696015872181330247282478791621978491164332860672
2244635288310532085836045805147849852094422354984713141131881735244076916938170078031706 83
3636151053133551533095846623655392600802125833620966795554446296223486922443190847463919351
7496015959286204453799127924439547619127992304158443289127305216912408131923408866168091854
3382424029454461017088275160881042747219249209453946970268602852630794031070690991309220431
1596450429819108579944260900152451424283341581548822767582003641525105027903580048053428092
3023699820894145946331693593899070015559835064469082244498619717044307628693201445951564848
7770125948501151405397796339301004384053190679074364712995847183321388711909098235667221 26
3805486833874189401010754001378810183931591488087478658787950015155396440761625775081863582 1
7931011726144046668848182194560440513792488319715457124384193438967247551444236658936471 85
1822607188363875070459294519811236411780972307434095521941405244642200902221666865483560810
1851443171555087452030706681358203884352154987944960394947296065470806398245627394706397 440
6405137892953357285866899900859908690670394343487080081760714050432569032008815369471670760
9996780837875260810732992479498173332139531838778328235916737012583124289064735474215088782

```
5514984141423501301672675082179111002557972517427600739373192142103926032970810769819058988
0389161813825799144434322105291569057878847458211103826605498946693764305728200945740752925
3361163657509360063673498502843887265817107259941078493030813011758648611583290660573274270
6030699969482400586086403325051074570771362035206886494623441190563168069892406954125655639
8194247188892203522432260972317548885317282667739103757237101067393376638089815158426760468
5203620367240789149018792735561807661755878181538307145722038817729718759389566296149750567
8534508134597659282837182367192431400974105437297844510162575439587624579038208902934931501
4810483645135388892803043860369016426589231622072189666519355916274979550480092555159519046
1860679188081872269702979622020888002487787177912581021178942507276131979543109624664019772
0972322610026863745530018619088598256565626527936608540782281152515511826170482175695615416
2785139637782479952394359312469752436905921867794263833073373920923189034739655757739664909
8205261877727084616955873614559295219812689331644338239731423847261594530885254088718865776
4022385105108797310172252284529976947617375824995263247141181730160201833111918112228135088
5698210048181611461676048518736999561147171048969514528496967581258345361297803477323132965
3596522390633574214202049904977949714036872153280706435798771212837232586718612328481014289
3866885703762072348447967592914421953864220121082077988765511025031152937169329199651538878
0425162560257463240850422884499776238946926963152865729374134301693600760353293697064178277
8773779306501056973945611621924033667640309078354145513831643488944997923755781587501445520
6486934713086498330073898088056894346065207348759524887381452856331188696637177260653929012
9962451213621618212497585510924608606703292781986026525232632282648357227323918383492582021
2759389405715304112736281883610271502536481549937009962498261244882629179867282497649487437
5237721882327023286078786741446467607560018204980673465740757676455256364224302120916796
3726132117855243254451672661784549616087379037460663294176926463458502392755446300306386677
95115643109766170095008053674662921490319228931546134479522051756730507822406654121643097747
25130449522884992542381654379640699109303726768644369877159674558387881782369993907291362951
1356585921262470605123799207098445306806751021923597625803820917959940362293224160002144948
3069498884798402571157588664260148826172477609227552782493180061245468044327036949428051996
9324740567656213986896795414045778067938189867874389603154930808754485087084139693776973877
0431774286581696401871131875555139837434149480436738506910996892834084554865883150782980444
4292178135196816520654596288592489947217333292060737007254838521659865898890770988354659504
4585146811251957872729831356143487873935778901650631075864406944483973846508885441240799357
1718927238760433926754142118240462413909054293870612823904674491829046176385817767365973869
3310685073570068839226144004967522441094393867947431047301757352214306870791138992751983374
3170803283017996893744273125215821356317063512194580243208618521125215636098484108627492827
6882562501686289940598158930419958816428678871076201109560759741287230522131712605071600536
8280281377723429999177300500943273641748740893193172289404803345998552264108929822154491181
4713634885180832952437115609605107576510978703876312812439595878309461734903983475833694660
5791545220589591440569186560964276508524589570587748288120413261239285894873523560338104314
0003572891237856274325025046365007438900955727406369494446188365286660543726152454172205829
8308509695936482841958696169115725932419827358324585383144016706816148734750861264875198787
8076187917496827001171248189184661389879787611495726137823984153462245734739133766906177880
6054634749248021501000162411212171394543562120000272927378809068638911983351608116287091044
3237307015978376805284281909521539008995468145604809347727238999210771270883119994083118190
2204147888292396454286509798811164285982169556628812903107065000093202373656256754844374179
9311021817623100802014046166684899134498942412244970191755576492854239923972482065041525370
3922881058863411919720344394148701657599845533847868765677734770917667146803823673134016398
2840788020534954683295900144178046155394012922359304469985445894149744390975240122334235496
5425154758972141848937914350277894140168852816498143955298295540112830729095554776122500088
2002512272561369373743769265949008737460443447568747917170247900735627167818337666364901040
5890049089190374645620178677383153699102840008228759819748535247250201437242104792846798759
9705577863311114044746980788275213095399080803117091873922137847363226332007664951635051082
5897887220534451471505163639234558623587477446622427362128110925795828761191662541536846573
1854067726266281807464561236527057026139999291616530551980465265030554548499179403755411083
9891390539496691499562413086576574402038396516635578730617890614207972461756714788536068361
7001984457984350911655102002273651984534847982496446184462583047674648261361233386321767
8831250491277920092668848423818185480897273944618069227465490467321094749474591173096314265
5993105118144649849164657348892990956236056918074537823430166274316235950034507637186799869
3071862950698331108755676876752095740314348590022881123782362422610194674169308424929581882
2909711597530124904150583934405280223506510308621844597274035293927698964695385648752872846
2851718870062273433716976454998826882353502327643503763520442330312191859473589456042668354
4961268990924013089983378701351245239487953845969039342470609246933983359445142833816687683
9060145419707922473108628216859276547233642121807873842997293257587252274196921100888994834
9564227696402311427539124474432419589510468682513841571172663081780340834694446916054767932
9388942043396620864727227134058503469476983784811165925615771535228404276482497291625573147
8640882004014719734509654777030128475568141016328618137324409859068562663716058890701996765
6969369557771869700083478267984657239831280624856641195835594668646336824101470663496905455
```

5892651629622100768416618973454423248558753157654115752350824419774405089409900945155868296
6610670967090242188567263513022076946164741961012483500488324399099685855418687667730961363
6285574990531672834279055520879494170066782095830556996249477733433635071383166500916099445
6030701991206362094726162816281543050557973001978755133788352283359301917015024377492382939
5637935896295495380106173507005062115379411613692454017793311067313680790629158577115343529
0634174027337465251218836939159335520571525480391410141160760734932551286532242006682870834
3294702711238230448191080636701705555168166051617085257753897094270729668693022600648965741
4662072615047086137372372464532543782557590092567538422619308420193014170554457973751975300
4704168611858973324224553893793995888972573965585786621204211377058501004153632473380634849
3087817055660615334112886073767434320714040687517684530102491894478822892467092476454535781
1472726834119812515793747938590136536319222853772590745949489165008906353103732934604820812
7547665544803346897509941733772273008008835138661216396087695080332774463275202112383366389
0757017365868834071432495737637613189023179572011933183468407571300355600358910191442671794
8486409750703489157155788012167219481317424387469848401936835506425753888595363540645784595
2580263489405368485245661207135202821836091210728244860357098485986214991107205603824591948
5982982354366474772443187443625938524431934988597695084769983030114427791664023536244069488
9364336665191206330022706964314289141781565157624136606794086442773931508764532782000051431
1441693845021360245385952735824128082284051480072499505950421581980220321191170380602272622
8531527782250798281601848480446388454238187782171045347616593762607297088842176998044060036
0950716305937923533727603256790842966377149031844698075924229306159288757880937545566441609
8881032273324326116095521520558655728808412282000087549230838283980249303701852920622387709
8770427810125622682864582582074893745065734680589573571270244699330407523545448638482611794
9774906522988066396915491619456757341717414665666776155891302285172493749891423154404203600
8376023193268910997554626585144244130691699988162808907485969048306877241500910924822607221
1953662783562688880666917145514720406546986724461341839275466663949242227578726053861942662
0379390926492695130808143167659282504876472104863583938056093091373069208483881377562730641
4915510911084412526884282244779976582804516708878961001559623254578416946031392298780545287
2155596749804085046227082625986099215606656776059196478661965350118610338730120681862698898
3175553856349334962036254588905835397049964181414344002208060299886141346858423913934013535
6423247214253014285912056576385693562776247087717263782078595318143314668428861440577879484
3941854414553901189633756637537059024278787829869814914979048998218102052906879742490994284
3227323929273792293589493756346044711741346181118763775567553171353328694467886633685252997
7913388840625205355767274522687590942502698802623029029591980071872715439050757092048947427
8808112161753705708177786065723273944368967597196132409349773380717748506768066110002497094
8317758504896131681710471576012811599797969691179648937493658018282931468853266706863564738
4591938163006141247385388455900458292731183045319492375079494953597139353272734157355851621085
6392947218980959393414820835849569334691831189479801443321814633528391077662888449608686963
7826510737550363616449216691808790491033399484824422074745087379193547456961564410207232332
0090426503949670459479467217232231410461977817923227968911516033387085969999475128428050100
7507936666864488336267250377590252110262588133484892873136664049593470280206296700557077340
6220297557733498891842778084850329492415000656210226872992169408430237869071121487459408905
4767609155597377014065431151364199391015322169319775060536264632456293786010408510259722532
5173092650965923479694992248331176811659480608800008261892370405949807704001739674582189242
5489507168771331001039785153353453147106859570944506053733591953658617196314970060182160151
1678164458777993723274548437021671969832403521589516853551392478205591282796153491663015145
8051788841148097186706984272264732539627856885621860135755148025841191257861698154027609127
5074195114039656376928982882852274086014503953521126538953883867793995172958629270947841273
9115243311292594640007261346492499726818109451514403360630052871288117634557474400496852423
3433988590299130642366501730923117254932235693646270826473653961470193614656488082366385687
1274311814628024296708416102187589986096946923503129824468202286241015811833808695873215776
0182237896180157677998926335274840895731040846106853771869639844131858461150414828730502311
8066959863417933895317469817706686663525117787844575853111495225289209150428157492245591384
7113304271589135534111423495667324043853073572462286846922284083793734484706029169360139930
4095065459619003081838025272825630822093726975275298952076633889581100393467050195502721525
4070784222031586900159951308263848419748777684991692392219653723166544757440764101009965061
7126275901780988192588847792708101654593732525384128020075751048259116525137578340100895
1847682491018622117355534863696984157401995560286512422361874058340908447687897154212595303
5591327072076061508973819799481185638356745062572946951343691678918263066507952431155826364
3719976037744462018791016135424477006273647656549196267616444680772190922929080866228112959
8849247811486715453257155367603119524547561565236967703853704768866046980213852480305611763
8206875750675813641286287801377651406190726700233097845877669182283339165129078707608669375
1711689174162769080955175279698052016821027162621360697060416091561788705305407209797684930
2663763896866273605011398898836733591351396031547428897471385416969392931830868002123289632
9599381271653722118529514501671084320746942049020976670074228274667222156833863413023286091
1046024015612304984559140952392104609756546364834446150855037499705955336660221346260483996
0122732736419106949439922465245700052391362273333828497255739335649594315523090123323056349

```
3415235105696282286778821093084612156866114443870760958284067151875349809714331027439670232
0728683010530558547406112071090359352224531897377489287212239388744316548020903900810810888
5266922772461931438252909725863112461577955027598220706166870804876950054241987556204669927
4663988639348486840142233528728214440395478422891745476582719454397372171674600060853686206
6597343051524283327289391251077992281717140591722360207385278926420803737929278643557802115
8357573583590602073781354710814449504904591832117553015450198368358598699232679936322436043
6246020284705006583453866926334314789829914678538149164332937337706472856119777547178021057
2065624167806204924960506810145055444000836915853863991964055830272863321210271592547804919
8906708906687151219434944169901581812162969164529656672888226173464699874380606663650125491
9352995156342670614836862978791948285825812784137702694022167558068283567615271251002722
5321755011753916761857082441000569786355201545717750960983903500128251287302913885175974609
7154637478515816291219002842149372840941016515570616862064622207366895549393145435182266250
1773714797996892061206532527541841391447611392215213461406928641935582165447967025369448854
4417123943334998602980270985027141815954167802543240545151692226883222768070584168571088824
8940081080598243638806930490140036054058825147274558825823285297655543660060976141881745
9506835189943064407677097341582749754334607411032688819736325102959868912713918327323940654
6776520570126856021583738546587562512867319730520083545205711511563796715242285437561231937
6717685670090063735425030945510191851196229951403259743792093543742091184315511683498513254
9158654381928399557383125945367248250671147389629672990878885848882599701074227252504035481
8049628522570520823634851226938315628067283671474350559839279732606684295072635138275104197
4688976767259136901730651236573171953243101286956107258052833631589009582669841735396384872
0165200490649064035495449237229427418378411033080777386940393450466333220017422240536339
7527505982935749108698818541052273129910222333976612533246907300802700490258911978660954614
1221334121389196263882666178655614634421081326330771760786630636342431909183254194322747
4115237704877561380927960483576499695368748511308807062476127325750376659107831658785768550
661988397945830269086027019641122022573660586407392914387722598907407359876447331552706846
6191670819909421086085140332806017878514301499679947363423666222291820690324453015250155785
0152288473671518234944926548288571797699263161632753384557655764406775448906682489996613455
1800978142208672688630564291540138296534685734899671972420171760414562999130251414447524884
8788595219222684372364532964338807885110699339769612778269162546309732353545146226413765213
9297506809924776597347261269093978722139280745585647099981589429668515562704033660587623053
4031098345932290012698322692050220158143430280800022365801546328825529047068250736300630781
1895687198094076715851261033440193829627188086008611697072396703943181261309742471117179019
8574301239907540354716506288051264920095605513453336202926306649809154087581763402129960016
1949111034937515765588752482721423767972642564269773681988908821726992655530498724790479810
0006504684342655193059548646351596583419325601995394272542463731715151763524395140380742442
3857724765659615245674669931628602826485504068591224634076966397694270136693882918560767582
0086694383375631459329417145519966697782218147062090620349763171208646603060567561493310916
7359686926299803365159852130088024046181683318608779296650027792213476011617481352000602598
9515021896326415385131177521071464107072577934971822527267900599337018659615793278000661769
1118316761417596464874106952453761145688792311508863036238407176919599890035658075472701
0719916644775922773065889611193942758602466572916464778295951779252172840786074432951131565
8116636186290447363155515655823373410205410970553981055118587774847255317701694561977327400
0762746629160155781498938499154800670015880287271396477885553340501525788846719648020524672
4244939551864372558440999600636300289818578112735319400344482753400429606559508922535186011
5542228917642946353097283905715525192200671822520448345695728302484851587778351479512685965
4267081696079824661679259260735618939895590289542298200690113501199927833705761754071258345
8058278068123894285619311111413250493316426052802330398141690067988980373760320995164384890
5869936960683071012317961526692453046492374632284627990824233479833037403445017864480398812
7559225902046536608469102137948423688814526296968662135664767020142672532056443503131171444
1377135146736716972654522654651064403820274351610225460111162195775537690901298148136883286
2481603668992773908339405147143384874692011642619481923966449463200446384746884791115170448
4391938676530311008242387049815245204057396205818316248694503293550919858056458989074842
6831229254345074737341519527423647641802819954873173772129012524214467540429458554024239064
7170225700446424875936387663670677479620244276809437785482576651284377690093142098666071018
7029338593310437732853034371688951848025477991273331396336672506976240044399984287154827354
0021362280036387835780861930328130999490596589188937507538344269255703320890375832462846799
4994772016161849244806707260664239432321923207176003752531360026007938117888524025045773149
2535024973994254405139909972427789185118923895556724908833225321079886270815640003225278031
5109766866228334677738349417461225894542098000029093296907437726013869091027914062598515250
5977668184401078167066934000751493482854055561430475539110533143757464229486209744679084475
8764686317892773085988511135509579474495421862986677496696159474444092731132006697861138085
9054531762649459016781969714986139949226972233845270514380938951350464437551225486111708913
9668089366777970994384880861933190910435786072084967307382593792396359932847510040727279386
2627167044754075719020503934191972545189483117279024614049668955179079986910253764890964845
9816709017139351206782839579961226311973314913377818343384193185236753866290190046334332822
```

```
5328343418249210719160927673080132353694726484892764429798706811256546280611726046073321917
6304741215064030201789320579568760510277525053043612227096046758453127386616521424194086834
0837589140095114133929545770094731748116885364094183528610997103416723558178602823498202031
4998679401740417191402839362105194806048190182451800817013710421974592127984040242689630053
3553685494164008639217745676953445865083328629821658460164507800003598985212901239590070420
2660744988785062717607762225506390745319477188925099058100936729891954099576633538658378 0
9800447935377991877121429774619764094727212140235326551777236163419660743763915386601945017 7
6914006240684127316295860806350676293775125293436759607342719967513520158008737395483897343
9901238256568290785911442588285213661692014029900413146213680632352650865411218084749987584
4111836290979089198341187537664960480936264893291043905977256329558138877674469546181579787
0419159755833500037728672460735185350885495464202930915856369497857604837415055809918840
2093433335128195514555185733488816491676944277824055543369773119201437225415419274505976 01
3798414437359942028760525557189378041148926125798303618380107710050042392392644156922779 00
5702794740136494229184793369253543248404878023177744518417795835582575476184254957539587854
9458343084804417370879849267419528932303148958991600685422879578929481590006873537333333386
3813908420994872551172617108729440888684478508116345852692141540299672098869371588623222 03
3148558174268263595068936234481342247386939460923256600754721256741410342184901311896396 76
547329167424718993424330280290926985075229490797094430092386728774393625511131362876159197 3
83241349167226826122826312779381175080740859439719002542641266494798017644201645415881317
6018972659624614413913192067850352463830657764016522973204708920114691713372287863037038453
1341942644142496649844744048617738513529373108099859472815111736507191398812693074826906140
392864227662784943295588285938372148475070778355119896224911955882370450645820056101702053 2
4844490215022945617655618592145743990095548229413751544136132915043046914179941224609338165
1362627902827884213812207758942403884062294331727989259418366829367925960422418459417706530
1954864394817033552410287470447311715070347750834323733311632587672763683468584448656253918
7239460827324713500448957086803150325038676401735315079400345572855037001845602769961506156
82914161170610461617408248462670335189152551882482127260072595765678899125687670201497866790
8471066310748764673098909147197987925985906257336497349823503126098309873468616273935805790
7354908246830497284097732811670824915163734680705105219191762054169882625476054458177111 7
9937767786965421699257855772046344244304207449548970339043450720611900769736351740195265 63
2213928258312052824003746695459092804525968798460814087071953425476138836335351191121441431
4850552012358138062649231353833876758091889237975855157320365883176242411691675238145885920
7516403523668437267917590637053921979811265977081139473516719629999705290017090758985691638
9066427042357007445027751201049039481483294574438097462603510578981954076398706078758177407
2491184506978842994138342060812428390148814872599854181480292949227878324356105549156410917
4887706706782011985910958909836883951171838013491482549927491426985525951776536126242157 26
6244889609614829797030842021051602796714785615940646136382477589020110251992342153210060175
2302574212237542107495918728675189552155329945322689425188409422826757744222275528207615607
2771039471825668024710660677383120630314662847443386204743259568505689287162653290832787843
9965071672422061382945329166004638087256305952415328812093700992298960069813927008796867796
3519874182401856293198492262333643189939009170488199525882372338807953265885144939381241154327
3205891645786422945268411758808184050956904691381344307784890211487971211628397344305484 6
1498079356243549671412947332664224830500436445454702749172320783995650868018761732703319 0
6565795475395206929252015307064350471306881289032053854556398799210109566729828730479466100
5431635846234487441555407133814323441311788424196019037028686962422762465024004208137135046
4015993472053275567950353390671272161779060302162399780418576334810054483887031730716255256
4799599998693531968130101562970987116730696494027491665726749434320813231461388692553349 9
2941183163877889903259401093411157274298013318145782816879135142439557873420591561458773689
880807917071145511547626616820817775747248427879712981548238503689591652405437305246672873
1303019258295249876393209857312091610561357220176392716995986861088676061338436496169518654
8486046168484824074383811807417342224483947893998278014734222305786541021772926482091409485
0350132241515599990163071478148527051614432258254780143440109533660239362642493138522940547
5364168364670415743005583729847040181455710029694234698505997788557369980218223035492383187
9762989415697721236384408891789275277528474447762189205742545315103747997770686236242189906
3030968221177321970823047745455060238585911403898969166622077876832601239617419997623655 0
636326601699061168908868774133378091951614977054921417118191101495434786938206209808278789
5731327899060020863391127847153684304381498150970304770886881635974192534134122191396287457
81099342483271410917827631765420963125071366926365882135751199875401157902802850780669833 8
4183382667394553683319656571703194629336410927266727424499274732291380098357445091340799308 5
6836048467786653542105866800521154264867497239537936421566553872081855412598194547427516118
416936625563241935915856950889053531412183366239987802211504245660015023646910815997419202 5
4437873610226712941228298888053367943950329404804961677110728788103616467730371502183528902
41464817543095490594488754104250168040699998196719397982082773346485581585910776178828497505
46856791399040113845624360403574402461912376944022007604214335733872603925372466408966491 47
1465473007219529273741767796135652330678042682000242307412186674866946280587887387382995232 78
0501070661013854028801191385573091138057275589368194030938071886379375821544435162655991203
```

```
4651459473884977874365758947077177943562707432572285536101492929675650265851006003218146153
6129285910693432148786863743429770205982545109580541744556250811648819563443233555509154070
2287345061766348980040928111484860336673588052242980276245065806416616460933096583227741206
8700461864708735460759460023553734363668584630008298911593217465432173511755315755510186309
6588560274473288174361764536559262461764387774037997688608018414576447643035712983995556915
6559423117453065948362502060364382217354440965535395090457436938651043129342716658105214647
3628560410427152372939781248710605985932017807577384367065631135068593058886083620234778064
9879758531784016729059787657028138758026032333379883203038968539991145202912912522642348966
9763397182681060237095975966298091853481901250403158996252047170767663998683531531966086875
2912542311537503475500515367406868469956767733057751079235049034577877826339647387642905640
1644333168224565090395700668568009825182733058190424322611289485184918822142539686131003371
3722430186839559644173467084178320400757151241680837554131482479240045243081253677296897044
4067964317974268159359203135821514639678923853314691684801923785613665706360942213296256718
2221408537658070683461685834963756556481521327880020825169618079848404748675428648124718923
2457278488099517849200238132149505597686097804392272136566791432558387293962885557531898513
3904712378084559407184483283611533615780257058364385933712923478051058091607157923717358832
7126164560656794503480990799720508422730547419077811064940216016666295094593246968082778858
7382689608487744561183798448657304543205368926840349142345088153510167857570666874956376066
6307293636497984091052840084546233261781814979761412181872861268865346071166509551354778323
6274118114820717164665265427099148478807776892823457954861106715049473647399736480665299537
3677999340235327496480103446000856397697363373222947146973027764094077539628839012582466293
9693898770158620893799185516933084638159996539591339262924500564406760974231693078027155970
0744418327838639200591504192666472875278979549277034150826391547896926883308166047956420911
2379312512452382628913239114259259248872353135341403716733799306171199664803740766440361082
7781509371989266789958837505255476092942001843074443896493496814253542442287548263467259939
9787959797254722441172876007712608840939504811921596748879355586267106549030213240224770792
6524977694449552051080564104822068021729276356152237738510636020972031378948389087608773044
4339107037138713316374909282154921296094355995765425050659702392398001339719254398835333581
9326042355334640709072858048652141533903522297060471220130494123455357789547124863000470556
2889455044608622266485238473107331722303856418653118021793512078836789316324319258064485005
1145282276974702881297556723041938969669115168403425219126668605613003845205389336911210081
2050252410879522034623660139062940958680638104861567034918952889959443421807536331295702241
2607656628378577631058413324970080210963951349160864205194055137980373826514725989990212475
1359728278648704803024095769246243692551113922353173869482928421855572437473618265775956003518
9015876875981442665762658258377735379880116858111611885458719903282377257657947925555015170
3522520432959456689504597798593133546030580462871210509920026539199902203280298551349905589
5296203508118519116239337684154510610655162478821980694146953140216385429484650993057590188
4254772587685764147409170800507658641633769358146607818722445058379424375762870854540335011
0537092671021601688974251901726647710911877340196587613192382440167786694473160364332359105
3046392692548647340576221166484269938303050481743973119300536761645050844763047325637642116
6661398181721671531112891024558516207319700700311254050520823829089312875756421875416786156
9179700970093805014298466685212001591511327205923213373624510092718572734941352894812323115
9923461589690978967445413062762687256330468235531371596513000406153320056264213843223148270
3547358635091988446533835684004841684653835147529872668521047590091051673159246264853570708
1943035235987550492977330753172203557347023651707931593278744454981644593247393837794365275
8003109277535437349297011203088850811385110362985620594883469615636232082831084250287376136
4128467264503679574982163446945992440232308636095796527312504891201235999628480875170027135
5590882128244592123659726362362619317174993060278006727038520443869442023962659430717338754
4843964935739401654469425438918315935956750099329847553183201970958681114740341146430774907
8732347323831843169775800695104759625347803929053122789720283171030770441520409620275360661
6877509538749135648654899352851081375466230230104416440607874337993886594343197397276280988
7255359642183688625252868429209407669353101746760614361504022410610065751838578184594309738
1666527422822359522326563156004363606660617992954342681278424698023110783192217548828248443
9421559050962496809551681614178408105806817300900263152721796074723457944753439008266238400
8070488767662012566975422632476841443602996127063203642476725566239584136334669634201833963
7825422544743063280535146449208028401169350717192513434491759163446481543816005896456776084
0579801659025574897671187722539527000178383461806833574250619637793972907186641657756555492
2398951160504436181020594168505418765847159029625940307677186938605462437938952917738297414
8463926922111835547905990950972997607473872962647276052104595112827435631270960595023755731
8061954525987653198881915837078060946073010465314079672252575778609273091902469192988845173
9871631507685766351864937976297380660316503198618172065118786733591976523956744318887953365
2290886520080140499811495657664501357148699739221946031665890119202261370639549215000080968
0804936515617904441399365473211942270762716806623267993172218125745760915245516705097654927
9875792849661673761936853435468604260079278210505029351060269911077292583322331389423980871
6540504631465861786721994997496972905979157918464803703518738864382070609804934004556788609
3076538261926526318112021863859251656925865948327448316434614594036961723580597179588829058
```

```
9964112189047429032689829030019539195564907348181246684338993876522912442311981457466200937
8080796511082080920250037221765466226546285167806975616512298469040287638196536023135636313
6497663890221979236172338854918198095735229701423204549139476002030983118265134708319579082
7421779732291100149811042092919972707939131054168843056476680682881432639312292484752803515
5632827952732656083410881616979610239630665231004370268230915339990110185178408534796664576
9639956438623259072566307560394705513589758512702593763532523454546071157876567775171323140
7198493087072741725990383479908377522266238501618900013696653310225295738651936909936258963
3379104117758605187819207087776560999410980515517605243383149857884415802148300377380729422
2057611422187341912017380974191603908969457081286919618687718234413339778059759399170408522
5740245952795358955168367104612241414848823507042098949464053346102981481814983849628748546
9500407432484301004237023770269359497780909390095551642812541683795122263408103402400601731
8562283671178791286350576512210523464875470892286547579799198663491343367457317808000101592
2803245804156062040588149733690546883830568311188564269274466682562826056931827114971107908
0222167427372520560852398097051928761728182949170796810849563420922156800522265765905027081
0105964689600419159413971344320797487520061970362143653107681949231466574683330194256177258
0296562871057463566793619642933509041759154760564372284823152054488326426763087111474606360
3473283432300941904208674812321963559808929813901374321723190294403380213835037846658247844
9282371602845709018509399863087689746361213922287446437282223068981442710808767398474519868
5973565683247585023790229043874338656501635430920494975139465171204239963804851524043827140
0499873660922159516794366552097162467190287849723430687941462209330654035151465333534381762
1214097499529081334366887421960854630056294187185719897965490389226099400645813457698989029
3752526031594793520517287383716670072154796195637574070128559260756333580436117856957032715
1086097332660021100882712319916379340997123032026138109889964222097317552741425536341300615
9729484372048567305363345366183219602569723677437664041985539084586654773133442430617212600
0862976052967207859322562292355846262846333189292831983610000259218711370399715055774932487
5978319767136286320184428233653934716363794571277158840984176877770551144694652404220885382
0282499829632950846704657019347597460108210900223798138993938891736619958702353222196294149991
3960484229927934116586704877857111337265349285665368928875089626084058604973081180779650601
0068109796230455954801189768566196762423893127565241655983194566147167582205720515073318743
8649959207729217154115270702515737429327406030388997018176392492844496144989211996008741455
9201197110619178135600831179394370021856788080126118115799464147173034579067670391626448036963
1523001638097509549864785771530193320758707672807382416272997985657219816684445193115121472
1539462606241547478844925314745222342898144439356689652081728352018491044685012363534665944
3910177128650907892320369817781441406576579793141693427566274427756479249572256177112244150825
0590572608481471404592395307959706042717245927521655060051371539677724263182593431649599940
8488134896294439801928050446990307433295869642023477994406085552980260168762745948165247001
3204750956993158251056595655451124681216741044189201497129170591132046486929952189360787257
1989543326870276421120797111258063437179070285365686818813064931529038649123136625719028111
6080449925331730933188619738913721183963488792038092148177397515121555060714212378478249514
6494932858500089951732313341794491957195493738102251620433558509640442999506549482181749182
9820980285016135764697993067913222478498512958741989762340204826428706202051130484543207456
4363054682985899790358840556461006745899723002864895895244153303792218607675721960300019984
0534610423696739484659819890332664471364177828858318615641089981063332566958801490875489118
5529444754877770703325428165404870114529025916253519801238714010436036309205281399600818578
2175059199204440716799015338445864015420542276603949509852531714647656658866814588422462768
1547177489770602016193969477385529779517920639342593819635523803884248395810392756705640051
7745841545364772017073426820789537842419318718112513400191534907522301885366424565151886403
0265041520622587526974644830596060008664808467397587469403100443050711008032857561852600337
0683321783410069730737036403212982503954591566451625180163585488925018864904176713086234741
6451200097805267165914094586669529719432662613627554666276397479883132420766002470825655516
8634654157322730379846334974354176053391180554958485171003065047146570917400082202203334208
4271621025506998295166962322792052067901249991059790172386421758536906421361877237109133881
4995600185227362965360920637316839784737149841162314047954571631028508309649294656142890777
3603095689141375737242200843195367637207516723402117432726467077570720566446538170861043049
4913019933047479859635164887964619449295289058257309790409506277206668356944279880549619837
5127327465076018212152053349220808519176266170836135723334251006968310417820797186065027973
2577611571650724027365119908613767038988665032755774389422758156617306972183643680194219584
4768114175576578022594122936937628548376150113712094447772678839072637650618932744947410922
6405869319895905855996960097204635671095586425942225071342281083161078785456208386552686224
9687755895674284009651708974399863645219402878969929676885522509924548113167981196095844999
4512830174395656845542534924673319276992922114986442884274282189623437770714914385776080580
8485642730371713537642453067937869457905752335076438815218106566079270751572528839918515710
5260056188339108536221275688426153686799818073601708567364217013332426353061934635454360172
6038855255677458062131463820548899779437994865925280732477127701533566724305128745511130522
7076922621510652614798139613012054825955398498290382216585400027871828179452759345759816060
6825566935359109197025317587895850786425123816902286844088555046233861768093743871255003062
```

7677911446042717502369048260534968220034680627979397528237235197310708566623247325548156691
2018466156539344860475403574057352649735659449189907361608117631335249185747240294914221910
0553466942302866373906308379579526522916582302609976507409187334001330523431010303777850787
5206351658346277844835368366559027055834947961298350561294339024573969305052295130811046709
0913249882048315378942261322355663430981141830986684768102825715502868274838339757192587347
4011536646716826293701552682244212771105239091796931923912773797717688015422468834962014009
9732275759329391772408646348928364644435387618113834143988823534353062371783603772709222067
9014913157494612352486498036806094484885719893841191968471524836899608147222418754317335333
7423694900817626436893163678853454542857139636032750992289571258032414630563428729318699711
7594565836310366835157351924115291745568656458397470920699815889999713360367051251783221658
7046941565206271294188303672866169732775954748983270093376170910380551593860779751831647911
1510918328012752515936515048860793988485860993081193493801277896709108478408470943154894557
7055045503618218115460265023335986626211907545728433340654655923652677967900972402255903766
2770157178745301067368845974624241194146092702551816535744964080370763592182048070317078004
9503051527919804684148029262375914410938821175845422300258710509897434053801960890967060017
2944613159435393190215524986391770306032510939596603820623564441379417884276524064389978721
5289854873908254194811268497400341380587702933160023497523314378325068346832390294862961289
1771070449877062308584555830072538581936999562749473165520895617944627647768827751115761470
4990194822843238680273470746738628147526753337201210107164668619616006337713521378211388572
1215547739721693304401947166534830268285098055310036760417985335910839912135600946042118254
8283826080594511633337459993309854009095675531282250406764600734126635440624826166056357691
2527998130161592594268648699500472477533277064999384644411392955896914652204299081224390628
6000465035738126952170225639216821773367320209158675045004788981687036460961518460048557414
3988172609738447212746441954501983355932317688295578306458020898295276315490735500546541111
1371947630436261732978590284651319161466655167663506411933457586671378181098415646592962365
7690836271607223381478850850638863177490787234919198767989674636254547126044095416819779922
0710427640251548433196477390558104961000164705989515785294399191798519780608939567864719736
3890098524223400054422376311640315184627938021795265684299781428838321389598243993388770155
7990783944892067091706552034967699860541559021057651477157873786751371254730446603349942396
3787796271176836236896244596776440199697869302789570431674431509802289865012877454039340739
7242671605002558785498888940993842091001681738748983584562893527517079117054900054362196217
0642940432780627987378667670222852018370415921352422427596283750372997349591431251129236968
5319012975356116296723084861743231763892988175402470391522806254684791030979628293430421339
4022884129310475940434608356683432324956136475425798625445544988963516713644459379357350070
2773176734884517488709966825081043895156770998488740178829907494844233167883018060597371518
8996429503241991398806477821402001041117774789688395551080742111648042275079877931031511511
0843338317728872525585366801323192752339690786930159258085241915908837680453626089750834211
0444191172855632146461237202911674061466035739643190133267351138318086854427530611568220064
2050776276243163090763395746802731529177990810123549436125914719887523866639937485253979788
8793077692813208745702729612199390812546255462541090083430520403871083838521389598243993877
9049301769295115288579085478954134272967908455152662497710743422153765699549216931190035675
5887971969593608944405602798532282974592300572929022501918690499605151963466587384576628616
5583709262229540525587150988780191535985441716721357300635697462366450699943859586530458169
5576681415188637516729582855194702568148675216121345853932624252174469525507007692700832805
3505369516383702482620563452119086436094550878637455568841651474777446606868027320905274568
1753951571320375462170698262614847590710692505568871840363000530513868109594328387480633463
2999487695537434810824541310981083736907075104526838146157137362035056374120611543698395643
1136731850971749634340583229072358340161829060871658710160130421591917139023645897059027348
1568107228986719530257968376456398971876922517593315586797334077373304321675565391075575423
8916160702122717375920700563071368437478212135288989798668217762832572533345183230392747618
6540391208796565258928608193070403573964208098932108943220085199416761171752735397888202661
8744562282022053152831427848303386860279965175179755818983331025625438230416018942339170386
3378357921032037786682180618908632648674196620083453772672138030048353496960106622413864272
5292530005372917737061162348654387360333573151227139300475257703092179902691056833698681470
0700466807131900900638769068942035418676510749733938247585986386289190118498516056766726356
8183641257922449828028996536186177668677814102903988473476271790234863835367198841815377642
8435790683635879056700585812134278486017342992731149825829426381306584979321719602718889308
8881367210302529373730687284284252676818495032793295747070453752303208640889188204692025781
1437476077421043931464527865896380704085307448240780539431479682354362054098652245446130960
9568972992532000469372276519264525234710438680616284415026327290612571927257767631402242018
5623514890590306131224408194389634712598106722230807362487403882344642804839175997118906930
4948686931188157335894633731378306463075822060360727221651203940831736077127229108945530997
2771304131061415677302487550303031197459367823569692069290086840655178435506990979613012085
9134208252365383197216400257843865315526851804559506527621829780729270016262380753984531787
4932145717674428422404980630487336345595571419216555990693160116854568047578569445825814652
5410569094210415186078742436405050757001169784515992851436363141919856220392836376

```
9807369642480231750529550137335897960359874442590363690717246275208403121238030892613188023
2071030140461195590396734783221472762103942851915451503469923928686060878948272040131551785
4889242118587503260120766227587948661078061994316694602312466700366406945698803378941916927
9093056380077125569611138551110682307186263508781301659159665719956166392695240132819371226
8673839971023130237186061442402816750002785237013297428005731412337710767305263002918854321
8495203772625172519665489858630275201985805528656701741242478139844114794561403613723592
9100240288001695428252763700172605581740844534308051145690107092006853751074980056229956793
9370360942165585240126826086201398966399798182668381464268876294549868698696501835872133246
8705175195617160408503607021926593490727025109947572522191084244559520783085143427489795831
4090611381368732186562478051997330989401100475707181898522937844381414345412750827098497919
6457929208023550364363535096012517177168056554998278836687203057953323548922735814309596605
1222929425451105961566598998015880640054229431876949270762221110284761808261596446602704309
7290549291809577577590269624782434271968425210667370895391287926957103913170155241989566593
7962888409428690519523491907549396833743385108678868311297484077425614288802420254564707508
5740339539867674644706472412244050841574598773169274280657938451080829334713697457317107801
2150465560773087987578705024420182513066251328457937966934267465917675447321287297992553229
3956541582868358625639296227016169581436104796463370168169083700255736494401395819022090259
0430291793301413198519600605393959301511803485506302148638173900592786593779628397460050166
0024561924250559351652393899385785832922591711647601833158673958922691798677199264267707228
0445165745545012821713074850073677934454702487148837188476688243781859855683230039182925072
2212472339543814508124959205727385821638671741214554440720007746256677999930338858143839522
4684186060994650551174949312624747545411490089929888024475111743941471715620484316616148349
0190460011902962556851628776043685120922176537252030663261027926045712112346384308976091005
7607603820506269489451831336812957500849465036278304450342429885580336561984544505418523949
8398908251480866797159530872371873295246175261964989059205469690840452251974665477634065536
7050839612952694377982971982255074400872467579607375592988511922700401408992230997692507908
2437252930253655458496293343701951694483160099816953821753975089393183088183490256194526897
7264011060413490804531314501071393769710546347665424938733278884969650778891157044338998766286
0677669411702353257219697006335598012767963217354057017373873456002788461555755391888881901
5793780554417315212471104852527959766608726189792991456175520979704048087560544694283127
4540256332191157104455429631522523043608263630844221033568337100347482864619734312032202472
4439322933802978839273166096657341966481397117329057631860775941914189828747832911366843302
5352925249647921101964649065217824280216584448011944183756087062646822170527885558666093973
0849211724889880705529500413886690763683994300818877934803775541180454695193374369307401500
4386915629027469361458814570456637297627949440616093119931117418045204492835456146997128768
2350175144537389283837680072041680696395364925057869308092586432379583979185083667852668709
3943396098783481513142366452625415249275587799065325616332081271863536440504910181314864879
7280643608496665024892073569753621719047572055407929666384435426213099435243251883097135330
8234087314154948096654879619620704298132176243781081796600036278059616864585833111024083433
1251029352663857765397147351005221181616567263513538413677555892138833561375416690156011175
3776496327297641275729796185460065305881543374664637502467661817836828601359389997966104887373
2129998880771893034558284247986325865083297164788136878369340431586999415840560731051700807
4090624232298342148364593754066689887990245296775038063088642462350000679205016940257668422
6733776234700738508610419471106994358045344557048916857268425464900093712562476105936069638
8997312784658624437991441399515694668108392632522318191172864007455876341045628857512550568
0815252293927925978148617475452694776380447699595505060703040572307480234705742344672410312
2965349505065170115643132428521975922325039634918024654316346612918022256977140890212339328
7886041739410135263115203691114539200387541090012174008003707640680658246278050875572041054
2581570457315479309584722082919046179453753955470558955349064238100816637319455023584810199
2227192912016177520244466860590096640142655724768436533186703522065580145891365214214884279
5655866627059338874918786393912310949856121262994129219570550982159041459138611525665218794
5691785864140841846629181231277170185607642984140347592485979536413929570029539960004476524
1741180636090891070329935760123567450289489667243683113234827356381370078481809220454448786
9713639440714068381085375023790679254919907435459391118754414697879774458807061279467910266105
9726750687549686191026642898726604155400035593706209614687774802119559012974434756190336901
5032298765074421165940749484642116358360774214267964398310275681555461210571679153107221777
9302545732287453729298919495464443021474349443399152619976461756050044687614144519713784811
7621178977241435546735467024250734783642218978843024064895284631438816343507529653333478207
4398744784424394834378621580005295941201695844079596621953145946385170657449406445413777088
3853227475395462267472178164107859715062639482911743733169123087794755840162452434673160765
2792303833610840339322785923043706961423361851512020163003710647339236015940934876141393157
8014737552099930571439690936141780868692008127299950126894063381545942618042524870705529369
5120120933850061826700896112557402629284289397798199536585334676890135251331654478486211389
7579395337638477043789600054374631526792261265540350013294475993320389950440369123410089565
1264183332718963511651306511767120225793729061014842354674378547404696125822110639983260457
1581254754677929322160100396891835166867336830393136298532998728773133651400992007718111594
```

0934273357483361014694036854512564432034707528448389317545617646315722092878102799120290218
9223828247035054633830941944779746913088292457205029220624985552355105654164304576298864176
8062017411348089234227288347454320119807266068956925882293270245447753472176552839080617430
0254282815982876747135983139248677545318468446083804815081566354194625658132963595505948290
7633010681564496651788032837772344264957347620939757595579306386710047774393400649834055072
3621811989484482127172777851389956849044762700861312697815775722954647603359273556343018515
2565958292013820915022620088003174972853899821503906535593312828283530229104248499101040960
0808129227371345158145829596251438171754663416763065800124676193027393974968282716096494372
3113557562907810196124240298111767982618671404839546685238558072759405609329731240555537304
4799293256493279811483183320213731115623240409254441936217129357321551955582693070362086939
1030956262579288494465718175291633610508440138556367920715571888579885134962980427561385500
8281669530390869896208029030355380062556321403668177908180211648438779482785129378171151953
1292060253499397876175464080018854911265094773779403380813851658217736547421223193282082698
0804014905348395503964389278202924723734827169643746781354156230792934930724033675169925218
8922405669614699681473878851860314289763537976243242698191015966561818629392204880958915352
3367722568736438466816967641773574492402773244271852172458249037944402883067384456400185365
6074654175605371082546817925693646964418020722076795015297467508384135231135616254995291763
5141688384581887938427692077003633086674413405717150430764455055708620196218750902138884932
1558884931463611851668192193333106871041572192225845136232219900267083802223487321575797119[1]
1396826803848840402814592695923283959641886626796149305159820371186283109450197691335579388
1589511415327250422495358886450529525185569766476775406419896461256327822597017023337558520
8862221826002835592814463086109070674171612612300225306229429643978032683573008816248684[49]
6380618338129063172066698253927339740049475856958735139345476951134818732264175263119057768
8592198023732093522988172495982321802051416465423317460267710479573856951746726028070968152
5043733589820550474008030133017558152271695309675197201612009205662308775428710696458634713
7428066751678319373513256522148383317367230811981653422398026247437655894767569216343687766
9156494799894490895333548260863798232539491667268994167499834770469902146408996837582495058
2908145331422006226370265889085675892630506217725045902749909993279197623786666529191863955
8768793566387776474276695160789608393162352529278325036415584678024618159880514292691440698
9652471948193396323136854634186509092841382712521695383620063230092109962062494250608111[81]
4867512981608654863784916838914202440746125373499118074444680045657807234762101130684460779
7942213204417518481616010190843118577837369230285339399275611116062550093838015931151113590[7]
8521625604853869143238122459042997729469643222737151895258029733660453560070753438041266967
0586791436932082918304113925179378607725904330105369386056453122825753943173722335852211681
5430443635849742772083634227879617830153625028018585784844259719867132834248512769481082148
2898998745431722097792403608326198732536158595601419384136517625882323166497136618714988209
1304281551016224391160452496338425654078620540396847598413729509358148777371240181717977838
0478989949436542977673257015705381263785222746972467874241300793642328497818478384187095000
9202732327654649817697185631159468301209971547273531735570252640974294862538148140078592209[3]
7562638394686873716324465000669475670531599472687811256170460064074445580742901999701262105[36]
9442807140922166151821307934869897283700119529308107366672854879857871482235316879674787357
5266193854236240007139113056755503388529014237718541648922941556716384588614111063333831204
1108527645828402610255558454722593759618723463643099396380123444892556529898272029900367843
9151041868749582442954626212615552519867450944465290221964963295540000703852105632196765824
8422650733125362054626026868452266096888043838047437262323316166601591279368819959405025719
9993291767339310271001259530946943796638596808326643193164965849633977291316642345183731667[57]
3688536451820230238148263770653011391128913691346249132791260325534591991632345277581424[76]
6602795479540704330509573058571051219829120944316533594324084681380748875387297085375441682
8066098849350666996372897944316567926876367066059226649550352104308343571403351838775617420
9630866622504815251137848588257002504051583861836164507635919756645647121506198985206274610
7207788534090089741333788845290560643246783723784423811624539607897311433370609605259730[19]
9650937439545624668662812432752778817857645097868654913892339614539387201609954727731688759
9733216771184419958948486142610389151875753653139008447212671593136105659052530688227016390
0604646542371934043098508250773501548519931747183573044915069497572480079084269359829143[8]
3093138985548754942322744949162792191174416817622585153292309062702886262732717271373674728
8536386212322152156598140143461744208641223824870184217621137984800128918461150291340723510
4009968281635515588496259347022842452965644631458122087796414813974052131898287854284269657
8224348929218621245340214229187834287983128365520838811022235045871328965119752972393956001142
5296402196067696795758147935979993141849812041111542822165132392559070987481632337101916113
9791981311334362875608519136823562637758111952015928301098024561701102225736721118075378393[9]
9705619783478599801039586473294684313310109468796463429787772268219444805699924553685460[1]
6753353994086181176225929427764715341240000276901027411761923992248717212932198882132145[81]
5583308103276766568215762232861023578888664955757065519767142309504205762010616009270364200
2340450972083564857718166824151192694485068151862935190561172803659267821369850750877498[22]
0731933486197900725897758266414280631975955986314537097065477664768007258785006309940108789
4554709720638038948436930369700269745829254188935682769767592328677671016980350973276936027[2]

8831210398704047295073357317572232713912886823089697758812579145493793429853594473006165593
150559024506929018029493965319372764130759794350301861951828494006827945659277338106214901
6449883428475015304083572143224589265200027521484688613520268320201235650451901911872323559
16703723297903459787550694692772157114711823799668074639072294512299085346532617467973382168
3940916461117621210756826473382614614878022120885461094160724950146164718017557452315757256
49165520169646279706183473704619611947071931661127537770751989446848689161124640677993406222
1965068659137053103623391875928196574161078398298795138647707406451422449302925240762368664
335949866113933096820043150156117174428457058929342504889972302803590243885579715131545883
2846190466314888130054461650106191633925396324995668918855812076832961375023195402633096304
694051247986849565872764528769709915657617747339190531248684494625872269120955020707217071
6218796791877607055804810151922950743263378200279183115536826437678875799119811679688739631
77814529954425665773092756714329124847023022278647522453354025140790949182546253529101439352
2896664824298455993425575591777585758242352338973747484463340047259313572926244839848777017
6548131880669706150228893096106568820300579282477684565057591640181294558696680326458117051
1288126050608222011029481378867623478883248252825039466886560479147243495936240857533931494
1285595065802576280008906356881492320951921640031880972999198025467032863218567448770476679
7400805244494123019257706168607933337726166795237231022560304560734945720635603131707037596
2721464901942508795425966836567349678477964017862775009417083925965179211371888502696058085
9287154656418538911511244828095751369332743829787840259129242527015238018394282776423077865
99800714990011271862672569779749355858588276207844419210115012275557417797638627058527065459
8893783329649518770115264414216448752086329424108541931861114096827628512901437848023439124
8047246668281527727431154896462556708029122941047036654412796194587245160059110000895993476
482685734682460496951136801911343213023072466341637342509019213619905879348610301168491367
0312515932112231432891632315514863903892049073046753790603338481462237904763363720223176833
5411432973333114189394247379319875513336595192369206055641815362927457172495382044574747097
4338111998252069390559257390707774360691544834954645439455506517513046593883516308482474634
109905199496236797103589927135620109785051624995231890502155814684467724636155469783168324
8275696313571755831470789709172877833718048519895459843828596699776869250594382809953116380
9644381799776035011308707394485192851625490589031108723329631488255920742740143440238814712
54559590700119366547097389125872702735685273077751939688620387064305373419936785940852157
89772443560955383209737122234993636234092989901253196033994721429587874751476855432173216712
746227680332300056382327072275452949421725751941251053916721864335859445349268769220823873
31430039261354663005729636733155649097959804899247266938645643746202249698338000050557898268
566769671142801876726217786557664915770035246110093279468256367716153962437927712943813797
2344729096852205312331820157895844795748404966542625020395674682354733532589667464821188622
0773024416413964005743958993445124070810023107666728342986005755493637474986490855563048804
5734980897457849263197751447359585777356307725467852982333254687020095719748961900232497446
8772535045331727309242308890578830620727285549856746790484861180492665365738111300318254729
9877874226322450523541721830132563417954396498386793829456411967522772180797079505564445083
8043578920044101599100871056208654575358619881337544255212730289424165307580303308079636039
7960666424281579324486052872495607487409036181364062430201765226239558683682892096274924609
1188942919022126987681974610643447889946335490493675843048514349980646095449673288773001522
15440295681234534489469325923497985578607921934790424873864420692284192513273004939053883
8157937479116299593373471044258657372191835913423118924681215100564175537835673127527720339
420845773309322939337741474629120414336423758453227800104181991754841646907889666380349031
404208579751276702343697309017820412023120163323706816098096193762335316642814678085660722
0894937814058508265825612064156690803913301450378737470086191634207868965841313273363314363
3823725986924785670108198872061494310116009326430205345194366867309888936587361852746283046
8486508658931662844174281581343991205834318479331438251361257686530937757477371966080824138
797890956863192427878213653414535171512012415632145577261257171154237552304356111855891966
3144423086936670511991381534032262106215943974271207654652317651989664244752620471519096989
17445511843743312560411206000448106283417744951899906102213412644534006534857615800633640466
8827392202261921447571115941454757056524353886708217499556288908901677082397310205194838871
8354983432880888607110361769033231078137963055727389811291277038682799321659040513468963259
8639194291520764412183740533566895819942652091520607223478701115078494599263794258273810045
6093734037384700526043240047651510339744262915897859421619027654612437100731415331339560670
1209923570558935555864373324662393682733813766609885613860817560855257518818229823656205930
3984802684689256483157272038196342750244905381387122728365381381741189038186293706687965527
401835160110677721544274876318669385166526891909669324124145765251754771386167970704676905
02863083641493189655956235427862455158759933740486888059365094764046404226690237394346938
1319809455398305963795278500402818801715189687315831068254147354750483209376687988786820162
4977207965462296599869709286344427118784043263484658241672441603790048629063352273962632643
68969521863745855473792770810832099800656037854978617928168238018443737739659675829132206
0125539286970613118307574973649821014731399951378011958363046578458621881944149784937009840
2756006854980263357350276903501334915999410634061547078733290603707231161240341870550788379
0008981769470259740812636634023320523475949462864772027962521136864483778421277547089060751

0255301454648072545962761137431679308322714444951825155320253068899305853194831806190976281
8016677230361216606781369517176487597906417672078274900447456671143903026184811709882218889
1664963938685131934691125989498624773419222103929318565373462824471898957875867961128151109
9659370100378346036699083660549953931420999423492601951720056003498594040963539910547277394
6979904135787022632069202545498416572677427943961297439136852179485034061807728509874281 22
7690114136816402846752887542766483471728545123898591571606211062103861150414532497879130121
3806889378088785741135694023601086117274749076863458679625973610019911702986963967536056330
3585985050902404485705231443082279858580421066760697846685856139920532524870355545853701010
7735008864951963541191453995475570655262775843576574584612584156310747495367701904508846045
1789610356300964498325679803052637100903483368327380092585578396397697887574550409776166 60
9902795429188589308917950968612311563053892116814233795813108294191301853876649838432666048
9096880186078698996946395195235541223544449510914904279326593168916538452464761210297732380
4949102697206319731445768722301888645472310352033608803273451892514604283782723573738137990
4451396461458772415780099182945276911489256449554457820811258549746299122723264649039750796
4230600261945260981238603894172852569764474274292893781644410225978278080809381188489828 6656
4507504699035503682364045702878619264007846083106256689672105151078759980626053310210012235
8089908786452552773927454483894942460977309768103288181048377558490535754369854782487209796
2396028564633703672244472560265313928132432260277494460178011800643538046561772418288441537
9327973303165642625496445752478522515140333292180299436366892004502808793014583626559274530
3693208581992368582405824492867970470048929341036743249680787167805287155715269795387317616
1393561325930030985187458526074604280714530295334442483635278630915145811167703384349810903
4713808687989512890927047103603336771077814083484446246860614725498836547671435078971650144 5
2769938600227922887312461611888686514548757124587583194866819607135129780973428900934829960
9161372171840805688912484320307378043990298011977674459526087245017878848275822031416079664
6845338401373003633935223913261746422839714692012729341080322401486297890741356362043551958
3015124060878235799054599370559833996396427254288844432193508373960444126803498854986780142
4120139847994694742672513457504328416115283189343336257825555762486004469892081082951 58121308
0747248488317379714406575523709296204687229229750573904325529358481198026632909340398949735
8092902735650265209686282787669265416618779365146499963351891859198281123717705808512908891
4798950229698022775369781832643658030659460809240080176890723258414412971928242472038004865
9076248329843266612530268510334990265765785799633057285781580448150653414729103401186510752
7575914621385957555798465331746524212479703562965764849716996877845984143281364150626588032
3735372672051002039187208654889404916333923844805717563887250930123137906973034464028369489
1453218747968903689008091910769648752267931968839730831363285516448485438955119235162670
5524166101161919395623212154044745884493177603326458648332699995327613115608198673031798777
0968854732069736111069687352300866613257328235545132889270735840381580895934095400477668633
7388220989994775888725251392894710257611581130581373079256950891110603637471430041 80745 44
7071235856967018761630440248592810294124481653304300197678125184887324291465465374765308407
8562990904537378476391634106971349483164149431772592573598987741410425852650646992257 53338
6670229379992990248338449796361658260177037602404285435251468929382667737884010050407781498
0106515655297476502302530481848290223516634907089449876811119612151065080708845289402983031 9
1343694788607197230910879065454559290442696210241265089620800237754863792190058221375417994
5136773755029344213947834384540882496830055969807227427147523461863844963300372011058488444
2628228471835669510578364180709087118119763413467923048279991929423344434337452657118519582
7581724295569753655476535585715371587886731558237317912035819433685902461168954935845484381
0218209805645667115227811115286631448797912241046715034541226359174023105072675781565169079 4
9753545695466102343506351789262820073876715784184485323312647481696410450093295263939107255
1402638097234507421452663467912487992195042495063983505756316700242220978888450142354933264
4770854207329564200647999045672828827308973634240163559815127165585708760263193476035747 971
1367322844254495464142410314411213653295907318446626781110627401990080057408513360217113291
9101914817238581103597632336215944590686068858174582721066360783247210553988228531 11623083
0772249320718760314283554972399990954386747911904120640958163503069215365395255939829108364
4405778947686559064269590785558892780148115312960528297396378305223965687979329134158295623
1550105619750057478825843506838948027201316800544924176554134155367229678186722629752193572
9676215974572929982784576999581857012470410652755234709316760210887462018949830990056268035
4732391917438803528523945196855902262991234055623668168402614065946016614268981636489 63226
7056714545276155208403199775521811222283069464028275458309078800952553826700117480894400858
2442234484090144393099507604587499296092919448678728424465529426035504015366304857278457506
7890334206375485651802605864654535049231546366067214955979231996128389256606862453821966213
7909561418094819626802483737048644539098579604117131070124331472277069438162426160779174 73
5893060403221611731902362901081241463468239091014747845348126473693937803450866902011 785409
2269189072113908473626400840225609527953662226878036310749929518963349372478078 42462077385
4564629746985678187794641332775595949591985874191668447830186688758259850633580953047305926
2795878826628135669574185663518366296779633536616256900065883452847893261230794253332120934
3130986170013940224515939863015330027588574482615552011632165583054011090247991317443186094
7888944247191765658573938336152938916463157877752069260989992237784272107622675471 3629677265

2833826045803154881842918345790562055852313846748688098747574182995143608952757114896969846
5913305515718249017264063469473831622484570295688213478321860050219757949327957537140194691
9871033919215034601174895493500576483118480038321070455100031972994606266908170328465232638
0242248581740354229851081369311162482037815682402670540265060927629574130039459067445279197
9966472993327500323878534455218203096952772541183313194929837454299674345083494569207945583
3089572194166974255446825338646561066514161947402732330689180554887144239701482488141302433
3221160282289288031591327546040693144756504510247078478270031008306239833790350592085387820
3674384874690715910716613835270975585158434913210350122255865928574296051076914689252902235
9382791271100717798787378979020601040537927126554260278572353850665444666703866631450870991
6557153712069207844262872580323455856531437854325903901816838600532754965792572606903799575
9888134730688880747447547111932240148505713258006452814851064945062178797173665367581241855
6178181865092565915089675883853734600693514976694020085414241195861577381990261801995755581
0622548361640410620763090175856074573884732645071333857565460417325337113028013789407938579
3643399533627809231210839700233028364694233862029910331376974507251928193044810605361488981
2723727553453645151798438699737572972344796175412263854325103521317808397255726878502256871216813542539028347810191915420343242593460913311364251073193994337038432388613758805682715616485493653802378509093483362248227318207409968453296642006626803726878202648670578298511928450302215815053035641756893775421063138794300816908619258742869875467550923494473961567075925019168369112930377480495519909703982336382636489135058430399648195723621157407725768233699070237446393542927020534604803831023144481145913795384749239157294312780741204406080309758729669731071819844106693340826049698415157716592955194865581648675779423339368988272759003
5789421276160470473421167218792048876942331963840544994751115932547961762393849853824019647
7081852094864855924228773249668730030102462610446676908525456097605252767542609722175804231
5321576735329075348153641113756403344937644773157010744177623582318651700354720537594043178
2459913359833918178190963298981513912575431913898337254405281508154570310228968029957722750
8331211659770422199826896583246941224511283294989872970025288692782008856127159949775135621
5241446212011857260152524697229091514046407531921992817342803276185996457025802115601746209
0635890751861575300004249196720092148576401596976159704057369425903568270576217269808261258458059616706188663328402633856428642610385930749007326146476834590415787979304998205059043213002388639330297873873619627553321859580126622163258466407754647657936338085449649570965549194681612051155694391080796813539384605975006719506310256122479527199604657086253843127219194520031050931912369479545856122379295846744832208038385192663153238284507062223554163
5575201604845859578772796435664079289773151778925432460163741951653324854866212599811797246
3576280561784916758392325772236684392313904636250636402302831723001378553839784405960356833
2684279926654616067211095960638834242950430023363651087339459142466082468786791422410972599
5512135343919323395208857001590380446982663110695458536384642995474068040679609633400896596
4761233501181547182215652025938005625906215027290122426040414726158403427816260545987338572456371477792160474827443344111296731237676119862978669863080241795004730990548680786839290
0997525783605684232527140646584664261174378459017654469540965159470872997650711276266611
7578696019032897428626383480646025835183651959147287102541609034171076266775815046516946254
4957993828996178666609857273572606855066958690375723054995572090626217139470396850395236312
9448708741524764225060652166970795528304128108686049739229536592431541725993932707486079566
7414593870684123275004166908602576148758879876235936734754629304596834705781824339237473999
2499318213776303837529903851510492138626855948622828980290986040984011665073222899953224056
2234847784269088277733300252095707163878913757283611316150828240586774806128378099765881224500975070984791439925240141622405328598517840602677533819228267849527886672456893759451
6073195686216856063512035024630992837418507807604204773843053254838763592412557531636452293
1635117865222823289644483191026924741636339992805353093665926179864424954948846174813289956
8137313948309594995811247355548837387112521903370051546804023677832615442406566906224043635
7919958919161873198530482800619742232098836693647084018123214174762767322394733060040517262859354854118824613991225459936046289697141341652030935025735593612611451396476466490210627
5445737497714471550805888268603135966157597888808251340841751240842314218875957026396166667684217885015116650295955978618415960547920178554811646541858311314120912782845969044480818199806314389038052207497099964459268042684734454155781033449320595015632019630539762141807399086270848064303217800247609014397715642312007226354349327399157315518591100652472774851997101984779766556894491967164861686707903757170664835628080325964867673404584205686501819370242695253648169558145909093659078076868124386399342565553304650567850655486555712821183817
3965998363357678030887104057297206384819470482333079352209060843986280183867089529794945590
3398039750568234493536783744414698853888045281008136062558329519311211934751776284520665192
2225273866969263002566560571379876477472263219110395446393846121845585775692692112744696565
4071571414181979492296144640390215239365217131970168237910162539056307962867690370366999872
0101055197275883904902666193971648348114974239117387042271429504980391844092035353505646482
6470908831627172704391412142384229216009271291236006701029524904826889528581360849432035380
4135696451593092433827730169829074003637819107214220109190692418721602775558045932649015215059414233531352862778826912685057008770944176708211117803391613231077884547695892356286062
6790636811548086194488650598563498242078522482102735571711682860437427930019053242147326989

0760359336634855924681912023947148092123328418605006258537910855539500693514325721418217342
4169658289168710477383110597050998134940969399553351724534645472530194525002197042367256339
4199295951390300437260389765339723331018927319980366786966546139807538001500749940589639656
9604444634104888910187725401758136482992701898931874351475719511901643262456514200623107476
5452195530622094090762265639677031822328595936090281625230627976852910671388077127464190257
0560244612378307890264854860064900878587772245828110243449387066147744535679373207145334080
8324961036860031648711604557638529640009288990565903880787201538168686057845360262395376158
4365876413156895420184516680425311250906128057586051851261261263727019604236219016699129075
5289148425500020316639433680320405711411604237579803585659563124749946956984951358676171716
1486134211876492199857402360452581553140087609299196474462881338290732168822691315735551490
1842172781677852130383660376356129007685445315638810905871806940817781907895745143359593839
0351399592322158154787476726203342270377952548101343348870112698825270694572970442925473 8
5863958940316252418176801033883738925978285637951334907225664398213604080607695122990547942
2077455869779933034443904419997357607975028020352529286356227166375301043481541454332 70653
3916509959467358711349333821669894856705573807822002173120939153007826526128684514242907265
9990570958254860430354523299996515557814617689528577805366548948592631729117062620382979801
6084121593188188696290282871579787179368849040257669196947891197016642307944711630047969166
0296336654116567141292665838641676558425834662650066904169951079819904156389709616578360 6780
3458038588754904398366811079462592280948439890034735745765722127802050766361242474530272832
7791975368709460269211026412850520464771511319590975978475200954067737217411843995901350727
2930599636253552751836512584260472280813050170163645829887952963874735239442289840412742307
6692657538919129379270227358715890678007404859216483963090839234039884009512873222983061853
0714944412455289744543189585611874000180952752096285137117256845726219543878785925627372240
0118928592109735917744530909913760185710513365526899609798279669130166471364566970732370814
8465349387888981009948329822204546100201720436127512031538116582991015118694304911447593744
1511992148277698846672390919809215085158244561052008871854606987301372553634632995644554638
7264452326955782438168955310896531340698420411863850069053799029011296556029730494605482
1960184977149958716016018632187928577655514826098688914664178674355486398857672164079809930
7846447004158925298121200807754694044486902285347709395086821323407338738152117640444760483
4555293052999589302071650213184557608516378241629071597940866179526326250908706250000978529
4598803412110825577607201418877274907101283893632437344755327661099462982029247845727959599
5866906046000101825538486745656582757507158587296867716751114872652122065893051470298169911
4593575970624052382042720167609089719364403104714270189011229197278328160211355975632554869
9992243388504519858282629103818226122655992591597082919786329193166881062975254510684117108 6
2598703071440860838890816173401839452178676169102178400070572151153318183463981090485505984
1908065379840393196765261825490144962826381313686830190537276290221408228253205031575 81449
1105214969340080059171842886747432818892082210987075100960942227179606118687523108651 30548
7940730324755855158572712956851667115026585753721524970207356655428748048188381689438092947
1939249707834269119816210471308309570279144044887529446522288091642693221208914373532634347
0189414186549875808544389783754276111604821944985733991946416345105882759641507497086868706
5333087674685517086367220041335506908982270336380872483247736238427671272998279000472375033
6569135964850589487117971773589537523517270453298808976870603717168938131149261179907638681
7572277825030379984105309971413321067911769390824978575950173473432748633566843154 99742555
4342879813872888588408286655506303116920346240065192461820851294051384109438338309 9433732
3561184083415610952547445426678744153945274380854781574817180554292301725770825421551455231
1689815984157603310410248678593445139563372056885889069057119083999697995213344839522 87592
2839778656931697054502755249860375938138006589525705654871539925942499971731716797625183078
0718006173051529563382632793212718062695948063416496910211160236464323589047724347766 51725
0437018826211584376442266662047512782523518870217898027267280277118227731521030358726420824
5289884331683157916664992568216114499034246695153246391357047807685268989984893205253372101
2467448559451168698251650863150655902335060894613325964758574047430716451021988964666857650
9308330045681872757241680767059216043554681009292559395648953329502797156721892027325708150
6277090717387103132384249600991967666572621248871349920569723586933240738111770557323460902
1579847224521382771579580347220540258966441539053412137447005089033871538349390783651 14580
7920272101479062979899235730340324996762406078897321843108824493082661908026220499901 12859
7492955627721746461146899392940105949420973381759438287802504440996875340190388601771701245
9122767688467571523696552122005772424503653973769690285178582720108433598339845445681784062
5749043191708774382410403186714142041720368114298950367725654607105012860183188433059026704
1359144689996884717833470408291468124154743093009981538425855063276047390876890492793224924
0953499190341621154460821389836454362734525542137157891521320603765643461287733464232652794
9078838192386444755770595009119444142257604748727334642460795924629817046415346065133084095
7147648715521286086578470735295517681275823209533816373144290474179840268935951138362336190
3652219368694895392929861056065430579702715511242608643085927282057320382452863375360 04053
7159776632209913491222622982155246441341529456515770151919886924072986258052706984831 28954
8079625435319741712858425766114028200953496918021677875090640963889389104845046640865 750372
9405221041128000954731966004650043944216848594220901445242927222558490593663824402773328362

```
6450303053353993096987770343090712332576249414960161079242873166852638845275126706030057076
4109526142989664881812039606387340849855500941732198779667532749962011869772569041446902062
4776565535065664237591469173330727489154340583008070722148098316774819302173684537002122864
9151994480864391860713650673852662802901568680073865848269567625421052986411659338692482538
3378787521349222969889549770334204786174098071621018441516177221481911004373337116936743087
7326697308599010371973977949610284291618684127575699139864921142478781435310883070128710377
4766452424063043283708377315256119447305575523791098461773531290644241044708945166904880695
0914607318268944927878884930939500099507022903534353921332558947652503280710528542412429468
7830663108279951403992648538194334618029560143112432856484696531717017391253878974666097145
3942277274101144239387958959878910545664104268147891162685728035996783039870978666344440474
4950237805374940891697917385372097470734527397946057249275908249278258335068256908378083545
6936366817395591500548911712294589342501939702089639872042336081310929952781885040277128738
5744354705819714490571304159192507557151185687124513861708461376219948138815550829388483756
9145259023563970063111260122118004370384777070672157882914472504703857119508588093475506374
8382935317775380855894117419263293749543000850722248392228754349442622626959819118969563052
5279099346294615360936163549447879175037771374159070623175967245583685325998421558810316256
2444276554990253275017631362943127796011916430509716959532112992045271774496546336026515365
6582884193638793377535522100075233062499389170886030551349824542033286014988225189244497897
1365438878760732583968694123983880820433462661172204379981330742351367849908458648166662862
0111016787728549322725897317962900838938093783688622430928160362691807321356465371535050488
6916477877918584273790818861314754357370438396416108668454477860518569883643545539414667448
8362256907582297656680517777748487429731521740717222408996252027134463802893843314525169836
3807311799214678365333421747888059772842616020358430828924451439079548741920599467031093767
7692734600115726354786533037870508825586261691695475273604262765242628038247711129035653109
2061375501041535163500294773602803042651560687044503456586532737488831388713636012808339131
2685040569730582623675060661853976157041742174275940940477662958560993046444536969357131233
5331390184473101670285366894180350236163261932678725773121497249824508730303420476258522565
8713844171927986481349699003368236635925882060107514213059935405118239822139359584242128868
0155694960131634265883922903517029638549314312026857517209243416771675953673854595891563041
5154340888500416067053346654082813070083289776148824969628924016042114161510361797779321029
7134762657997940215469978038778479401598816085214213535304149794348531891952830115750065558
5264236187716442360830789734582505232932436402643759245918005632908723050762970364843550869
6762133108287701771634937764001574077061929099773118327157053720920536540297077678672665327
7933085996580010922173623890413584279519335088822145436519113434014342809428932147888483073
8725770497425332464660948353516657817670744653783648028470969261013186450293122961659943735
5582029288202344507282771381373531087386815666846805841655395240631511573679215491126324775
0126529807086865320787180461286792428807755570652927828594194300758842780120959101663775041
0143144565160939204213995507274987872445710941355550450157228970947059287154785784237549555
5306882771627860681824647647199972980036733287720747522653591039754964088642547652414313788
6190662271392033748303555382843444764459824236340653278136319578083438991840207295633912214
0406329113697622685654000106238986047816686297777840312794899917073967230675221629509652878
9631503782846767916109674558488735934754910866919617224603794332653671753266796427575943996
0499766806612040016533028504949972860704275425093720773858637004154410260592544937075850036
3784138186077956760668064617234295007523977651459432948967190018394508535071152508262845453
4527375779691224833371923427615820308014628017675628250240714602509716056309317672459307604
8688248790053847158052075074482030526496689819994025157949423211590278410432542583533717778
8899239517463665743261372851811005292575473466418481851815699443404088180378875351974066363
7833728440558181929943124928206995745614238266530509813446643009698835798899933364824964722
6676786609483821820069176447799515410064831495092340213298555020760129765976548251432214277
2658066657557824521114351183573372377304924371425957029585515871156388807799567099240416783
9450785418474597908981580413082967546815203466039698784393830818392374771627897713828444340
5134095116842773409217690725247631089224446647891168794325132220071658572233365413744476591395496439
2335445030893885398610146110690748910956635966294815046854676522928941510892372943193195614
9182318256112906025836428781721949291753453882352799362858896363679518066994355394737960678
8386394329921827855684125586779954979546133028786214646515713991659140284587348702705261069
8170625680635866012816449797246668164161969879886773684747096351963496757677241171938898911
6184101675724906528123016396816931500308252014897457973889001526824023777983097240046310850
6499741059120950157077584141489180528324673061835140951749137078851259753482476926500423685
4623584360159707296182804430916802637007585921511372201216585722336541374444765941395496439
5531325161609658018099208779083525790375772675062232251858830607569323189563374733180715366
8699884986386914370393791376902175096258692842571691290542002081554697772690884691552481101
7449993657072604850439508091894328530447493989630060318518772745821052465577410812254858746
1398410245523154697286056159900491973013387453043160232464499265125017047598959818255652388
7587795429109709672190883553577724986861366152804958762154441732619304117924969971423648039
6363099307208351692249539620200838815119183724445227526366889209929576677095667383518896619
5961605375350086023233648287212672794571825927178717732484309582827357398194107946656428415
```

3735209789228890021037317202758664290118383502401038262269418554517462360055390533684447990
3780231493500910433515559836118650120649569602591345769365876222655770632075180259102970974
4929517888542021192971691266310414209140107864252386132081347634547297753174408567322103225
4607393016774189560202729920316247975376862780784597105213268572645373624225531925095186171
8760134511243376299053555461959175254804303890441737617913169627434487853115501952536997807
7934471263842488993435819171956729612216520534622308553410454617535160285303531706014088121
3637333458637474490071286834136213074664314991962645876623832479568554952649366465017373 02
5269911908734889383808220490313999050562754439890446347222565585598791188668874 0806970103
2026820399164596539398276313976757586756306611912485289248569949554527475825958380592669805
6690931527911877302059789706313787089338832207095089767335300855561529457849364066391245229
6012669596009626249236235435006717356575093246211009787638785940003781112255481862865919130
2654661216074980353256023443563763124118158964697385615082951931800657154126306228994 29863
1809447088299969778236008373193275931245373029308031970839167921123822037759386912820570401
2577244486157978289703237209824314199521913569339907013764865723794090189731026773146477049
1543124633531492311649828461191223204432979879886545504885502817224127196412962412552440814
3383318483554853164891565559472845494159518329931788517978572333349821971674522093982279470
3894830938700688809500950017601865107568261901821225987911067357657410237188662724699351075
7585531487585060688926530110183871898352111721543535127593826432969022339493804597637855 80
9073171634956875032708986570450916388205248079423522275356870825602603182812925772700379918
5301263523799010619425957035219797869460379340909076816903937424032942224485649062429240690
4135555797881762809939784678087508737889272173505415721686106252435312971752870170021713 8926
5268626196686871238222001808199810556711287217886692866514086857307314203026029417580061475
4339699614454195780173471307453251846650248739186631226591260156602363786266520161741609131
5672128370430238318580118360359563761144021963419885177735871538027980839239623069592894450
2881270771132659792205383647524900638650538467352654712796013927057425335723992843925668211
9007592076122827272386085621382765349933921722883132892944445541855911852332513183003512791
3792520760388229329076831775728434767105684327997447620079687854596090230370601547443724261
1467397637614102508918193427878230418831156795804541243119210344135149026909550177999960420
7232260994274936196212594458470157994267384082691680703420037334281735882422048034577619180
5538441867061092786475446871109042765649096133678966932061865099048116796598605503404920596
1741584031837366244498788910350470616500092549942339456216562460486362752367571958462712709
7101035867837762859455190356948078418442046116427432686078748084405425187122732222002 62143
4798954295282674932403815009818480465700784161918386349257477692646056917675531836754822789
2033180272665310931271164367933819622800959541330478706842758615783981596678635312212649107
4162834063758489867323878266137690359301362324296156031166345795033480696041468095999 85141
6733156416636610638135933370291055809518610025965969335853813370266720930385742574216786429
0636425462777371245161425008963865385952758013222891865379060793284411531239571944333059711
1674626649023894326677196113079458231044119190079783881715223000670094400240063875922694362
2851083989082522875583396750453543274241265645394801066480187933702647796786435630154195928
5025624393698024444070041489810126830384761255766532196799894997511651665525680354364 26047314
9980694157671149571790870619144799725227147952932796307353587611207582906805645927075287717
6117312662945676036633571335348362257492316090884997339500082390802270834018442186023971562
2689469759011211164176352819617880020135508986069980355503955076960175235571734913676580503
6634809891766237472777944388920986795169389361595325081576104264980771878858319166602587545
5855802071249602035690143602411606765094417511639955251176046355458345586837333273783 53855
8665765175565323846658896398386295793497986580783912028837322165418055101504518391046 89209
5056442926187130727188975971985224621314295193673784547251284191391728084319502081487214486
8180912262141950796248583678725120084950524925366352557539713012825226663193126747271170 87
4016874019818205300956901210799493693240463863410052260628335978477509936197411021609 91533
4124174563222791428984531546044679324631658502059900844430445292356835613059585727698 4976
5100357637380948890437898149713389441121553404782853834102515862734522092981378958015125267
959050168838110797793737852314075453642383267753725911397231685879268790411956752555 8325589
4326247463169595932379328077397215234131651023326955510042567134781656878944325901020 307612
9931870611713111472446847380987661661329821589523733673235671671545614175551623880797120 0015
2345311199454178338724608675919653156964945975434352624147173770273516235218690845881694332
6495436096306903278636782721734337872342122012779145307361528442917645937575452766551173616
6249377625834123266947038661801099526416141446943686665541214653557251088231326044430205947
8295706469642084050663972063931736507351317300388044526225960365484863659694269514837219194
0537488664822469551380014166175344131094397669630489259497232083175309962614307845299331801
6508452080323635826442101627431013661298558705422918469185853580002596570936106888670740836
8708490761257994716413099638885977280605725438367777594594948790359526558763192110322765 058
3873043998704354154077217081533712281697253470848046067848153033982742535460673613310625 536
4807823517193731976382923197606879318639973939709329235846525925254878475606695873672602507
4964686593205347603330267022587893997155938467074638222108716543115987110832363590150 69170
4625433514220561500233993163621226931614164516346722487008908575597842867209087050350595391
1028556125649913517596449387846853627188016450215023465660857544006212932808424563547806671

37045656851925933592247464344496813893964095728803007741566740902382614245016397148992671505880621404736388771776520916125774301134751954522037490896163122104904353465180190009099352151964047145886477356021465122479417805900423518207667965078580026385108261666788485589507491586451266193098383058348262969071317067310717197280807768484805796587544413799294491070474718297280178725901703403330092303925380610416754846698895731350680386861742639924436900050778323469824069242703312234425338168695545685424131743688576721218523392455145195436629288774904004394559466550740842702513881542258012779936249482761255301095759410701557524570174019788509769995259561720868943409159725896349283592949176418770735118875573352390975338613904611744197549108582378945359488173409788639450617009227355835690040585622723780649116217992575263587677173378254508192811081021590238831184952959703028904546355239277603766971804645500936638939527129375661836498772135574322758352117961769740289374567771171020960197086099888919748227818340645149632401913419859546667518630438217822980536476808596413487848827651335906070316166008073856450236740863265104795655555239056932413659061767319157743940613838008162286942147836605812279660137868810364223934492899015582775604767214528875269651849840975725311412696979996835831311163623016679676374068208473522076481987519882298630528018228873740084633583983983511917977005782448199586712374407288542554258820673303865935123488499797026231342809325846120618731449053933429526185556831586472346508233563111689903929807462373018589617512746201102413502530165047359873912996687731657887933146811462093006882223088720615833096858364793811717587232211880440756360456266510160834436772313414846187126693943558094472992220580954003417477116924948572249761131666871509490601304242787861170021809547239131794441841677024576301402297501831938044884481604777010404081374189395454759655273539614603519113393012231332991332925650798965230809059858574069510691920323933473397266149554170561661634542952178792420850189261589084277089990815410205163517964598157545596880694260180013035578554702715987600680733145181619407836722122385173317731783658569999622159384875883922489929110687127774169313747256956513343006306522737924551056266921880807811832586731369601120907714665794436628833001440815863098631726419063330440450805822811281548889161983229327318187999588512737838729385096990500690958150559968623777129423176197294040813941813602724051482082073795136314843354227939334277653686103525407725839996548618746068110854415993782636446218383938448584852903530456971510991250443213825249252954008960027765387386635741563882743141102359953392227466142808950302357630184738996956968785796476148133852746260001728400766103533599700110742958861790934485688238614022120262810098784194778556695767060208297297284932172835947888507478562688354139604520503273390011597689975923488237896003704743509440126218101094815715133050052696734750515957930241419246771883779907897096741985620620603365776260662003934751458951212313889676805215858321485875621004939827433779291000856345960848787274433460556161848216303387229105564330934672192647866563146898144200381872110934389738986303817212957909299112743076719772915783767485462892852180820396714378507933637369500772766426675585419995885697258889417188547324570412654538727929383555423041284137013213116316861676495031820781233528078670360575316926111141319274287790446455907453108303045956119947788929764950706463971681451462945312429436355548886863612488265612400644093270462720991938024993538960597443351284906593630428301040581746061232043944596786199437588182107887055290972403150885180446976720704932193264273274749474655732706314008460022706069559676968769993581612208087614289082432822508271626545101507650711225487767831271048985812589031480801153234822354857562501631343244575548970840185256248785584116155906291570640018619382678719167145422978427013185563530075923391743715042252368714308028697389723065940874261558320028856056430543675473012697599239121409307820516347305683944357660805054953912914586456418951984212667557032614040165246471819168255617805000436626398681263260515677037375763228255723722403373265634399261010727774913476271761697800242024174542196343268342108998205098399693090096683517291556051800329123750279741383363465570545278348537476157707297860282642234169859661621536415061191691186958507630088773984133144323522161086480753762756279535732619276807505917919753822080505536085921437064255882040794994568053209984521619529034874717291587880433789802719917575528412495164553897366903667977458510604923731647493348513891310767047816893150928005652508074003360262558797465873389588650455491059441871151078989476427723914132008590273134823051471147108625684424430556126457313179759466960830413403496984189526412808130392379535423395514516463685832971767270338799660705027538088446666132495208470595623603513288763569283104042351423073689830225761893982210451471164975086495793133102305164007027404187229252531255505075196263090141904288158378608018722688533033426032418874199474309487098090077968962215212782040363871849869115568928526788514369208111989669919917593944222765985852960731611027771930392287503735276746031364987286014850878010890276964810178419250513768363944327798589783499670751064591608079978149886746212959429929495103455612395285518996648389315134166342562538722904207857003100505766723878249942293043318762933107599216334103488185307894578621304384469902259715109537842483964045195613952649940910541934802783338141050549750386325213441665253257834624105431372420513436561007097502647497506018793298970049526351080384880012217081134423115923301825065523290008053296095052967476178277649903380464927564246078440062247751022984090446457608828400843839653757251633090869365950113166805903176065399413046783186045006298095464117932227606439454509746403119000404610136363756652514763392205640853948811565665156414499546999798961551708519238964173504861644019602282837023105319549445571577791956758859753036660988220249
6

8864962402373769741490896227826267171647090545458964342513581072155099312787001810947933780
0194288116971384559781303437591174498305039772200508838510020486452766917597291317151669041
4586990948299639788578847124158215181915131193646592655022469952252065861237108617077752972
4800962855738111726435043977239915913533372794371214939748639792624792457463092688060161268
3328108013730760678963885303524762479577296233036320607975313117003215631577396114141726709
6845791988967823317498025009040927698398894869465840619708837118717162678950598037992818687
9083596767443867394110895371969861829767384589543924411217443260728143441568333778396580093
3241626531197588638631457596991628226060779033373953780686154995433439666253404137239336058
3761357136631484960228456675347318833395976940602425850333822826967160251488264837670313936
6150304655694403590997958808653064775272076181214153941068185531517358800563179789508106998
2071232635714671453116275825250080620098353029985987653456158772655905776770523506800734472
1160449806488391234431496994566296883810992317937596151519832650120598781441617932890058633
2095639044967327409677561565792169512569575734306501117727944676997548463963676474095197874
6985740500256663043049693037828646730889074067621720816291000927084108802198036646903200660
4898295265441973616508070899913997268065256222796418049464541564487670128005839444300387771
3557078046564329913218706063220815142750622404653796332303341712920530795518615942218913341
7439346426986003963040050800204287041572959373530995771667761525162452409290068764840944524
4870829637234794663408346767889242904515984050860716953416892727685702610071896175287752516
0511457579234875828968827250058296434832572501948870491673293274144146938616110082120730148
9450942209156113531966015060095153004215187968005009256702774616975269173663358847895310487
5162792541522915736474184880129370760082642006574185024170407054317172875849453496755969256
0581068000917355323392465539765805611506266857145888623136877825027075077938929852212898376
7573394440612389601946254801496866953716675692027945004146572845670685309943119591039872370
2492709010435325525980501157121226328470745074590340596438552820872919118498395516680440487
2154753233912561994593028105975250334168546567651849453998885243277578350372083477741274638
1874054586392925447115055543227998182086818796986470104656134118680053965131346723238124944
1404741459647131100723335520281233852214050723861536931660894605930756758626679075053701611
0407034090926282674887750285975237510238542677962055306027527774367819405779533834076593719
1233904161229938965877540504209331657806959653412589292769002105833547234056106514555429320
0917074504394701995669836627702247022883042665069045512194383705684670838235730118163228543
4001843049497985826217684156199179199351241530949158010079374774040392763688826938414993758
0571751713447558159310327457741875763711877571322468927722424933777711395755848434693143205
6193522817599764563384463523667932694166365293829299473155416026227810434045971282582242670
1976096925423356800253834894656311249517014689940046400911880740870773299643030944043581834
0841417580184789950262473895690754781926652219934967405417288191105033252790021585459431757
3458873276958639774133830265422515748812728581889273284977696911085259385652172391840425825
8231447031064760464814502022210286533308656374402259588047132186945014436681753853073158920
0519065754801582344915484431777081767125204611964939450188625676374145376864560060142151261
2924246459673064284648851049761119188467204986645475999926801775664337900340056847037544756
2878249348984087140077023629650417075010454030096831123531729340302631722131708617622099604
3445482095434867636952493941538476675380957735512146374990805038295646709020523046739855643
5582380712001340517953581775926611792974601486921320263060039317995648944444473161193725369
4206234756374504782675939732127033728057813431266211173872224928063336398345193036803892593
0968899520925203527857198099238057623612284960652327697097076479039139423140213336869039480
8687684743308012268869946203470823716309724704725028106033141647014474120542138240308128347
1910093086202697490915360722527512865977495195070144683595703462465306461460253028153384872776449
7900776889807445830108058076258020828625253984671218499044394258918802188062975995631428163848
5112094713499524227290966256213105720027860252130271652435730201321995053171120419333856243
2181159685353143642809886601095854368526010852934463784118853718262721650745414154290924125
7634281683464248035818333998660735773094094986065706615844070167350646845510834483041034071
4330688613506481612313350084423362414174425220384716206858157780034407442240899773795250772
2722452221632527098286483423936031993600770157814548549973279149571524204777183259862555747
1172176000475918686134656766800747913882388825260595036961456375550948364552494331849357958
3447082565112029771305489059858893604904198436615568028063910169315079412398442614146314527
2074906342167466562208207338740544410275552773264257266626032543414164518064646201359107463
6904814091394881734915019090588786588657560805463191153957951992269151017526113553353654804
4915380523524309209568391339236641860218486574056531386585891803888290100495441053950428190
8521709568970985222660491497703442563415201133543595601620804833457056785828475182886943264
5728470941550706639004202184742841481507293211425552538487682398405964036946755855870650778
0528881184370543707668539402043667908794727576997674271743908241142251570231955326014929020
5324852331644303361410581348081211878445401680049841863719537750791225098168839594398437434
9050092769074304972197321668269078681894298865543260393479960279152866631674245204993576832
1975982961409060960027750054116118234136595195436476826597435387250343355756076030942645933
7176844352565845618941330436265854933396448813667814189940353781251863618098614310938046860
8423894176571709198375302735294605318217748498067641007278068935394877856208076607646288643
4975781384916754969480133616458553592342187444390487282202327482790004380974372224090555665

7982792540792018271917640731568687889908698234433324298461713480779415792607894378693787932
1819276238320885621982562620537061570533650998660643733527800430297853858257772582081434930
6895099746902842123214805436252144109926584513208698356950379341219278770154837668462588485
1480353282100576225953123843954998455977183661774696948771337360294902432014008936954352464
2846703906282961292533317560905458015241533626970463341560947714703878331140804553272026698
5169165505458088526234722700918568381152913251607557514732983104817451169011854473890500270
7966281357373328915219473513171507142118196223950640360662507937661014109097571987519502627
9076719920841561838312632787053677949587209348085310337003707967698144333986531947300553955
5036137371690354044122744184825089725543411329141409921010502794060781343452745457489103978
7039592557677197303266292058500218412430561101471172665885887585811098013622427191783601505
6300845061260958035114622186897039265600676775227127811508691824093126398323889514330730920
8061818367053327222199671221382439249413384503085537429139510060612140640152772992047216247
4690601996875361612930959443531967021387026224274713425295198346411502152585217190733435287
6050896948985966187372464714844575400426321116913066108000759019927685277231229433845375373
4455619270731842077003525188819851000091058869702463614133946373640362916764850243139592226
1089143124584310802491853376636547379542810198006394675491656738822093720679550224539749527
9360432187604167312529418689041678756050715819184628397499517761898470120141728492253165999
7642491396155346304559673700366982713924474617224053775638842506057383117206330995224613800
2751543842624841830545461614239767958075757928929553582315837910599881000136355835802538193
0496087484840623442130196731285727975696380891589114151062682936713253390443220443935122566
2713425835731937580755554709952805865092748914856061501490586722186301814539552715433741115
7484301460454210472371065909374589455601850747065551250496207976349526296285857419106119868
4337435959902767513512428421627873827040736179018226421161905654523559821346500984434684749
8934255194190612568539471215509383577839973398535979920804409140140130169205884816241657799
2074385061659298842954287592676532576461278658136538693023064324951487229156834194893397732
5772383110186072859921382743995531670717977869463102412096562992515636907070979765746223022
4811183699337954003728904003552813838791669645146305017446678302677339156584851313373322134
5559120169428199446355869119901046702572488630391431318929602723427880765595671435508100852
3328736761888331433062584028544613817909164915113898688610204244109694930399461881564346922
5923822715423732556186576373191113839350829844737578763090888190669748750346261607736201056
1476491958588895261757302986600028449208833098693563896669357365831543219805114630291803035
3282391251226514579604511291362048141607426348368904872534774146049792896866547180431109637
0206936618003815649264601763228234675257725100634810833246049639745818948562507159279851400
0688234556876643286169649944702876172786074016278793760031340305365372001633610673119735402
1657427455266137724641467970163432210948392735205399216184668443165780514857874873899956117
3561574229271079978937830411746342331723123687062988799395637969323438140930773031667385587
5833658948792192292991702925321953131063137516995648955562792077326334439956069913401234556
6186600272386440912957768174567455620426969663979149248546317615555834788491120313298081093
8202001667082142619538393913519494332455874157725836948116349214048473354670485252762669909
5914448570908316042386634335523479952419332174312708264275715015373811447046489614779234323
9188365976041732760691839647606786632267492919332316113187763919132713156449130569370585519
5339505822922629793669280098890127374401107299130758483919483725163875251526812093561550689
6612815652785043774385673706596865712904074504021396786409805016287163242664226733761382152
9562365220402118843091692449620167039837724022900775191199017338872565494516702488423144667
3301697956493138953858612398111668308257202233372469857377872517673016746885270115642775820
0593935709812258690125889272725347751245969545250389826116680212877573805636856315644421994
5818740281065680175318556456295582288616955286274200281964030614391059003215379795396930221
8519423268807946852791407258771948469041176416915227472110682439096583493681740724391256726
0141392055375044387785097186906128308954214450904545348523815226121360913632792562587136414
3164942213935544220600533827345153079867230668801356293013165017655537704716300915062479212
3739193705754138726037784409421730259112504923861549381900703973226982708445933093837163148
0611283411794863130846199594307896849641116870843379334405700795264780255324299882702122395
8907157262154491883119891179649225568725795187376437265210414961886235970807637082519160197
4822344820994433236500401510330803345098734208212792141200420480180501079798561732216473504
4013698114855410588119760873953942549086287378390374680988320817221479683074313026938154364
3684537845761557520199479117741233670859357176920959284028880000629172087162737977415351295
8050297099442419138076287230850635785570220029013432709277729873751576166247484047392851550
8631642153028208352650155756311959083682307340304392715181050027526500337086894984288132356
8496500724939884740105694734338056373384023824360725388733091113738840764500037734478470910
0186480455411711002561405408783699288695274139261937908513852292978958106283980590449924138
7273763985719482912844834765974014014325981885024539106705917683246226948397361157181489855
2877065023792132178926953611637930446677102539916568443144432020298116859366166592552065599
7956848269167629977734031737378030874820811784876725458683733424633452419941410780153692124
1598778339974669973954295186818200906496976103678215280989529876069957103569096028371008599
7898989463348720957080217923366574807146777367360972463992215753219402369880425601500000758
4041175731957498416740333035260394809737885653902886659099013584031964803732938986045942039

```
8689661622275489436550760002345814107089615093946926452773942351146940111277191491369254378
5853948352726485755216020872048124916910185217179951837560732844266771847679540711162180153
3987918247749816185835664522803086323997713849928359209270555307866515564527689591621869203
4701564555734028766926384132577036016059645969040322551231020295599709891641809071291457489
8624430297707113894146283648484871576785677948781431251243293550247687268468946933878930968
6193721724524216873927185950326411718319813570892707560107929918514562750286621924369798417
8114140454031960916424784392143902783338683726417115549439630419405888067523818774291085517
8800207881176791477873113638802772856696940118272755475020009359274049483769196417417474376
4309935882811490241585671721186545181954032744630850849001867213652717887423627513368543825
8435726097657633985935364879062020368888102701585005808302800529052500592040995400955993382
8156055157808056927750376405932422853821694589247308372693348034515544089081803000097135903
1387603695064629525581193233191042017397696851107854510205884117474295667426408627622606677
2160763338326092443117163266104428145958606250699868607477542904124446463286078462792080416
3161718877365407205146931212143251692342945354332472824172960433247902906354057442643551016
5761886887575528924905830732266885790406361072634713145128039096794093684979336814875713298
6978132119247305994960140278186483195060983999490292484822645196907669493668091852924654025
4800772199089177291960931566054867802714844783766043906003147146452296723373821018725039173
1552458699554238861364979298934057309118689822968756922198783526788848165620121799323557181
1933947899729411316250382377160747601225078909139136007369816164496155077115624751848671864
2741875222098369926251107945876744271026054910183771414939538460173089933449360476973301928
7791380270313507073210981882099904217747958244675990200835711681784488304787391475344935193
8140117520881370598439846549557055010189474633178513544780605002453222898695956109812744537
2003405068433161951983630318170374789862663270724406537943927775061173843773910037015604508
5424417182946223230987415992613792310306397975196290621495493675149348295534255732673405736
6254563878208772478017012519108061380763294191048376862061550399017105775493794371981498602
2745743276873586654721193724736483688847386369550472304586168757789926241799192428880868466
3276562154894537758464269366017054904106967913965856560472314269792666889208569296284784233165
1540089707947840446062660205914207157264149118427257725445185179225229922899892552417931329
5561629333876104160849199666317442308779405887350839478730728309916977398349794368477463448
0157906910420838749535492617591718541229359751899008922262172191445930678861976035622188127
8063881322456355560680694152552978974969052102555871166688039462531658155902647017179900039
9024833401918474186111779142508795783220037431338999438878790174932178328570913622593452398
7992119413582964860423871824067417098622812190185733368156857032359430919908413100327424163
0856070401839676454219765598212528342288679649061753328803833759251880213557889351191633363
5912565307619634468895555679031931342675338306631643406076972503374612045657857542749445605
7731809473490446364211529985330435369838466098461376693430846170005490836101239165487402155
2018074383204637467839049999351856781079228972587469036774957913385350351336075507321325600
2919103155131072831771162507725515312573049623272208602252146484022028427985932928366887990
7714081923988378503562205294533615680280375313954033176431589405632531123586823947289210428
1477709045295704912875935241201535868760328451425827346944885456431933445606103927719582129
2194113087466667665924574913853915794463552398869067679969535656594034008392663094891563705
1551833293940005032264170884889946017449665907668684722866810183423473358074816786082569926
3614579414341577379697276195362514816047504644571393528525921757839527856441202769631859515
1992537064738543750734841980458523109952456640263945256711483053596867831113800408161923406
9234032609897041045680379348360105449292069273132391092894894161225287725417258807157698002
9023276929925639672222312592523789781879612973692312698629041329406930477926903407960859369
6955308287063349885358980631703790655102345550359811047226307843243788750268086652866619701
2358431075487193446996135110246538230762636358994685743530656058275300173591298306951563954
1943378121211180440701536153143845798731666720361840466592291400072861570470923183888837125
9011377511015467281568312617313584544495556934040160625159122144520263040073167862421234739
8415663606157002295757951259606789094918071487219920115133860334201249033432690190315247111
1177053767490379250704771080007807243797219997486780512705438658097738366084557141592231311
2507699438505749572084470616176464289701673424853130726531131411329692244997325898693793362
0538231043046881167270296781793531514792526227715087317841347201175082919918140024385165187
2933219223671393302183937180182843192346206861224877124816144643726238466722387169270434322
6676282135595720865759252993357046930167137706293723161840281281466540339392997647994508355
6352931340448149974608215731436782770602090362000236561479481796166953389820330364315197605
8933824031310458646245390394575637688705927941914463513165565638530341380551160738301152349
6501602628983311752665408951427645487394364290003104649756341864670633839370264043271999344
4501765362119418398091405435431204661107102294914795728223004888150989288005202982221956031
3715553191807236758087351573949415863863465924264929827124687428737887107211779609342852822
1850751761203163287865050956785978469694397066857436394417334190563835044072943862175261006
0673994465714452565508218511081123473497709235330607315603438336668128028972835529497834686
1207930653666229848868445897302368695057318071709271048802093698860052594234685582421466323
7148360334708879050834675141631859978731821377113609337967922671304808400635712740447619016
9902128050362495514649375628572555347220155291627360048420717450788079507618459136069577 8
```

8248618747949602794821468325536369648055794751958042265961817575455372575780063850078828942
8801540451472866450769363642926165614640923760991944230253071776066476460974890130071283206
7009583444148679596428844265653348062698500890014358597934320495470073979019762402183186450
2251873557681953846695713070062888292637561603278764215965593125292492422161329574504065382
2016726239861866164858143429888315192031590579600733663059264478017682428057937751925499116
1387408165551961800806191448772948511662569977245150821371463281903651808773347375322139017
9569455469855894609950994481976623160582738973924308531049444078708472699064031783593529046
1384822406081401306739211940359265892291196901683043436227971530484459807315903713539908523
0555413585030330599426307530084474973121329228139004149372925731581039036715734392981372366
0967707037239975647113138365036061040548871609861903961849936105390323056035908952716521688
2441207600029377205420054934505995932847657914451389480417920358508525299387445006490770503
2042624603929134791860529641815140735430834587703620162613635647536716676059747800859031429
3613337929331917500848550960438971811040988775200492122237069558581249625713314476066506936
3678827688873103244542439828907735107267733266784393233220192621936564466322054855219636285
9886982124590594841453898355243171934249129900618463592356382859406169029756476311262291466
7465366265823575832972216617099689212152632249540972530092760909689092981539854778104754603
9704805640970194386112437832161330172173520169538667789380518472999961133017530953639202007
9729438433442713241962980107195951189408020760785422475347076597267957086043738013371561484
9302325710198132874943896149485487837329709427816336254443633308269399055796881049489203758
7507845376405053657575719555719402413921082687609088769052263686540301870822701883547584723
9992289403407907951367963796350726344224554191280957705903158772555892207789691111868653692
8072383024038923627104980728883128755350717511334248096928769720158667518914217143425576390
4895946958075006092798100439092494524081766250952741727415601645431594518522171855749552684
7527727167389139029014720235059895496157417316989042855399440283027838377623650108590936919
2015402769486814408826839215934253185968629688677073556817836034197051841911679193966183372
9700019382298015027248308350801097177309111058708948946723054289271511824641544091066453295
3239354505193052789909317281149964927253060347021598719613456500206310713361365178616544164
9703573682097625837494386303922487734357175596671101166931279192046208898287538871071536313
6881554667959015531454623653372771094192927484041691314541970017754019166194192795232601888
2537303377523360121961711612555388978356176708773878526075631342058656819701929804205050345
0950135837302702058324470696463969223690638593311081122013967710006747724553614517398246578
7334364145518521246858040728801878105976487177630797893325464580093215613548419484217791755
9330935785967194699195056191293167993441194597294243460001028579758994049694365666190975793
2956680542467013837449990948865697217529786249994440386325648873316760040767769071769110217
1332466716933577677517966874823798119741641389329665109832191318891230612883213061753473064
5943263123690219424876504426568006403723735652001243194823731911164158611994016234561070555
8803666260316221668784713489649977257144363570318750075329860063330828997051279145819777920
6078069420505494926820444046342562971575340949274355797251601572079797266070199691870098612
2241889692247833122306988351930268001333515823480974691137836974486763207815466488126392408
2841865160249149549798644272098660518203577645689499356020430710489295815865069317305638559
3822175143013143487598669332650487479903805646835095656163984160231551047965985931684745229
7845327115630225679638245805708738335984861594269992353031747205620220372615270897606684602
6088744711951867528525005617829728887196752466048954131079105130025731039262690888474237156
5618309916354673745723994383500092516539191810184237064182784463199649055288856999325282656
2628242869076046959122933888826367890525889629799260043658351292859166016816271158508595099
2004502382880525787160799914857795117410714587892789285944554229757489266391490606122559018
4674242048983069603269092416053731980399309580318458741875611965516694103026884274613267715
2860416756259971668900919744620570788760619382471443068200786999515821869152348094620599473
3672841618743801837624468431146227199718354041990857212670067522055708177908020764223877008
3023145963243769724843022813747480149945967829765245111164756284494882391126580223207233396
7248735348379683470903721727807182199304579617087484668322607548311946463161629550461428918
7183440255160661099604396822797600851051090393629109199421193882665513643110459373982337547
0223489709893832833499606222414458818157174486985800768017680098313544889080730980104598298
8406710128613818555779131126585794629796344020932540464256523214487854998370452126786486295
9677235993867028758906282699279492148880889025975297177478906720299367123678763451986595708
0118747717986484510898251955339140452640402757528622015609839097436788392343368690293794902
3880629769925569202312504277051089435097832023702609078772102888386917306520297074268705923
5430376889847491331150845727240892727685293202568303822902698549830926642798169621548264378
9646128368380420732092446348106248237628678481958108545473378891721650337093171623008278354
4609535500015708732585371829609755081704358349922043478239737270858232696362370176097674845
0030410906040116877481312364157224925413673506596999974351468311300047904376338946381150750
4479862249775689187063312159825736569343060981010581075128320284644444669225835877645410765
4245446160237778278842301432414837607752722866645863176868757284362034638726464703378104558
0384086900184700132949067201629106732086656015272003570377008772363933708461915283204882311
4035058253541286718497691898740183701119711247408166154018970145776023023745038112311099710
2646614404185726108956369605831244662510334421769869553123069183533005

6188518487114675653747128425378375360270025404781526769638680028149067082684714366270449383
4208868297956055915309143195923053793897090912350168317523156938922081723667794771797136271
9241455588808060190380407494601510951815732199263163081536727786395339826503769350931962174
9307103605468274638519238401058938048215379605703755413634194531791021440277244002285950
1052507885300563625487962039630514167505389028154839893826056184605969254309230501184482024
44057353339948646232469861642715255204141839454588339064507002112028162690376437236786327092
3848083570492855665422565700417166434679427056693169465903559002500981102046159970692226960
4303931341501123852020843307834927685212802322911525197379137517432840567171957865482009683
4839493549870633410451091155802399789655537286716719980635621882290898597135945659956583900
7199084113529007032127984868173787637691975015965034762104926792800297988281614426247045499
3187358737961144612207504177376803842330889951248927382171911705995177134534299457297252152
1403834304607340293212929718359902336716755190204836798893485785428130740917112127491351889
6650388059503648866001930517747973772006038594794431466501041077192351722447258169876135731
5539473606361022608171954947748733465753076976238292997066593811303556669828383083276695476
10966886531811220411325508888982062797980648030112172279233418196079841299972072008841838
7221139034724731085153277483669837824867965448539605467332451782821837371290684884322609750
319063553017941264823895351147387863995054860224600033576913603183825695223930439416276778
5022636715905426082179416260627865341378178728420381565930074463640673989667549268764939571
849031321211365620239026152298406287309564812816930350186968503713109547232937674722247857
96417081985894052169659810525337889233503198725849488937286407683296645338400341397336846562
6429981296207453255651661075482523738167396922771695636536682581378539295928048686393462406800
4561289736777656499264445275561622239943174891109978681413003408786160964068909193446601068
5781739964966919294071519797706196735563278083037486762428189532993799350174377033041267846
3941074239000407519860591815646594775860969999412559689622869881578902465778977792045289457
2685978801512039187864497160499936222646124958687721434771817782721540331579087438333180945
029353819157281454183268211248197232597214322349402628954695747621010807874258476571478016
08833404962554650632414744423711596789923705898277665685897719457925992692904083389327233224
7930254203274120827941298493634547913979579720396366395782104958416314403965424093860475283325
924343500781306594917949907703881670567144856475901470819362884606343870830873013999253725298
3668910410331359439434771325452511125521110927987277859513827089163665909520741709275251249
99026204554103080348103227000462081993134977410339699357052008134906942080378722037904643828
9024990240122138046339798024218210683934685084930167918289662130425493338799654874386109382
085149105332758773226902672412929662567364590687559148963120501742439452636893979024423237032
6493059685257821378096515045449893186606855909756632394422616182229519656421572541809032099
8044969613813953120985347967114699342694938245149667475159852900475180527661226007197757224996
6708151505803914346182401252180929356344269769077593665452090820250602780467149336326778720
5816815970250481840076454284365495003371942335655317061100284423030042053052952933086763760
28645654611038275374154748491009312872595644205697610999302088104035318669489262396099535657
2223357475743158786184590483196642956322272610527164819839854633794370836572964093948882039
7486960694333315145791639720748072343444270697628656850889473094981597190683110612001028675
23095201110639978597041881942784387319179548374603671903556930383994015463738186262482626181
5817546723094662836205565121691747032788728457031534544485852236960697986889224934532820969
3435676167926010847238262589759905263792325916415032763625594607746274170433254493457444889
4772168762718277207294796799294070372568210612950899993702462171998898944678766862734579413
5226403349817753083399390670296652133803469837272890532476006619392545820659289701415261295
0727426292279324657917043837162692307536501119601557525946940619181818487377134268344444240
5293066005733445888690588803931774845117741023973587752822843859586720282398743743529592115
5624322438928963002729105687288726816161177035569527231697743695929142484462118989457501169
0312957425148284517441987133717486576746353974745761595416087815219493803821906317197854636
4806877248861810391894489750730538558049092079632148308935231848037909066681345271782335322
4661252194992676529142759089092262117510817467050005956809313519528400804390075726178665775
12574528843305355317484142917533742487750948999354373583595545788270603739129922693703012
4396568971237739451673185967041931739307423102053944927937255669514349788055547033059083401
1304552420883774530182347148368540570383980300834901466615756278297245438449473653894739985
342875432822747853813731163246992938367029583215296762931690157701637645970731154556827663
4901948250420327162355437616062896101031778920813007133134968338654865407252699994243188746
54827286727278105469899243638538389171009159271708230490667276596162378168640441058875745
7936667543859698670955474999659120236471863025134234286603123083288725426148465049133391408
4557134897421213326279563751415885938343702328836763614272109109163264381199307118058137053
2052181871689034040842283149561397141000910171509937355016250498698021280775524186200
8968444383063445989495551440098765192200443482688701270198303940692242853914434437692525690
6037856331636359169597563628551168556316242502775453761962942890436619458968023918515806797
14386065545763066653855089791671967227739752076358291905766479671803885645388188660350645437
1683355124532052382832782772109259629794743650827334190694841174771358669416235515154189766
5027365243778292737501090510930825867898462418684947221879450928673056564729372657210556932
49737530172030034298462939903576040553269480197521260030669803843503995362245864967571735365

4486622960867665022114761971906683670078786195257727249607749530158270401915630348962763155359129352170209298150999571189777124690854467614485083505413333978482613439531495371915024132149252570114576270103268359197885516410361473764759625097622302881118895404713480424617911538541632328400543710846426909503621868337287756445558445132126070936508889689962610406609727149015825926516847763506236573352767195383297892000906729856532354522274816541019480074074983918823027932639144942369573528899527704109953394755282701081943357336971843195081657518177313617892037222004623202250257101959975795240224447773214620837600834855387730627390209188683525101963976707841850278393034561640141876545693800041666721878598301833249780430668413708789977806097087513122453733179210477653219632269292062444118602403823939582693848769438647992158275076780160750653635601924781632884895067393170475081966462719511896879259504855981422537353491882022522322545270640311004505864934019626832439967502709419772579999621126315498180662935407155836102749719065184274065659372545125747421356527406125514208736831953589153401830056437614755600059018875594324899873423544185362988977246414291129851849531060905307036852909517474704662175927821270284427202763242218865003628293273448127781908247371971787331228262452933903310566123136943767215970190562786251023149650838505178495474625792863354846764750561938956048712724763153542713060257324619703705889144995762866108051940160877383993594759687934206306164976101628938474378762708398093652868909362413539742230974044012337734528350622583007681949535057372712472914630242934201182055942858754096729982477433299525328938891028826238500291868606622306007695414534401415437802743546527798112480595010881568865390958105517925178926168594761989018512885485330019719136580509343086513733915671442531069334558353936906805731112135220901489843226163964326307761140249597272575518017958941940131977457342289223309973919624542378153163739920532476645534806101436730683257957605166743647366202346212054883257962067779465896153466662849622512559988373663561545738099423982234139778573181185266945092193334002783956605221904343907952187695286295362583451142883374188013897666833483451992354372759509972488475499853482128754160212142000716742527322818658471302437403801247212757715517354380686932178170984693047721386934362393518577209438091902476791912350163417949830019434925143922732839989527528454309800613975570079141708167825793398250345035305043559971630184552816829264227963795173998262569721393103488869523650338876723534597921388311578797662440445856862661187618660778544234578255621751391515121750699702826712148235376167533902997247943869400984398033723926082575914971225249699909162516822418830277064831538112236871275612260858402325217728238991975461696687100468066683951394054683014706632437280971730852617500454058463579964387130602504665324509851371135047840666967408120622808495247082736778489675066868066569520461593590640327826022810236552083797774909998813393057249306686654387869383628943123535175161385304765696084834286892163795317644541891627305175221678972080411022372283886209656630432693750538126058074357155644252030153606598273724463194200272636840007290391352321609780682089800250397115413563807418433383843775594568899343275732876358995393433301321522590012083860051252010931866882673567260499879953512265864607687845448841833834136625422196971463251892117282500974121983889437996477424611182875649274008010958068107163190905554406637684199248303038244538612047639180787747840955329367731266650623046349154209455030131869928358870404977694987610864575327353237835581012799169576075366163284457154796775700222592039479012456471885952733235380132049867071615509158782889567274613439615495902481052675789916395615629228002473414729092945654214423842797513489457306058339555466206627021001410276707945843521164890881686243697965682341977082233313015802821876841167102851911373496255504415650032201321878070836321567275832894119429300942017627734310749322216301696903711021196817814596112985080356782471755722595233764640402399244994117133227064814092208903934067741659079335822479617612719575790623216075333480442592524721663765328124917378791355454531828388653870756476397340816244449879336143123185696534013864422093057439128727633

8158138712550673712242883009985818632101563534940227831056311703310767124990400513200129348
9702721309952154923915078590421402689313004609865615236140525303927254313140978670372367159
8135087041444155684740934242858068266918870587013314646320508191505624847600443520708075408
7821149494621150927923356416767368335016422842786529339283279284533215152892040943012000817
0861858410750441576216810260608335682836973843197136510829362124680025797679911553999076484
0380499281718037565345951838459509934009339260311050879753764133549052939570876599134289972
9770181614294760801328372843715905906287968664004706149178465951433808979790174722888221305
3141514526750479695173436233472615330300093049742656539457947474078856366781947087581203460
4862122119732683985031983988067512355607212314224839768206933579702545411426785688286857621
8146166824675502952377526614089492621794102342151635411775702690729443076957090896064414965
8816717421216683181149637091447791393408677917203636047183375907382009969094501230844029782
4319898307429912474750965950540243211346298334415639386846663845113041716880468008283501799
0969544557428581327744030140033636837871236116275322391852009315108695478540406038514296753
3705144922858168231754675785993324897043319474811631365687622442092119616398478074939906325
5065861047264996427857091184829307640052302395716940453022977484337534449693479104278804649
5509168928481102735593809440469348957848319661916191568767866474420917676961460159614300071
1876371159818435709487634197399138085628617818195168335660513197809453225854265525165340525
6418983604191809877564754700933354564638637458818370719308992777474777651940071210016021292
4290428843775188556969379841374619594878664049528851797029944034170922571269836434779234200
0044508972401956427768435740004691806885788296382555685769552433481059235369632376654121361
3659416589648936012690830391218907966934638782699462568989432384269479001954491764907992596
7283332015020405056395822883229865421520127390385712551158338946017488267961307059368446 27
1407317663585074877351536087854710599450815737503768721757586689747637142045085859347552037
1592894144903845551888247782248886056768179484488505424827117656020412756251081698730294789
9169290417780732082029453912387288505780471150279434067819720679870667734689917596857017096
4221498843862131723330140364840906229633661397312051267854801975140106876149786782238295155
3014477543880094209195811190845593172841912844754245930240434415604684960365223220703918197
9547390237479288943062875587989550434633272922942658198189938496433903901748591900745498519
4324377468897151635061784044765817263836980897975093316068670902736290679673652827703154632
0116423755537799298474640332327398535516109777781075212622968949860513517165602410287103772
4129408278075558919925350758497154770214909146833655432231086547487771386228875760810079271
7858979025987591886351963060456666333631921740794453033459277301240490432328916988631072549
0859039501306666592730117026037662981068329188880154007740068222930213859576454123568417 24364
9753039103424759546679776970800273759435800647152486835068619946207850017810354281282 58352
8653403952123279660353632408223180898254477105204750370452264797228699159145224300070 83320
0074295977322725795037652993767687202659189314667887983961876650840897212071621470805053296
5530683823375864780997017362177525182662259448897555479107900294328073777695412037888193857
5336245355575553862151372157904856451955247827238390439225555860854598378324204224899605866
2215842368888782818875032877205784097787089910123979622359281304154281462067094690729430442
7637357079519463822406385353975389325145532040398658131876665067180128552920929028138846 4944
9913148962151109657353827367110519461256070483211206288125968749690533254651660985515328470
5020721844897915130385996182707552535083094178815330737133334832472877479051810609940 06506
2184695791416090258633376537026950336325159012400610772655185040857437205040286964190345060
1543414825874821359489668051697162220412921890901365194266163349101517770935418782341 1594434
2573018458460479674977341123967367460769375849063542999397454530071743091496740145218588375
8079084100939528251239939418878000980008529832501179715524696629805239359426053342656834841
7106596468996024067593181873007607716569646002749184784539283759773956101054362297228330796
7124275958191338179078340962140827730260945983024116813392425402102479082958427192272091231
0498777743600822820404793982383576317324431719483156971330010828525340178091758465229417473
5919734937221873348650377566376945451734805841274192964806237884746960032363296456071875008
5619940062901963618143276961079101024847744994817747303697518992281355769357501446845470381
7964356041927482029664114842647553884616092843173667326095117141455146642087759372116066400
5713187183194037824930356602642114555465509638156171759883263066063541502910121381757407054
6034758943777657343347443313614570695499585520681596871920795526467023503228932588692655211
5837404571767926978698309365844160521753983797969141646921305288712473482152684048633544 1603
6667164545205728789206539039689657009883303927822831246398832259368184889730076202950191392
2174696391900812982244757810301784071241371181333474206915380637319634203722700135312823156
1282092730787333606573188224330352677536168514401284814216046927928006261490423726475295528
9806723868980112463526170892236094195142983185054938776422055598397842354960683843080444 6309
1873898281103232617494249024592968705429095989327718867278818149022051859424964978643722019
1508458725241513773308659016343738990369096183941846604804764128577485733960243288848561594
8165391309950784326152761242743730419813219131097138233235365219625656568413210099779346586
7125309809163123694545655240867099025795737378690735707957623330415204577601513883455847419
6237479266731639431708110461614928063588389189301292776504366428922229524865961964742501563
9365130455542218413698115506022645692242688442709219082491387974604688426215352222232159695
2972046000356284480180514309235146490648315581470733739099094033063516284763645243070399 0228

```
9069103226906335776036486055194090278268031593780882659283867885892833398144312107432421057
4440779725530487580754382718089738160582946051048302938386321120440632379853101812009680047
8401312104193172311588019894128999509449051823520285501747845472762059863697070096215053673
6780071040186618081413859627807691503330859735979222742977968064432368930843822161613445020
9092444424134286820459892391441005864948555982060284922716247787026995589742281427014367258
3620201910469241114324811365678238853166167823059101302957723739494218220628532292532966281
0562789429374661505175320710232540395606954202499821431539771325543297586855252724801325259
2049623639186428402295056529171734982073877274864534744992666383346808047284310211378092710
9503669398370888980792873532815339847426064500740808443294502104866023527925853133129653132
2453687733089541670661483631106827794190105286544385525475882138943087838755469743892676454
9662138072288425723934505208345421566445773935903272319758171765916091499223005364777283812
7334166622533841472242629942411924622400978544729798291278440392639981696982498319988102820
2402018949606067126365661007469397089206468940335704923809270107051053509385611794273021697
9882535416280152727203897968351604236902381883598872104029201907105608751001679037111105179
3917137546623683832541447178593865302970564626260948159605973111282072557182811133246076104
2177477596454839111797136188734748786825398458668974921061770350321736670657082169855598660
5315272702364292962106033276295129349217521429748836174989730538729795231771376516956560760
0941025720965264136722804718901948453657730523247184576856434531334180912602575401390394116
3886109277630735614771042982037148558809988280770118207688604358180555697428951349392085027
0360998529136566724200040934068156266480004775036926701006718756549830267840394977902849840
8041128649042737318787323574923515777926654640587552701973317415255343693433335878177439476
6769865341090342418288560046824421735589195629962507979082737456067765384902422624243413944
4110514766832862609811698696299573291894803130938365787720305440635688808739217336431685630
1974958824077856564691100584485063221748560278698708254492343500946242878114247925570928758
8160371333704989444793554135786176777425930035019948788189354645706998980238842859434023529
3957359036387799554858018444355982316908424883535500656780024862288539779059190210100832660
4391404237858347141539211252119664412719679850014037737816111395469455626393439637229169839
7034431618022638018535077274790383583877603813757838647012136315206550285043820926854716048
0494467248770511529563999184619660704801990922543875919360489941776424323787824512750976240
5752855490091949663430056325042158247850394386565734703026506980027224965381622755412581238
3002246685055927019280952766320805532391360748859854952576989950792761407664345764642909718
1815270408434116864875195291524250698686972091219727276416639989480352938155720610365285429
9804227933990984630926287867918884447458228183849154137902575761730557372190989173358087609
5211813913922837017330476881808509917109050444401302490736227237452998124794221658811858963
8088129678928602717350247906136422666697096556330601017905052265542570442591979884309629281
0306578173471637056821333169546753852570412755704075586258683249666663999607717507142454243
4763807349935092557265250192876408649276184971730458976251487164885915988512553752282229553
5780927551577177349425449406463653286438873433421753070279721078884393578408051947775698254
1739321292803528281904328304226608115277615033728093222216146272802255172759402589140495678
4027668536835600648375121195655603792908901749705688289249537680005511704451470904026477095
2661261789116435270849476633363303750476266818134938316846983860367178618075709038409994416
6818885088571567337508594523816058288505949719141157735194691638266329100093631969376262656
3399714388590830624050022106856248393754516645389779526455014543848991742196831219314013729
9511841009750979419923746884095425013212364767075328956871649059351028968444317033151388148
4844754291156551495493239860473470143099453095929657329964069617905657189155713959225222377
9966163349292409269002121723154308093732619965732996406961790565718915577139592252222377
5200236087135985496480127596933372611487822048271416542861097287385314981069732753696855913
2688931246588639737786052796473145774438703755129143836310148088010255497501850563438374232
6494288403807981432555780016392499296908528458983639132925179376062540150226681735946657598
5941633224415157573672662192304256955666018622138261908801925812037238815460077600385904490
3886176642120015712762644087630529283978600293770835310900439186588120008743195074102899806
5659379888701230973100697017955799260447386963611607865159837648650167943285933431962812869
5516084529190591426779204939904118967887787866743039299757616764655468134247356325818313412
2662690037483369850318720011746032135725115548751022769220143344417041475936503892095454997
6990021428049303569545892006008908812289808480549761464239812417065357454304376304063168249
9554358976779787290679404769481126790951355743782017524164675346132975800098129577909972707
1190393638094497139562962587268238358947185416563847329427586950984276737772192332175276539
6866061772823715965708211303558103638151827913256944611930915881335319427340665428840741599
7081949240291838849762574831533937525466736508284396554011389663016763904630178354753694786
5239365547983209434681476337898406578472456142075994498977412875174494581453465738378997960
2559586269280739502699277569907760849202215589743467392637791753036664387053071485251947022
0957089282863695049358558489320909558686670233457554319254514425181288007849915141850033013
8018283582919167951015130632589157356879487674191838233061591376859223498332250831999552784
8625505908486745504695160242052152523566763826664320624401134624618483553823191903078979048
9156492881675694951297606022618515957509091442772246331356835722350994112552809162282424069
4113223256899532000390302019696821738613098796980072131163862039032729719995577705918946
```

5177709310867334359701908675463750777494181642136624587122836257130969042522142409274144442
8629467641111573339026068992839959142073445918210129878938271304750373833166795787273900628
3488172123432793167900780179277820576279424741963951177750945739527443895863353347367966070
5505270121425442994790804913464473573810923689307860356623664611507441594192307991226358053
7526359624935883885499453578608882349064790166624557209478823103870099172108651627001 74127
7647893143063607031726839611668179673599740524372180120623481940467735151101150135753039355
3613503983876540463630317292404004439345422288665043755952167963855990474148107366357622269
3266433064224662251361964755994793944751674283039388495387860866631365660876086740168682542
4385950930983900950824741461151827971547925387826323116039101597908370532676133565305 0108
9255973694782566935222898154208014466204855019765323210218161662195303465718412880165026448
3177550378575721075721672703735192224031414870533281255602523790965285517106044744791 18067
3197071002068603349095233692899435173460169991071845070490952869577741317941205305663931582
5980800945415945684740167337619934446441859524845857806791846718267214579330271628648423325
4970208681474069158570524830142625134913013179318973838245254931717540345310630594415185851
7993322891846398568766128678082982141129066850039256207747696005665324348516251485428270485
6142333971063396132693140524821184022802087649328246007079295186711877076461645736456342222
6184718124284383548826605654175590498795369362959566497254118371933569798469939982669708232
8312099109341255994808198732203886864574976150073150130803594050406734056012325709787 4696291
8829946496700955322993288831623762277023446084161786295841810033059517722906006608958130305
8313139558858804827622596251755183942649806312004512718100192221949705766974884459659269299
7691620797266423414339698096080501454299116867845278772258015085742859764318050407162254946
5121526895079761409835692430941746765451817195667472044498428603269680371841082593827335584
9743868558051359522845528759636138602758981945310017076089442732476872429589116478218 8536
2098458294683030407511008305466766121316949446563866233697314905363048789078832874042072673
3833969258348281353332462611966397276729576987444036547136001659167477142386181991645306272
2898155773566229226610897177977150083462794644093605843157320637834761951700001658106021009
2878404435682065201945270285682643221760713581601752221973467223327780274398943597115597803
8127627806526046670385750855602556081051666778183826369162112027595476357509273561 0337565179
7699465779495961144911621311679160046072342568134822109174704161025408424839924042350962196
9126368120916434903792669349222546351017403410154654375283162070610539082122669353971414467
0163871339195724562013513920405091861473232182936195189123645492088239049722488287914257299
1339778222478186521013391443716010777808100071612966209368046726337703019405918478585965573
0889364507857936000878628686633807976368902807806198570100232244772514039330322119572056967
1864238802321863447761125994354864992447475166117836031669526375416043600635663238710592793
5792175687119998228111108914246461015465535656962127042099944031975873515343983331 9560989417
3093865474546514099389397693553922458643035887623157615625861587462872818781337112351 34587
8837855804216977643985259927890499624290653889621582122218978878116258382965907363248496977
9876120071306818833725190037037740348722504297349609934766072848640001631992960669543707142
7118319214099244239469582566542054191452045536142364884148160260537748661498641102837 59516
2909996220912329819216783392396425613907277536570773639372511982297369678692468915137165264
8697596513443576712282685837531440126280418404622869358897358246373787848447481641210733816
7587759228223079154982210804795904348319338763433073399499251942433721363211915365810872552
7549390349701179531056527436888894408547466647272707809098080469973094052028161295824460656
2916550769680235614513978599953561449185685794960899022815409931896227352107475824485672452
6195100482672561527017230093439430290688053019264553530429770999782891887127297756731225080
1215690898921046206103032654195355883084346331184232432667935024698940574391049323557 38728
6249786807514404987381434351183852585829589650848619765348305165577465354849251847062 3584636
1128961231063475613487829196208080290215488956716954705784126306512805097004486533945 6921
2676107464890218260151360021760420759343042515496047121656063826907266881060328142047 41220
0888667349415179972464443148785230281956677300924345252780354723713324981121114475271 960517
2852639093240007410085041013534953404377507086826929058964505677697550518169976547742 4907
4987137689708054222310307369986214421344497048083388629036192462099417006595275523499 45608
4088835277119951256411788748775542690695378901665837170505976068817790849116187021 874460703
9200411210127386634258458451236459384881049049889171246857392696221806481134103477999 102853
3450433632935599469991079748386073093832224185655436504976494583857095754758924181079 54937
7643168962607343645891301527446565211457861415577099210493343713276548550207819757756130190
2631627312439722462741466016940435362112664762066895571814714997912220390593604531712953095
5540122855108112121026572969756546972317828275358932526338331110696576581556117359486795475
9424190295582012445750907537337046035362261549710395443112933407783239085701809046135796288
4855271634026996506312919099426969596622558949797562872128775719854241967347530158746347073
3050737845796145354542520644230878240841408078462796736873887889585204470927908101071211987
7982728359242339335575561937132499795938760984147798982138182650343224013063857454488549358
9707048625142787242965210065664978707015683883864539959036508017111436410426627869672414199
8326547334111284879330934395808667890754340702026793784774345535265665129290134337234628978
0107820115522188723937312016093709704068632553677092619190039894188411459261537011666865895
6367315052216330410779488677211494160046621106580652485041079547948381425140499636824 97073

9689414424666717487367463168517045635775424231051505809864764641739106287459904737924888107
2743081426295248909319854957628983241719089619983841001815466443780823753328402254416041489
5993190873008472472855748818376975818953479390880198458062894211236113335463254004046653571
7316673238652078450308016619577080902713241189165462019807089554609187238543726113874966299
7666582523147148188003237950038066701185989421959948218404892260458854876888023375940142157
9154295287123568227193941659500062439118359342678164048354162384967924208877099637573387333
9727138570051017216390102814006199640295555510920514823727888939586225063582005762355860460
6700333545148888308803206990796123184492379733390031150588294838020687671024091648595888839
4432465634466757463358495322414165188032825488208991824102940683182206517122105635810950807
5267608243003755064833828150365835077439401630802437480979848295664872770213417005589113966
2180093523043539548882559026670900065711885335952330130700876190428286557679076216907339408
5607061588936193013487802595249967031591436244219977851983004379844414548655165908282041411
3937673181040877195965789360890060092985718784824543162180245386116837858586234510782849182
1691458643309724767711314959030827436418524789221595763617619415803413031319184160775944101)2
1574394177453130001079505644225251093067375232236885432427912135305575926210031122118620382
9750275381784254173117337551711968165240928436766301402843312361032923452318918370223034445
4974141886397398650837286068616943625131655980642940415960955828152794744894079600670401560
6635423305660888224109246225581873588042827934696642062741124597521522027613182620967360927
3703418630680429620948015190112156463233546199496049740834443545314211500672682516687795066
7254182169648683330823372445854924129216731909818022915171702763953907659608450159458745976
0737822363718204911724903037217284752147681893828285852418664014070914099177883713956921617
0769790100601923052662978421951009921840123220629140060482178194901561947902646631312875029
0832444837155466248494038615248535327366354838102400072695037536724813331564958131952983295
8248945699470154098386358837510527445038754237416350534548439059129801016033702406509141965
4406408930992874563503612249158486023751328733731306177764383349114167974279563535826432656
5093438974387697125404890995439761030944701223017049596779161345460240920721494649710448748
0382550964757592337840850157046965409260993752975065756324454786401781820868997603550)1204
6052898752372284096564154010430487466276071995929003518139082264656278006917499381889757550
4124552628118769537575052501272801592229277826773719461371921651640018071110326066546576)45
7256839904111265510326989847762004945257320633661187946685468075655577881616833650598)04799
7528938885934462182727482769757353481167038511000881206002684512193161349872922797354351452)5
1620662644675504351300995887599865911443487330276057832738606108196032567833536252139853721
46327137143733666525942897840927984778866474664495788358966808204514776727190703126288077)1
0771780875944665928794910582812753178451193902192043621739992710417481747355300551496807137
4613766826102458229788902686470620871691840805906684021071179755073163609712321042997983)31
9216599464118767390473835823972710206691386867582223407683714025128786024336013754569561210
1211186685695275760983876242013180600973001510948770418647501460347190956001644591325816011
0887003424095108600659666824661861370034045403056501560321089611195643279401133232062441)2968
5271897339002930438752682641325237281181873418377266831707982236681984925517311140484292263
6004972983664647174703203589251119031455263782036974827376444746579634703464627774521095560)74
9209997068596663108318811970526754076084185209907452641268309014347342985506555550495836)71
0687190384924438850171624189592415970643895517919761248010511832662108395180919193168647150
0762285491546332100294923138434804057097770139827445193483922197130608237016546337256801393
5034810121226605114976878294628586232064347412112626633527821577473245248312413542866044)140
1919056371445619336167340996637827149600978057687541695344544059947939618148914947728839344
4938623785445710715026668290496140379849969979904177314534985205251546802967974626481966870
2286164231214776292412429658312736661501321599568755630321383495785041950236693928204408381
4911506865684280960304485296973825380024172676987094580558823876675088046999123811364649)81
7803232713886275399981430647461240477541717786963338613965617885964831756351902365389428609
8798132431059641075020220490603935987091595477942138098641791325093915143022918235919452911
5029434493134126215198182158312032029486003940276690126632207066257065165460052747522401)01
9923873469029975061163166192818509767792260931005135445649361164596566028491128455262247857
2687470611594626032730492603873190984272702230227936371756711926858364718578151551335203402
0094255732570241356749792983260661689237477237909231564483699398221906223959835129277487404
9218848651486180067646836474766349043546852270441815032947346688059802599704514719086726975
4209092714637247939872429080014659603061266441660222860405072133181508294609888507098056622
7981549989279243140532399034861738080214933410263315505110372233887514816204398816296144993
7118414730654397256358037320605374193767157215516252026287912434751769566274504051833871608
8598437046467204976925718626306817461111789650712733894134312640042190022842688463221924960
2699285376809615893194890230425833901286085290213585525352287293692772573112483980587096220
8930684664626363464743178986700047406156685763785710758427494742964857966762548769795941 06
9449268116576569257910637391280917433293427660082347445122646817244791345411283289744575514
6507869565899052824665349909387151111696795153643282615119827898668897109310169591041784502
4882873523192844862422636297349757684392822631120200047132187201701783710975756685537139338
2475853381198056805524561758925329012410446061386262529720144955188459248610761575320195)23
7921069318224655177285864226604778693839844215191391884947712040124803222614617113859479)756

5685911174574724441827556436675503186173710531284061591548821249719371730212674392008204111775498546836398413567746088381673386741710047033045122372699632967533503556837425593278850528484379099534151765903293840285069219964260910899068429037128452934549490793498403703950159436563446313995129824581333531389648303954685377742386758238799595073127916663391213576229300823813749950880421436770634118679457902022525197702359954488429230463287549234967220873007422618532623944158468650826153186560578576997292533518074404638289730436121312487416649557732058303198526492284003382122961982940003572188960922276076892173732137561281714012789476808601846173476133583047799555570110846589918465264716029062432682309721379199995026002007677928428128010218904655036864494068516374694740097967052287174665334653476683285293305839175291925684229461333033502992661474903553099705929443017756633438343223044154343703476466404927395026581091264882415178063849558473212925984863914337804035363760280600686127816888921524835645436191658459051120653701944847924254620558790155833335432558659101839153275563432530479137407024665888585517326415578510827116214091911502018761617581702513117007944140863486314831905529615541131867774760309553999986080793843749762273037037169749162292002183000135339181299918296040235929481622403757349964789815652622682469224661822660033465631554440691909194461335922947647617530984014456964949854178741721313607795570046231575740701647612827340963897976977401987616019415760152910910925312276183834786795185241937060797916559070575151805129542831018535917318636529202913084205780739267574115631345641060048148590659777277558923397304760176118610946668393831705136767659806086454653275384417193324821035003461438700642574999821742521821218920424698345969460171454108096717354784790289649005709369565850736027996266961684643111823719819499540175555079372487801969337650451347412370232785817170527287540676808677865733191918065414650702346930410760260438076498398418776243353883813581831396332297830451927354200012443477014391410202805835137615248683465400922414855558907372029219460949678309380472522542715397156446139320717562051057479473825563034044998409055189312252581517064469135994549410789766052839379950219126026120477205145883687727742039393492746617423169661272448881420286391420227812419353329742169450946795452067395697738280628009153419557209296208702178162359573153985804940599130964597843674616880332762471313321871636394671809366747344033575552621977254844202499996339317486166811685800241610193571815876391393715915310763425043384067749110062398885979546113555397558396530539242511338515197295715072567194931591445438867480941270092974257722117019767807775541153146444158888135464046100343675463395438136573794175502229837046337812404527631159587874291541420416206624891261623850077703928634847262333435064417462265548889643289608471692123310844633335033714717333033190172115307748181597531874032065206546663038340247240443641929585156620772019573193519488591629815330055105279952540010923456579859706454051421906571050430262847937593593888054120084681207165725958968277943629931119229046287498933815161612418075641838765972717000319388966533656527359657047298370555651002680279238516795033652066530917843546800532221181178456832436800443266590254628594599103854757965209123438950325105958302845145019453098923277198489280787845546749643627564616966626183648666203671557849813839868252876195638573608520419332025764108658530820783460937354267441745879179816509776067480342358794378816611199895956667944648382154771584452235751309630861325983230445664681920972502934490357865898888405205528878640659389827094109886215273716175244926912642228562674431790670660513250331457206783440463795142601733349592062646181273287737940013015357157366237612685283211039112016619481155877955040394086512236041949757935718979740811556373467207427424157737440444109123848555845196736483504888683099313898234421248549562023391981900603548985180440671358033140872413265815580856335529235650556243406221738635871005910916692011060008519210620615217298898708361337945882584198929728135937846386408146209732157488764585454529056485693473625409289910669192256024642545291001498200945147538869058508215749901642383258266123330308423601713313301974026436592810516974600611297413495436114150778901552316163627582116073452193855111272300896003399371087363400847445858281169291728401471592927127197382253553963987645924738369326112803742994013875808176175069360473808825916076549966028549415839794291304417893741349812851299433175675824407673417695102424433117320805419812250315547648257870165086576670230978527121343260960828280847222735516127980217943248638989060292519154480885294492491323857532148964128445650583365153439839435370632236908681847489163408293026856717985796604160121522883409864495030061363798475278879019534177434844467274800436348276180823399161008740511223516596774451783081921670275125143549469966872668737082784919199168202590371147765982606846429716828871519648270565793794566304849953425828271002028745751425313487886988080123918252754748629359202579750028182197510099462917837851103466716091576507689424057643488232454106255171455768523557408154552326601776743209479015645205466875325651052514797632011122660267524833213955089931268326349301368519242840309426023879053232047876793848815781799120758839989511824201625492439937529250292633808912965124723281499026982023788861443531898799215072001787269476593216105185240507686364891235175167193707377421624358856294062359477043120052660625697625096842178121148882988002661604405922232933162417612290874337902228780456170135772375061952160342686280629053786496887139338571256241696407932447583136988591827299927578294929575130482504366602853237140205496447338073824577555825709270075915358213622487839519806447536509228338732197378945098948812224316665010698739616672989920964420596817569619231839866191793408474257868154615941458938640602296132950038120038389767450208633855782667988106569036999081567827785163782934599361943...

```
6980652979221522153666288839940268038621838784138954997920072289371169507757061724002344872
8986838088894693258218633782343569120740289568718856687096061273862193498732632240960659606
9917602005453603816589660214387177128755309837099020713308471230391797557448381005068328095
1189329272191231654940906640214568359874463216265575739792837308702860612939772368385814919
9392584157425491463351548204141285052561164143847386215794850259095916940167019222271520515
9244638478673684403410197602254850585960237452021034019586721608171270192646070460795992871
3121074803511882506823353044969812655209567080884541941022535199131368352911597222819779651
9175109141257490667527198799284399037274106458867169811835091012056683498176773100954846 9910
0664217037510129640279526680792620134649082657083731273088770349853816883018041591073508780
2789781444525165407708127488473796550331829893602610515170900920110222071001669479948606498
8416099255778210332925422202382431169379455244507711661278195720289949059237178763071379 16
2077328051900435950630278372052428607168631975683199449535965461758237933195492218355714063
8217262170118990624363016468349879943067324897484029900626758368663934498668702957463295592
7635822741739047673664683270987254008256582740793730134212501578722469359336023202788021334
4754711692547244278823478857202047848109668249573259646506938183932899440856293295484523 4695
4732470720957681550003136286818305873597665524456292333709800392024465397081980880975167759
0008294523393382538737975166366848419906191718920530293275282052288738997779857757464 4330
6673842846683423819777822394151522436389874249517010656678530267666437085462406145075109823
8265082329219231169465936055216243701274300239492460008464419137134537390881710543297199625
9217859583689002275354693441992705635449946464846356921147395454234209303509561912596294 27
6033231402838156419581239921684357059261155218643672939081140498842995401350304582616685615
1191924704248067787488387131898718967382619247397490892216965648998157671704289017449666 20
5968008681990919566483987127996000606600983365085013172670506678073810536253324043615 61098
0110847675549487749423658516371946527932849799057701845104909170153356861363244389487965 903
4367590349560021664265581524443928278722717359459483078938720248473420322290052133606846053
1292940974975988932013490501554663997880699917008737158891759567768947270618115030196472891
3257678481619091938845977305288817391379634191013912282881868957666915817506640190664257 351
1857638875482934362992117191271054977385373015577838101884441860657830592410452724319669227
6439468819023029366036893929143527006783454920522889611788605187540831049180891775926 09625
7118288327086436346727818162747255714850253575093560194453370570429727931651832436970736387
4856092728216957075593521798282931763040398854389505725017946553411966438406118328171225805
8093138653669016323415504235539488039771007125070410567877416202585990840071768209894144 867
4622992276289202550858081621731508389755388405349427919056734487660483097091086656922529310
1759747853825571471946452962908784519565174095947894396337685688784133633407353907274 376637
2205280224459160534573754066183716958052421718003218602285837532259788835018804231788756894
0231975197437444613352597457897400554662442432497593440495376268236401505734726953980110100
2565825131195753891584938212512967996772536212764607639106722691844111059166671823174812066
1947722805350257938618987107329311431962195583590075732545492654405344858762379970486963982
1290623046526023715456974639821850402406160647212247386285369145422758281589303257867192003
8152313070301231450016203835585597084636288728568661829588038151412597924271222800658072175
3759956097530281681324319088267581121397864589779915670771233413006140507207378747754227133
4772318791387780604116028338928073229462986109438994804268776309041382820082493276437844 56
9466685596913509728092965602968378424831906376648975894022974765233737070759029573229676410
7444779028542205710833186416062834832840393767133814809415308100383634620986740923141625772
5926016424131076838385360967743938964538812198718470878357602846575850066264301318356377598
3439423256319567388921786474251153914648306105617618522661484986211735299300394196267 97835 1
1543247197921009990235995010185045226336213662954171587904115529116300595092988709372 0511199
5320951919761191111785656856314582374252733634874426217894373425559443882721099552583440480
7815336301231817250476112098586213911950381276857684222706022880857922802278992701354502689
8289812867084694808586907736873104882413520925337799281517828072247304329560570662234561899
6569294079904301031800558838515495600370153628833932963083886118375725134429296237436256 90
2862399081808966747840721541648215346669852511183560937695388382477926820540355622931033982
3461721774992876114310711261869817671651010213281748432268604928996213744264891787470 80052
1778991459793683257690825447049955736546073833295445503760545561693846299352695559825481436
9522745135159635012844381656238782190283447784194348491675433220898865725107216380125 74559
2050062613832353331001746356326967882997952231221335922955987771478425621528196600958248039
7960741880686481462218467350238464996209482900237216747151301761618348666485690095804 452712
9241361077448550164540165882100946953185167094965320283685563439427552586762309399026 264688
0252100234839881081031395915672216752103640311682769802044708468275102160076529128596181232
8923919989837615465401528847640238956400800911170777168663258471518886521341810096309789246
8142777674444249098481946207209911860617837882725606027748920250775654960922415372184 8981913
9994930435616869362159642917710952569509706990063231006108564855544823176816949189203353825
9383979779552017806002615045384660223480584280668080054097272424887098899181403017210837408
5197168446555068686682595762131761853471444377640981168974620203712111318615031805348163 7099
2805100579393958183960538157279905317356462047256467564657337523249604428666275422833411947
7101158614822513290574723396454593507786302813970350269335586720254206532019113645684 27852
```

```
2271130499308474015508320553450220711151829250378245841515954238572909205590931555270937157
3043650713919706627072083660506535925780753879996242782962602719086367858420342617942729278
3872074227039258647899698885201728543729638914179856495498712313174210781117458478347148110
1130220066918811713906332237746391442787135013391013614654758235473132163877978594229259092
8732660398061705145105189352613846356490075823486329152025865510311034138140491015735161788
6075764396461883410175654444148747743969587125931820683929218116808835597127226537119526746
9135472889090102527774299066816800531987062324755696316479199431877289989598907371744791382
2106916803144302108832718736937223637159824851127773765854395220664987630276981234613453697
62104739754844398066496855150018242872413962930020784239040770171753087400621103886981275
16133110767104226560953420656279648030919591712222568605086606974919587195285117201863014572
23111255958058030059590451780162091560033927158135619396152450582940942383067522310487602756
83319313953706159405690082546716340768851873806202839376494141695224789764482741592439389
07385870336831106474829591656363194075978797389368568253656567981194055582946890756209748639
70515862806160495538010992987901072698526406869489961003323272842034061884542128979432188689
70727382736277850137270114963870884664078607942655552255485664825367262388553019570089909
44181411968192782252147436730237577264790630213627009294351935375202448246504450281774735303
130558784042890529565361669557574603044684002013025834728578786034796429662285633839093850
40595996338205201313459775949549591528249136758265577370863098534310316569918647749352355876
98561676402569436794965082659516493618563906776134086344949610923085281595759473244692997843
787506957796523406627034893439922003933142022159640475307987724854719289903190331136067538
740992626587614582952454629627447825306071370861009325656109106290159370323457846510942541
565848633675971714103682469068213645950225938235868980342052145842415621097712594198860517418
460981052180233091349159305532364021180135399382739076096018812708570022161499420235228530
119785151482540926695185656765341040444548548817766062915333423935588304097708038262943189
4438507702390408475017104093236868309790449784932389215598500214358700771342871584700693024
7167663122853028391120296158483322876218731270254402750988697775241867197258039845678345286
7233726268194259137689223732798896369957194750828057492990801609296385648875774366813059933
00301065165671686433116003817843318094769824924266082639256472210856302821228584359129114203
60327206018252323794629310925410251245417005166491749697850176568680012863254457378725293267
12774516243343601273403978593022215996177517361486667939676563322195149342983767903749308251
7016185284933834424250418323030264100557818831854428936408740320396600889234387100234092685
2388496732284456687365704234315669898113117085498055633424110903902940206987883668650096416
3691705281565858356477475504883191164843064598996632703398001097062714315487174370481121700
620918608416245963219627581891687594715082363689276171748516314584518070543563797072327895
74505387584471007564558747372456712626075875582631624163830175894812372734658328426433498421
1990679033276995061878866730634490328278376485909168680653984403931713825696659592365734822
3568760950460020695736736953943537344892878945414299449242296541992068770717179908202751123
22883020637409332430828407680236599622307450723954829132510014623152283856699636464816199306
1080350119340985512877308159545015497909832610070008435163220914097131668390509307770678257
93848915921320992865980751664776274042102287069580316910197690665849294116301449041755241528
407985584192045942224722408579545248996614996312956745993178744978341350197476002485583093
556978815369731363214452511408292841812804502491992959845617297886498365296717374065350275
757846534187078421309805735758509870892321833860276680968786744587673937042506105294559344
80000337948441186910434384898199272178004569840882561800277402469715569634535370581771324966
54317079548795257766421120685694340740736941652110453017077751449502966420150856734185613307
8793690799085988819541774261880314414174869352930128628687697963497164412421773801969097486
2799608946093642530679104174593571283190402983113155059303861120619275400347429960129769845
6728568007574786825685265588805504465028247234062122672309876509524679555116757607551897367
1081866487339135554730387177148259924982090655636246368887442816354759738020092703372797235
75620585201948873117573641520856887998396255395067204576563708667868496167399289905166395
47348064688416321612696232140430043034978793765899552559126127334944313749318755851522035048
8771542061283232155425010369584201177706058113108574067217688447392412151890674297679952843
46046208510422989295590153886171777859625965902453747996448057374525903395571173690179397516
0019987583699094035346020060061145708129727286492441555885975024274901099752785695834533449
432500257802043444408682890750774396173670553837615787863853870009535733359025946681197512
3738983872665368795543001841504480720527649445702579946868034994929416867471047452363136504
71152692827810552059962650022454407342871399194980253833385058853936499417336369643189980369
5321146317461717020388070866349064786340422458469135590424245140281425972094336803904042646
9576220351976052537466919686468405748522732222141126346820073268099128359680433712489865124847
13333865999581557036241284311923713805206985546305223962860016932609247618752321257009959410
64545017597913048315852269009244055311865815319784593140513549679750197159130563640796787427
4388697431812159633202445369509081085401074867453223366948874174475845601897763958449021740
4934597104770315419794721755903104895515071303375092264289474366150114617112854048983628782217
32177554033558151308900860023111908928317197946152733963981475579561048165472182282092824126
22440866173161182953146270119621366199594108793583564320932964189356289507521834160949562866
6054760820233943903693829441070690737842159371100843550809934951258480556142602794888117355
```

7782314109215630977556334356892809062401470430406809674541428500105312911014407193181060055
6195293759944098161264543744367739789284558236168065730568681889329055524837773886978833848
2126900338552557729632948503625724161794560688062505674398343584068858652798471320568203326
8015840118612253710729945929721983140398249546430136414120937944647846329673080412403157916
7146810717215465797595084379065463926894416436702026717333321428687279300067525680895947246
0540077392143662377470366937064798928068343630666235735491883630674089690534541962549218595
9482963529914425068124219578493976249362699766843201171783094789764534282159211054419253956
7389068025874295234702462536272058624452991614257874992015478349251604342385349243843410303
8072737707765701474373435807984511214989021387726113074931251848497128991745909500393219062
5680772393254545546917673500211427825159153713922475215102619575181255589919223775605562518
6257778715204024235643008015440647378686471774548533756851330395773050554298410274520848824
5638018117432441150886669417202922513871405259332921890393023484952178373235334465326269377
7473250410920550827627013601076268805734928341061501432117912584109328122674911529496919441
4057983354038200794920527262073123858332785887564779056721104165441661470761288361000624384
1305310501400810107987555773152250424635872420813465170781968132664730526526687009753901023
5484005431910303058505073284856662189230736101609798730109604578786272596971821497774593191
2172420855203832230977437336272600910791708541590654006954047576946452693527389589089465660
9355321694271294261140189336817558212336609288093686836108412959313689766825463416180797337
9931143491994506197674140383673959104332508378960976546321634429684475047180877538796601159
4691058469856934631546715196731054018943472532735101233055566492446253089798552598896344445
3829414488382570967123605338919829313649034991332122842196608736575713694328636338387496569
4154477107061380343673939543299455488946044328621170422810297576490108461303625809885204445
6528892538656183554374669050757594821106981116094362272781719468844223901364355582252243301 4
0937115484011366213884108247980900542972492869087708639433835697580891344855483753767771 96
5895936587515432750294934011636286284193306048170939239987919008842034872943437214946123 97
0170343033707916983162457660506136245905491835880524520307312984242588018709607849181635 833
7632141776552648466086267449477751311633746098532615677716821601314781904456057708920308 0185
2154088126888224610854206843312797584809219544443889667113144461789314741293665128198790 25
9329194565273687344836398893389984361216806898657975674885165488863376900535752919877576 93
0810573551739514437952727038004470490072857309252626316730990740006849045997587871320935 334
8147998072978030685925274921540325080620629679368029096365711965545474983265755760946724 722
9240892061371056217009793399279320665670945892120839049846047586480114455232781360281453 445
7954387336599145840295506010018789625823206446714509639808919967566146598237014128736664 8803
8594032665222408750880650288410671979999140854487007293022017220260304786380710886172631 41531
3923748994778191781040775452555369360545903637816192863942002266964803975868226345375812 853
5507962060646362022763410015625391199463257867883608702524372526283033010210448943262262 753
2207366765291091628199888719161678669769861721068950090236405929175721859458476306892124 704
3650275363283506500433461831897030508283915358506052517223442293318962943725776163152226 873
9500581359153795009907045720072609689883738753698242622186314951213988357167356388063005 62
0325475145199661817267782078962727991656377480299102250947244094198014686901886252851004 233
6659066430765016710023678735189804175086476038055608827119847886391169660571257581116143 322
0316239861953990810644891151299083218924496711518198579850277044697851841628073295318752 2
1707375427807836745060608436887769304983023014364689139837008269396406069456288164169529 16
6544373908475728196961464119571580663688131248487829600519236538166969144131643782128080 377
4582231914250665372731866015855576510000545881914608634151201340660568618305399109284222 0972
2277276664200709987582315907629439129515634967203809897247230420387327830586014714611604 8285
2042007439596077939676657454574157343814376292956109531158482092000199683492227462223320 349
2297879772093259373458931853036322002185233292266043263277386992952544003746065480447629 49
8272404229145660052904598661490530533034118423277471347528763241774686005103519680259504 893
3541617738765023893191084066521380466746652964357719605228927287905823336267171801047870 741
5097865327441555228155097901531432569914109132995250276991641218479890353417341802888078 594
3704747003746871669807291369878105191348231743199718175697324716934112404219323832375815 834
0750503251210242327215999762255953608171639659554592152006263493832779387174509876695534 287
8789774664436385517065026504485771475878951663905261261876717387540459387759244936972468 702
2198468051519182603434146351533751735439834658403665007800825133761958111253960595894171 880
4721787463046685077559560876646149799759072572546693095018122660597563383204512084638644 64
9947755674711048825818624518114821602417311351155337639418016198608293258482850297215641 249
3543549370147221837149093135274651614042298840472587358480471003049710367861996903966400 31
8902701410218747143973930479667127146967452485829615904435885750474711610835582760860115 98
8679925232776700779134880627067843058230376844322408372855777580821627326777552157538549 31
3918894433113709718797654930990630437083812107927316041468874104427329403072774363782884 4
2397759487234629173289643236489504230303395254772328529225182097863294127922776106997648 396
4461549803039103687476367007440720134868042097834465670780850085124892609127081572378968 17
9538971471665316354179274132493745551049067708830538291046609861801335492736471578823175 170
2295292557476729438071843235282789387873058507172169878408709360848912758296731845035233 009
1008245008946000168372896985534781567708986066370243799181871271374835942442963643209472 757

2711041804433460130510702217782472919884095444291559247296793147664168646799094563770460369
9887007961285734670508717635799267264190775864829795801509614971798643932311870590230974516
8343571252335874425716502513078384396781248954102878996867215558351818219767292372675088271
9132592890457053921699623157341359810162606343841974111595598712194855707915404099126084315
3449472936182597146663520940304301794361263079707780953877079498286453666763263533422068945
3430306269748572960188084656490209749955256673401338028230788629806818705205412520401199904
3042891991240154630648960755234800192945487528805570650554523548791789559874402509130074164
1918093997294682210357018981186767215490449502844625996837678251688727079295334993551398511
7238049116955666124418804935182119542314545793295497329011549763279700425725292885167605567
0695788818916688926496278266068428178885513568220105986486442689731040420642038862021415931
3343356506079764837286117478541013181953882096326373978186750156702010351613827622355549907
8167081762580063265190907230973113261264539480612746157639746972903819915758063074587538517
3348334686076088964622701214040165795597908155136431792697143278116000395092953053015664053
8544014468195674168914395005060129899532520624256402569997354056335685117062631293788209655
7630557832675616162922170394518589959392779546333735205016889846436488820731461399285601576
4619060882700521838829449052835018564065043364175350139349857051006350044232775532805166325
0155536001685586063216180167882889859277798070823443012187649829882195076487937452732497
5716467943768259786538077709093158268698932185675410221811370662891505071916924055717515372
9798546795477169440460872858340200716825587850350258068980279430946184672580186255717699914
3666925677662478882563671023905089297579824895222709418467443414664411911976248630886752269
1737956084643416367635588308512954865371125074490373228827199257271519966000216669389560503
8279519066233710710296452611253548201808162340593161238338327872154509090544271980320064422
5323600124989344843636759371914232277851596265768452530758485537358308416515247778499835560
9967914529055371289933804173580332233138043482601916191028053475986623854151203895606113270
0556496689281316755129799676336653554047090793988866895306857810173302660568853689560211180
7721622589219199243117304892522497125531228211758822528265092358229122520413837008286387959
9408753314229202553788319259017888175978943077271131604891567850867837388122362887558552661
1865733674464062612117363328802255620686149584672266053779357525558360934098916382963659980073
0784500136994588212051974271662951889363661788724519387988391498507463670116146235590918089
1464878247698323775978709634559315457068005528207062946431076384817183641242844883222416345
3064177764928060031678970019137344145995290818130082735712024454178146061237267144018753822
5274535151552424500790797536879918711567102845303187326563112819187358142050423077462972254
0369635233574830656204856108640934273833183346343273512715926423939004912797302888378346374
4236046441965815843840531910829032323939150063705253777010659429219076639318081087876557596
9070784073173239732355063441358556746002928122819448262638691858136721604139546331879072561
6930815409969437600214768482366689595833864458433913973419577395445894737996499396501973180
1875821543881858049244015386570718876787890605894343970572439680676623307775021542477708237
7904412690412070606171751458329065681240190888065205921445972236876022617302455546374056207
4808139937746700941252221532734488417063681524435825611869662613638340292866449700660379967
5017937631676391806943767843386214908962356182010564061401237885098835667084731143716889
3942684794853876466509841171954337028921584835072586019765152460415435606762746411781037958
0551105852750942447296557129458895445020468225672010620986206771821667486885596778133367304
8941388830396566121918933058714047784551328767280301432209927052902106177139212773759052612
4680357832336122316724513143018328278987695299046550698848503343483983359922741648106833596
3179705040480171635758116961109888752650503945545081890457820333988805527336174058906607625
6788760234489965581821950713067982798434747014713056703678040027908882626096875179843306216
6836497577339489618134418824168865022899678081627975625692274980874020887688103594369299203
9572656130506812883876144119591862400223644524480039479994244058253172682465135209489596658
2693663488401509928375984646475342403056155906510544916912421860787811768003899307609069048
3506727951214030034045948292084535672716329501200711214683765449414070692596214332856787
7468380185393045462431369855987326420707337362095268253300224659565421102188316355553221022
3258354198699266649135319296318782349014915870014774992191089465012801726186584241199577478
4463808881792358967236549615822753535499698414302939493205679621375776989665420961561839357
4851061018736631402672506199565814384095884354592710427524744855320153629002887902736371
1709761157510447444857500232585814856078898512835095561221244135323878162333181656119292576
2099918516879242862423080170586007655853464509921222138629193200629166710405344413253099405
0314842016003289992319103284017248036032641173958773736439315805475634461166744219590534169
4665636800497460891763261639369972680056711919008111646000296009990629766649508010850051
5867038581971810552317324630173528769303497898533046076126706915198052101418792169386199911
3136828410258434878430863102275566524082814123688895195062447293752240366903159218186432402
691929323768871517708076749523898992149245747162991858043348629606089363110625810014138063
6012314943627930687332687687714744549611824196603717301173226721154889414471580764346364476
4575907033408588793793885511751946742353404539412252406457071214465904665673480924261538841
7502636499676403979640395064536033058467106591608694936427670638418752507639689615603173119
2926863383238674463351811330830743913053433722790714103079528227165884110344434857882180908
028208295544281220038019526602186359524610566606314957612702515823033352249470789046610507

8518613260070870531252100924188140333110980343254472187535643394322040465954026928504488556
4614251052654795847216630572994563578827156077280214821750447870011247793657070567309892113
8721930592905808649783986319434663257922428340202752079620107667460469407170560953513333993
7607492713011765060222240784478082149383963988120054778938005665780359904311487101637277035
2144947284480659802102462962863743293337500534210984024858609771594603462650708927576848032
0183619054988522892809537682131515043558251720372860169596095876425139501382209840496122262
4228173404340280893997262257793330366102986819922133775791637356034537807550181325596156935
5010328329942384997475152433810011519501213178050138796465628491543324891943371832694701926
8167675960615918788976365260320865126585226424524119959019881878884508287694437676631849238
4879924137400767229406807310528039535402366035209984205504305921203882755655930480839116597
3062450177252527879079885468508425855517383838338519943442889159122536441186696441712424001
3588796072191061349423083302978966344308827110746700052362997432610231802714226622261875057
2543969077381474263522155244832400804375696699071029472640517803015161891026800926358769818
4180130345266471055199507316064326755040487453177281647974984931681635188811325461499640318
3140120849999754505654405665114835838717438107104444681995736346286893002713717643069604147
8322732756789030508095769143478308670354016162028184911441232008439992821318184843322881342
5512488866865448527084230428400988313855490100379402648447623636375364651105500810294066099
1524814792631730877440642070953919991675563931676247589083224270729482954443281512295290164
7506098107151709493216616813022200848999073351928484090014332369886937917599779238728056448
5863635604716964436602044525970486822151441978159123227475787721639865752760984089988937377
7508937404065845611540453448898263567944962864224707161326587499595583440080244940052564753
1127582945824555238339938861602167095409039509622984369753605794438167782815663517171901560
8678501022971066937877214909889193684543867259730097493811034294535811892130291048572049960
7356221167333663500764326274058829544861575696143204789633059172525002965595468048765362628
1549757676580277875590236787348162504245315702741835390649972371430862395364283337985258809
3656358087875872114167358200023785857917146541612112026034272557384221551801587463057767793
9529367891253297770050822625200819374164511416847373657252226777890874579968237345277327360 62
9946429241699671550862292806080316787715019020416166302049350758837769066186746162964701677
0563441830896762661887440329705177881452434012512226794104121776172182888508159721642083847
9333982956699403495937907282033978008796049701378070294014570618322752960348530283719222 61
0059395644991241509277875461366823146128946998167258824711898544761466413597472404001167264
6403383299904015026352712185799138187518382154225304799215388902846165379294723637963334793
1270846642272737043541076853791213190343311924506345207673334380916812903926710929875717714
8028222733070858590225913929052589740024375710216995532655761335518516786386027619970039 82
3930527428933709016910236752074517701696404723753863828765431904302903579819304468286320454
3018914216075051699668512336445188313943158140465206850355976752840620968648400146329880263
8325495627213258275734485355830002255133185962288649772494481966641528190407028797109505 67
7755838364707508929280129921465508984652700726965716889740132432879571982172311902810990922
4942106911519427044773587520266021778729973938043291783216346721288728433697903169348592455
7721759863321692291013129964934565694568631267284809568428292509355156153586820337367220 1285
1719579917906788879489778741557950785828040051989751437931024097351375424452291066587300786
5462514188208073071926898391350492537754374420265701651485490390378491535783523919509184
2294100795817946261304621688184412174680622072287104625149387649178333892585359415439913580
0585902429854085572504489429103113066841061052521529436405894282256195150902988534967011852
0896464332041879321533366847500909379474586244500944197952593058084705730441714228077856 57
0371279475809345629087704798834697169323551696059155129039465464919469769565801044772122 115
2971788542420630144935999036470488168696394545987395664956844680082797406485939762888615420
6344959520477876479602222481404518711220576212828951209642426243976910777918759891509169674
8849690140417814624882189920472153978970100410044519163746354849377672404896305617608574 90
1906641992085649882441665925913641149797211057092004834635621911259205315949520772857285350
2277178691134317095074747177404611259771054406639288875718393323600024450260387599951742 1359
4979764940400041440939868093193286423323138073107260523470222699955029753364133333637683 8307
6991222391477705585997784287425696452597304589798916184400911875478381046980438055951700629
6303294337501124376916592072295301525432139405443377891627819140621551682088473634534197 99
9887951611726102841063233698534566227140898250206912867044411690258204796576506806083389 354
4908621143873825659946434978803232717582926945169986312673587510954845587846314075971720 19
6243370852199677928830820417083628218867104294024260058440043773587533107041888142192092 46
0714913350296390584664488320319474101734611287867351794220941454660418534030155181556232 14
316574733266610798980310906817008208687321019364595617858517345054728589800787287211541725 67
4024419790288432253154101921401350912386711103232137314594051156147067212895932638196758037
6907231303216158247304070138858933463663359767715470701977324954881451714956158891597270403
1644349512185974704146717150973113294738480850210707300489521237484215403899818595132249014
4185729193570943752415921554569296311501449384703394893076243553834235439507857917705875887
3286872636137723131795763188119174939973645829559955961684714478441518985430774145594300916
2727770640067845262221886063381067248472690244026426741339072193530058424406225946425394836
8565478450534349052967430589748649564389293525069687282557307388653479795697379637394163125

1221135723661242014026468319875234913753259196515806193872666193916051049359265271321692209
6224639699245339494168148769759450227569316017372978252259321139227972644699078707972112927
0100728931641413289755405112986071300454244972199825592301733559399196662588628489028016102
9774147281472179960743046863683943583762096637059217800358151699129476731548326243472252980
0380095958755554513635248529233660366613345215784920268506151949203452902146178514203242331
0422848635208968797421845400387349417283201176237382264796397846777136587351119302070722256
0037507494078103946338951998454416631432297316080844049828135430303833631635314540529914831
6425601251068208565690016030297291658467891832210586994891004078010769247782572806721865866
4493575923770660199972606595255433273364250389479833660143199307308480934516150880480764636
6675290866716936206249287398148879904365333871639691167273697027312653742840860973486972932
5527885419930190416842823213958579660248737540654392608495318634134694686789235833606803394
4557618564870113259642755820263192568099715894489345407354516693238449214991185549338282944
5770766882305254697961282244041599668923715929509392373211954789450740806774448900380624434
5752246115557238942268385930515277549765454318083490238729198467486931626088717921512482924
7615893514149141589042351050735349679694874918633443047936252036510556721569888239520349805
2301531223852125132616644947370461248186099014395654637271017556216112211047224792650608818
7921878564564770201918708174098274263885178517823195293419048193157156404001782600804746415
4536425857968822131471202195068707370393121533322394296471014338817639918115074215554226048
2199024500820520315515880310767656881219857503845120447360279692388489439850407766939191917
8038513117904637264578728005664995015957625302767342474903557787303206946697620679371095314
0878746609071909005478715022757386156228403119997936014817401814072685593464247081865137267
6127973427764124089470241225057591283320448767508382482335490062243196257292826480566007967
7509285325730388834182425044101944383749082929807704415181513432790126318627093441028058333
1971839380845112487875779052879961424809685375809766676370156948434874317475748991463889163
3504338362739885110295590997268995590471511291794555912698359429306738574304869898985594432
6198964253434921711717761949866813811537360119252837634812218777109439259322057370956269816-4
6452645930525413081768047684917996709459097562709945764641668731299851777131558862076554331-5
1026302360804922353201840024644269489220093885619814174235294211012044888786517620477231007
2355773711756964540426773786987829323848846586854824307251322459971819517637820651677017349-6
3907291197323152110450838896369003436345649771388418056802984140532309783687878873323574584
3716778596231931182129965442642274603311656218995807385709140748170907770720601258255372559
8818255400017096790909741338551791505034624136279629433752798039212161244942285734805540929
9617422186755267066387154019716459525804198284572723394358727384912980625052299082304144179
6420186323933597564085626472114098710275684232847105442047692737227958693432551623728706130
6248948317683005950316273539272221555960371912609270563209001688446422399745990762836038614
5156011467908671952274422534153735630436368076582092944816815756244075835420944504148183694
0072478719937160807471437048052724122720576200148265567384258527615204225756167756634489083
5515904034755970552781149851302508741216556160585427292302899331654735499079156121786647178
1343392824994159050140923632016984086805996772364631180032309172314490659601839443357324679
9472136366714309332268725922769959786634219848604764038331215159824634815753891362174877050
6267760949391565434449665030715756019052561493434123986500863349768772582014261603587642188
6575309174051824174917841215303222383004188066393854558891787620068788140487669276059762638
8508418767172390688215137534469074205279687593862965749865441776294251870300911496135284438
9205145007155110873094664959499070899793052340129573493866881785927244230815215906606499607
5502723760812723870585121372745528886177354454495938515895687751951802687798564825202662409
4448618828672705420747504353679984584680211816124511917916408388220977886418275681058507677
5657286484828360370249328715819806043555879980375757476331720000544495984987251668856570630-3
3528760680930815901814105937213785607881031512925317504110509609751654253710308551748548992
8079279216508267024775246374998378504723411487224038877796856216589184157356593968703031 93
5075029813828952996830357304306071207546629980584795107732290419143068162870295090071881413
4214582841561163276458979794318524467033357220151830080677300984342814598555943657389719 90
3262861001674691150902659464279237556249374235121744508031213499987410210504026254115763114
1230640337384023024844739361327771431778326487227872000031324379911584541073200832547176553
3577884197388111987830811612825334350013791097326458046575352692848345510253175697613783 14
4368252477854306937063143255096407622494270969727621061679816307458647731362102916913190193
5053917363387720959307728802113849522530852335642009147582113215081416345593732766381646 209
9641504181427926147848561122509697441807399401218649576170877429853908394199011888587733637
3113130171013577790334756204439526260767797656853850415178002862202601739831535789490454442
7165705596492052223188354474283111934696037119412186093964743696835216300841130921221376123
6193155509118775346445604293737921516689620242547168037818274638590796820735640934299943342
7179208028875221125433179011414911600479638960331877220471455192593058948693350499223357 652
0706393366578610805920057795735770605634693457603884910805066955160938106943662128758 8273
3161322864831431471767211570461923561465003770453872176274111366017823585584517310029820 778
9993646817768759805771969044293265641492888950616174327395453482331666399791748498402747835
4053591200222609439905312070766019667274321466731325059919615374919120610926487819537779061
4253518922346613960953196062526178425715869924378266091617174649716347204773896131486719429

```
4824902919894191675830888923397311741555417268094753310273779799709817565045054736022767862
1069754040505926143883778151617925379010606402291673802696257343430464530042110425276623030S
5207247573930679272639371318872288012695855490424866322830702277401555280342205573172609159
2927513287204433777236381546602242627227955242640479069128534664743956703901536664482511862
3402780402537808866611353566441069137697238823654053705720326485133071180018862177768059795
3218065436753210222504280004399406185181288953614073372395066311517070005713863153021329368
5538018489869696302851089301202179506470724877503209994836756871724700290558145698405144674
6945071887173763680287347355619685317530756612015693057034430987614972306895286644415640748
3458808986525661664379702895868442203921819431715127564111776147563714059386400010358802G
3891259692381706227637167628740062838160227594105114626922880912943302776649594724973884473
0933763274600371084359078599766718005586870287301832296672925665119592610059415810036508929
0626039997891076469310195227174464519944361699915556415641215108714382080886807522978508148
0228623413531843920566639711524608904813184451923149291063281540279224893782282515457682716
2459611763956688646174239537158657446266439961554789051637325218257833325356445898929059519
2605865979867134482744782626667898419196273605935202214966815704365569041670825752744588175
7281160956148185722436954647505083028443075317077923557132934876117839081302910599183552262
2374686711575705937740937975793819524733163226623598269569980473433440261687965475130429?4
6162426613460747325269570311488146969164293336907194815454817908292910720694297318759719731G
1542619933564615328361822870151559033107061465304217006688253337901323449506071416835268609
8813122722054090309466406618585799991415397814484774156408225890354064490646351061543371?4
0040138616035071455973601427862345148657347962179784675702189899513333644381929190530085773
9950452349349578918984612711378889575979332349533208953814539846770285124109139999624042861
5356154952015641889962125930051264420968659725289941843503668188048075291059723360083654823
5701919868550926035004876573788295162923741832713236768658494640005967095067783453610036744
2594918858195595926902512393110725951212115633824158960673748007183246877841307809693824148
2915189560427550175420651744208813401454360707135560267634995757596004103616096121377362l8
2022356398010145592493601568971489793336585499186349730410349500790550971037329489219764058
8699532018966493350820431004885230594298486801785556564538971529636687139823938927886283130
5388987044163387485323665505625430238286131768314743993446156093107653849475846489316215158
3588989339195673294433479039090964500201525452974223609334873774857090601864807051699125755
9332518203044120573389116924949793744441817210180048695274815824860757712217241382985252976
7035268850421330346370320590111276927084231224737403990344676189570010259178589661470456118
8690554318000135741145453848091623846019398214576980154036744730933242141647275552190877?9
6917417373506414595184607851240181377454588376298517906609425171996950365872351329115406941l
8558004575610780435791910515438952930178607056885781172174213915509532072119708984l522l542
53l6479193046160498117600999404341319099118921551365122611550181311073519406748964186094028
4869283055022119924343866309661229983761658981274730669004713313152581930320281496745570?
8927119805023083429490724610549109579955078936602634698465662818805549010438789895744093141
5296414337769026050643640983268217633628709882627239743023005506385167528922648375095088613
7219833353406098489068556859024446788863364396043781826493160750697952536617770448078628S2
1046820932682668289722071591098008197780192649525383047246360795893917370036932896635802205
0659802853387029960922867542712913386999402663357736086375404720211499273339955963867139
141599506355503816227131799287614329892459586632102280507272017663282902813951362463925987?
408411977424214784974887928534813292261758042969536056849641633588361246477604717663033985
377267173732323243519297973342376460670072590569784778225901022471861849551087004140155276J
4922430585064979174699941224701667003101044327626530993015284206842468595235910530969681058
43118551037608085368103331709534908134883131172235937738741462183926501715609032794028l899
3561269449639671433207829047319166678085182551977172880062773545399915927890340107862889636
6115708075792637125157532125643458797675822798605621785390463443878260224769831644730911677
3137698654394413974813448003818298103754950588539835429146322753291226062391782931996213986
918817711118424419627718789923057350447245775383119433851793221285766035212168779011404776S8
9767784356963513653291514930963803910475450116996758780279997955389558500590455332979356V
0264077033348112055967910966088040654458199117569673353817940202977420844671405547625380016
579619571991262008078166820288591586248572361559940162554777079141116006764078260807710789?
7343728991156761306850732249631591231634197588462764728819202367627163751947669533254204908
9161024916483733496591727080014711527101290890296121104047246206562282096328362667088897284
6484919450548524147558133923773626921276628009010703960329946262725094714117691214291335397S
1301514317746716858402905968622217080111036660714630206206422073967367402754445111531868035
7371197061263214355234685554432653255194962230924422262716618107635327121848671103874863
3241670789046885223329211115019790098723766740155479167534474858911628126868673604222994356
0768269783173517639411375681873118531093914733161347146429574802588661209843333362644789232
7799217189381104902575089833295752311385116384118101924499132930087784725362736588016792732
3911956677377346029231167147252754387732395409644074174493088103356901689944732650629356812
4074685916892546509211091423164339664349653553999052260304711487117501951086036214378879284
07449825270332425169177953432393380537534154286334492005727579681918742184272188588466626GO
2813391591226508703295562974312100608476462382406120209740885851097134502445345626967484521
```

7493795199836601359599598044210553393057994635412156592603739545481307090026816164735807530
9070057946985951218576692820433593133365802104393580161079082794266448782035280157498477771
8753666388687146928492235597970201859216375263706470723923280711774975523653624170626315463
2700590266304024739804533530204093931304973971307917181514886323851603514091871517272596320
6039775181898773794298335489621492988306516879726172334295186029197912354209146617618580 81
2065785097554051812624547853587142349872282450762802185554164393735572873413177079533182641
0695802318126782729262172479047867331323026028790147648543358099932443723491884995859948625
8306760001220473363446686800302177442830895673212065731090929852126853082935352033162609612
3871927047491031694115164838847479745677123433557442981268446143275337106037702381158730688
6288969394132363006060504289965200451060374867696136491725117214171045397236983765748250928
6253199176103796050507004752751987069243830797208133651074580862533987045295036577394 79437
5194325536600142105564641482243606164677079171658511765610859235634609485497644779621165511
3187009699029140731514839039089918159185783326502779539578418251970561524675181074563304570
8295944288915066671592976041280335474515510043994939991135740036810821452010037166333769521
2133753239590645511506523337907475042857815969527569618178470423817842031599241711215728 1753
1382552899083172227080319334018499746246615068641371786793594805932728519643357368802741431
5869007652087234546637363983186912020965620754134887411550435179457052021920866286215704650
1295951312793744072467620419226655674453334447296817148735449387338480166542826423783384 831
7565438333617440873218792199714309719390756152899799193348168456648698943157601438028626335
3313618572379316723660636754943800525296713997403509940712193373758571204555949602844456404
6130603622263621629341224576151165419387916848132809624695244456954621250879118935 39832219
6378999498705755174877188610510452587091200155027181112140083303394599977286587045234191667
3040685570047172861172633588496827107174500353890336310666580911221611227953520597356315423
8786279221174002792992766027230910087889644867197751064485285423676068067832870271602149122
0890738359867916779079846546847654432886332754592689976471361182191936371970943091897609589
3307419509153578998159456268174031091186213611238703266328745925123801722185923 7596420 39717
8011973301354548630311562876453973330103535199368908917165821184472025394047093178330601239
6416727093121636937919332391842597730527614792293021230131636529561376233305284546377449667
8385572416305553286105327552078438940442472330870014940075648539493897085636662472351155496
8426370742224198534072188433171180862478510999817632225805812020490727023675155996038558466
72839734732595961271044969489969280704087235561355018834860982733449421192795115963 89142170
1337136254059591584006576371033621859435409072149507971926424741687886613509620131303193981
6564431842319103674142051255686332809855207709323995574220458372892438309481108423300876415
3663084724168976375194193998480863927695317901643727802977688806162490841933764103645096126
0406512736947334321364751668674541875423533249045251400126199102550494220608990865348912185
19778520803538297935164736163639485284975628497148856270364254376152530348567914218138 34154
6765630362935943271568888511396453417550113555234226609517738178180389386443090830539927386
5319883923708251443497669579512540664055821324953476082446423795952046740371691040228650601
6440118821281688727839234273692926062064096409195961459043145172341616179151707617767174 151
1297009743626357169179809791310760755444007274823165853639170769125919005551128507328081677
0513474907414501195024810842767735773081036084500375556502686582708949064096114629969 0429
226983808434968138914924798862248716712812408926279700650937412914280120188192206542159 3897
3633819322591270713038489421629319110049071492225362821862035617644685446995943076419072 7133
8781826338479026905141348852408834159704093166717645848516539046001096347293231702452686080
78649180077024542605338592009166331507927787324832590160442171566874940579151896771159 13189
2750178044518249937438743299329143554374680946834020608346425268170735136026784441171 17547680
3025782843274127129555092671085740230474696002644571189301805811218925757250024179106447302
0112946937549533383927107678381585580887567061329996499158939499040874977823550392105136 301
6467163408622693653940345676951865277526856031286808815689169916046013679356000288784865017
3870361186136616823370063762490171870354839165300888065752373767990681554788889386462338043
3678814473862636975144463533151364503365250987795413093994146760112222850127827345575515 956
1984487267288862169113912786444182650107159343331816055288098093137576021954484236689181404
8761296983574036801175518913300572269694759192287242396947107244977040473296751338485372 8991
985144879126939995627726286301571782705735523845019366528869425030157128864909899305589 7745
1480649740071081376020676606100283353983207243594567205949451216844025305614161150472376796
8712526931563193098160823297950425898166748008781526486773641449356958428795387951111209004
1388243506999888209156555403289250228805141696787929926626862224670525490667495362501326970
03182451011407351929815270911682876316152545336231324226804522288961497091 73971135352554401
2360861881545414708532046722994693907148818860332682826172282696478516984097 55613280910 9049
2994205890209975868027011829714381130616650165606940509417447084136593172946036832314886783
7834015846665262779381103471856527342901126469899513522043813883592540845087574293404 83048
0525702636746819999711139249943082380948147319257601152853824735720831491052716081699222 814
1867532991179552447748792024698247835770179058176843376667776890217764906219369958965467 659
96942872180109781369213674462209747830040927181905137635612325486127214522261680518029 32568
1831093141396659245310344236884339706735287266383000454195146442303262301907 1897 598 56124702
3586500542075982524898199075031653803249502601693723058314817314752430435942498914 879189 062

8026340912272673533448537779853276889704761672615852883514060352527088519992217133070578576
3874939374555940096761537521778280116269037726528989620344126159881063216825320644381640612
9171172120095567473839167222962355574612439015599054488322626441625687126870485003449211415
7576143154878838226244938257190720528224356540306686433949527866391978261966212889029317080
9150693354760936306950387796483806500970877125842074421149971698556158998974787651375057853
6272453652178066289777507327157034985477471678902956663958351111997725430882108300838719703
0016360375482320318110345196341997195708016263754256069696618343629726907066223061431318636
1811611331684184951612964799463540815516628864531220105617962381014438462014132524685102641
3793411662166660443555433967260839002933424985605923047725430160485968987816153242523488947
9927499568040575087859615846563996882770505824808037526244409922842655810719653139621474222
2341535077003136186652290242424273397522322011973008959689104985405447427697563805962622690
8788476436765519375681951996304422809024719659779814112299761130996689484065470304306161542
8405289846055561052774316709454797654256999443256151512704117768402472629905184687393844031
7490922778671374650487756540035261823361358220969159516531003029947026121379832699551547943
0045282504041161789922994791117641217399269377416582020283502426115579535771019286950264605
4359241180066807823341749833422352511940395786903578680997957355566463481841092353566380532
1625058733961273016517920915269630774160353934361487650865695894416687593102819722708421300
6069890327681248136434088291450693535007842690028338969289003676630651962125691137082514952
6413073002057234260061434794784184662076337424740196523490639302966223377308206402287040880
9540394489260237559302757838186727111955590362643818036944102698956099702240268518929057056
3411576345664353530917836449127065514652145274516095709269601981935148250423083093324020856
9382325737324655619788305079823678391489644132121190325383719305126121435120543467213802491
7208445724067560783891183614420617219609324188787153906531193456242314305059597581389680014
5932726803699031531485898178421841408627035413234057140637242334416230520114600537243354544
0858047849152738356053700832984194419408785772894289429890556411184890127988174242713094173
2502246499897761849958444824319633387713606417005075881120626018903546125859345154561817560
8409731473384201495189375815899601208752575627603329500301183188095642910867929936491408742
6322667213868491522412990329146293202682373490956625790320642804533851675572566335964422698
3690679715448949144144284457366131214716525772928322838722521912278185033318457537523118138
9104687301102533293433032281767444790920665632501883887499178312452779568780325185708787771
0821321817542299137029990346340824319822001818143016950158676477231845517351601935397411860
6816255498633469297427936383683122862090150084763296027154205540923472197748755577372771253
5843792997336755041353900962607546017704783200920900004370304772062396931123619969230694512
9212280751280626109039690808551189939632576645605845474892984566105164377632302047629334883313664553345734804735715674449977347178219817539262994356614853325635257380075373424585696273226644329253912185483500847187261537611935992117554494687517220953402171496732300854303127734300844217039223565805237469978119523847444493338373857748511427462252203934675721232785066105269132797730634628873726222419584671667202215168082910005267022364151265227407760046197949668504424149290330375261532475565300931531455774156078548884372041571406008765128076133114000215176092898248986294506264798639727812087334479298478545315123293340514068472557469284862631503547709257191442014220858878025727912833117798221233680779311687586547771399946239543986001782171404451158779337645825217591991088192383005166331028283723613412721407224623795391293388364187931553299328948798748615386139152307468917410066261860777226791348713632214751656850844199178069486195460193408937081923214192638277533759194570326450236304347568717345295839955367097394731137451394332819779112222693972545912493837982312660709638222596701908383814532829046106065868563209780150854223348481105906173852298620528178960495007325704272220203936136382479031035432598550726214034098596277860172116895598750332882811780409468520938864033636523649442857653338109795334202587523066099473777917483409964056208373304316767108759298266668435467009599704858953784841511522145022499454415283865780292853017658562910138814417266938379020705003419101213867913463546522874814071533820290191923514672126838275100017394805179223575910310629411782671583818637819546488431229736302075907294961313226423551084910264998474188701812740398720306793583123154828787803868672076345498495199113445099124424731050522725276683226603485380567348512636931946652992516290262646589414613496915097218723640275500269701088386832494142125712048869645658296361609865368659883788390280207060702963996208929169242011756462921271784144386609444841530713275382741805124756047008456141960786049544859255813071615271768187109610417028646244510638669279903132980293832292307860024611121256253749299206962360554973977933709055091506159958074626476930706146547336572953880108465930773709264393270961733589798755133298517353358057619820375607173964951210260568242153539432206578780654333681668379183925431029629978625583138150842902346041464285063318207802667408575042965493539544948651852756470881435132319597349789917141516937325688338933162833896451848870322639890556894518391912430829325156540236753850043094552275229862193634999307995606896844661874598947488234136640851885321936731143758946356570214222303717414812012726282910573318578392273347952606800413122404444690695700343265791095617342284655138302877708170928004370327526445576200902948987017264718228932761788234679595389668011402866870526336706006304261299460849499563827559906026477652197025375830641181461287543876098578289963422105950225341504398260961876098352165231654331697721441251770038039021598137974891320292927755438711

0339116322480752465724972962312476509351794356748381143152864133302908912377714661246904486
4551164926799346341556211882281756423024051694895444281683141404904380578860590107370067182
9849936504074947027855738627203271084260272326956900641201555809469137101298425529054957645
0645756003740314945879082105473559113639906727806481459191706433870697147736652477844338630
2556983881025898793095019713128407089187196967493940026571940572215929586883457866981031818
3594938102719311615251530174090403194517238322459633052678626421000745736336797264614352971
4988846055291907822957213456926463834792175940578051303673488795449473344645606796676912782
6799049420036288069900260352216652526648809722467212129461678228224742717834105358584909381
8084382076967122622155649252446410116006638391181830873085635422672150172188913491114434074
2316720185801544096839417218455292470306663317439699203209991372307939208706332681495027024
1836323739355756594835586434275852715303647534674601181623121808611137993248354514822898630
6253693327937473726404693126737565340199730090761426212286501158568944820803714283612048583
1617475039077128760465033612361352243121420491140962045858292255435749009027171143100562027
7966427328203684088351421899736766128515417417015505596692954335533849886870232490206106445
8071692286334339185539443465974183103315453291025913036064622666879794557349045467488233275
3173759959372322731037104452113311533828930424773972419572744011654184843155648940489213580
5570855762755849553488919138564379163834240893960220978801958750476141645873384344319808733
5157516674968200379153796102973494432109476073270046363343661259071179260382965776504898339
9682005284642342068544946993038712496466424858116044200046669339857416855517298369829263584
9104471793384468325043384471758752569936686233757079858637995117647437877422102959326217388
1717992112564960766549050364753011284605971998642239727843391967774038958231917557325994193
7900854928259806607678949854843333553305204429781468642262154639907056678047938913177619220
4993576166388219632235722413875804881872875547783430553371416242915918144072491018337360725
8613130585839379636913731605046386537876161997656835278960391654122119712316370646384350875
0588046575531967200804810632083118215379561380098353559526093637000645317080644202888377266
9082680094247506157736530695369994647344426417990880723658569162389963651757807623731861366
2803000677595254569830359350209310340106654882387605906309667152580319027018056510774179659
9641778895066406027884717068077927555703510222371473067950065096075380534263982026154071272
1378560322743288616802417338945979050503213797484661490309530174023009549575261795889698360
9703142914084045838420177059333087278988292106539860854978417702268001994317231256072799669
3509378461673808145347108132937634521964744163193311786906499824823727616205615024443944723
2337910696083968856032674365944761324366862391058343526372587026552727235468109736136753799
8854340224782973219586474847079849851417285386752779230658409174320605010991022389298189386
4572160416894923402085594048059798887199075389944836245759181795872647854824368717842805118
1657010359994896167564581441774359994155741564054198094077706078181787327808839235166527299
8117294704518249848869402539784970404012578501708525229480032644855398293395410250493410544
4614356130453712369616822024270875468032257772246764538690691735846329099659789270857241360
6852947228418998881119769492577567347314920454188249935386075448538327349316024944583018400
0520110059712112248818992601409033905843014105055980718844154763356093389295582703356383910
8920724411566241363467937554167389089309186860803126378923091291660755009898084043087717386
8768493062385333509150410600038306016394885368792106123894105743940346062401637185484252177
1675451639760025505022643961152599429430869349869074629783759970161295030843803660660058922
6585293056378866958466784875260025329183930718547261012014353181230082628245390756526384810
6628430671241409153532017373577722317054545338573030986361162909280796514000762580295868300
2521130356252134998540067832905798100262663767805172062475401635370252168218735528720401996
3596188736069347306728409608128864989228165452185240832827912818493863635272203008598275445
9989899958351115743687878881270485577138148574030780362942048594206443341579016938395968153
3585277508781574397192432277988317060546340053309696115995437320394129955177197409249372819
3869104247191680745758054131728168336553796527595104025829376600693794847630502436866930870
4986129115155790299089147511471436165509778108916891593890432286116309808961601543654239707
1317339876255613839334927890605747145381691569264882015102621472183250340916562454293531173
2839683741755506978877246043985526108533737402877099728804761149157785765104752908911381780
0654692220721713254159467978055595740544953255877928432324750482025729610721193054272034454
3111901843265159989329511924254995688662924512061554435485187784337602284573185525530203857
0679964233347394328325507976814317493529036535523570833622729540297603622459678702246796108
7290065369158110329772411271968718463171201531087202282912167851368326868288998410063083059
9973295124018343792807586687788984960437727540275895229293668539226751399282371615964473700
3298270175090837568027446669159111497799446671135691088924379199309424721308073081984262590
3144347965790856700825628858836114463307069019106360685995185387041710623856804324411229940
6997697652171894899349718804503864321759828644331340232731735034487552793783486413104199496500
5525770669045671843550215620189672793973426821625686089592248811316664734142989101387571275
7048305145943663609924661062720112440987239997104207565439150686310201357598460146730265119
9034298650639676000696687958282894339782590587485678262692633046837233212406615776029515650
3722610682290383661336834150499989593428093201865424703607359076560816219599759343820172461
8076958178347221271503991293973308059816434946231367174959999463042117638181478301910213344
7356926562588057101644687984556617203758742814909984339304652393122000356442486502802002210

3872381508554360806108595381742785324654979231101510181266741384662946267400340729092430677
5649178579342775165295098460009862821986519350148631413113382340818641810195988872295935856
0343722423672396015146278965654853353317400741984242601360667355298407544025731777149540219
2754876256636632097951348389232398473093428279939095492262868525828037625710408140441407092
1533779824712193346482520718387853744500723852593605676595762204021945192479291241307585464
8591812784555951253394853773274395465325201686225053728500130453724000464744479074597825102
9444790475972689949375374692808933115543550514205161236368344100734984299470708653487282616
8261194995444598888503596079143671119639139320911200954133512885508992493392853794766561641
5925452758853479068034859304210143177857711724511374184624321553372240565412149423223467341
0032864092372275714731703809305846661141052866534929215704384371938758254891849894465897489
2112398043559253649190865890669173908088675009132330542665482077157364025208162483016589873
0360865980837961576736411773627346697615666539213482934564239912928078599798788152042922151
9091416907854973618725169309999132270006749972335155765795143664747023748766149644049261348
6082997609783626049278231738894979224685209775995080498826972392495765987223064695118767799
1605495672699690851525822652952272738588543930217342747557439187441137663399412859483123438448
4881279457601367100667616597439589632554530670816842945121140912212009108666989989150010205
5692484852372255421310716613919828276574298188291751833720841752386967682805910231519925312
8014453772216474368259508608886364434672080407995745610429010196508808393098287160616049121
636045869086222897375645574135743071591089367242331664477332829682418831492171649497251401
1949369056709529615270432919617564101018514059608395422101125300432032447729045095686728686
9283797899445334732540783200542835488045130887413631936955816828746079046566945900407442884
1873812325676996716469267998695588605208063729838321123862468120288170434815581406294988203
2634593344998884038652605737422307385786640002377415312885909455125753539336940869444293940
7522182847100107766580951275670201477540829825943655390077790618030037104030191092185293284
7824116551890922870290124041600452149317093577536081634208565523320144384538895834220684171
3882399532270635638724261133021723608875319692482011790652227508481546536063468432083525195
1083321606843173343658406059130157408787018229598765822830020425283556693204501981988171458
2611715984000117232324846223680233784983905719584208339418833025000410026003788342211483673
0547496096779242970449998379947904405434971089626589676691300284990960386063046240093337979
0920357551625516664005711218771723903001503960954051845816999386430449804010399161286593474
4955827606683482489093373386292669896469705317415608922966624289143819273723567260303050110
3415970150390759411599156179251165622892441767577202639271089785260599471315335700459048301
2453586022457077160582123321852958758220305193728902001773432061942873421475237886083007029
9979653155861030112879925893918338779647006752027036888724058406643691909028743876338820971
4580101749510136465840281278011316813989780650900740767464220963899804533262076514960825977
4522758423904134502684618616814579533717594622683030636661435699202803008432528514981788177
1272573867535502851338367923056743243686962027275690495694721422424679884360411922631691555
6788276484222391196274036714589874144543180061688629337635623975254816109201806289442065086
5088651743884451744029361570891066530518191344083524173853908952947331269090022881476173592
4054727557410087221186024807065527347854646708100332528804948728188464766451387194846470027
3983663967869110872249068944525449930136135982302100966496626582649790741793302604447961464780
9612176304735470941059054767787436276981114648195946765395331326021604518805685201238185383
5993525090558673048169589393126688887107245163758078691852980464437598493901498640886729121
5615146935054468003927753771628002844461708872834613320160278469351417103718981359285654440
4738893533643422529953563067148643575822661507084722421213957490588123647260807956653918210
7806975919196272996137682505271901680135018259365030431489237422218299729435910504766551019
8435496771583639035605090274409454378762000866255189537989739869552494420945283689372916225
8644588185723220050973402112420242701338138097506387073687862241346162660761418658903675756
7280494685139294924694749767044828627850379939428327879120332971397543843644722779411952483
0053313308326594126816548143183672418519076453711839456188537671861146345100987635561039688
8240346932274316386856389366920782628786664631623058656232080344670332241489658442908620119
1797751836078981178470876262961531940034781546405063456598584539593367839204717781619611519
7815991533483239576111621222104528968308713835459988065857801354859374904426395602017253867868
1154907988789989527859449531291247582481713710885909691407061933036180030332389191321684802
4237117855941479381751226153735529282048462011908783557824107679589872826483801883630605162
5874581323807170212707031160159931956653211055908684463723011219393528829932843569560659719
8930148418941924696514195047131003620913846840871436786883238124871873805822177969166872677
0528694917232969297574129371576503104861498264996394254251535522789265581765932812281351990
4998628338917695098649870938852865224641624149800913360480941616720693342420500172533590241
2245206966274283806079157097461019323432744228427903009219716781979659790595491272105538644
7240760083100058808181907244787034365745427947504666021168615328207936704228315767741097870
6565288995809215207900910624889386465174860336630488083858583654754195906352901696079598601
6719791951547267539998477621888478510736605567922374551580096127346370372954709964144489544
0357070050979597124970791498940575042016503073921008375739413281657808571980285113042479613
4514504277763666054870573901649796638800674927633569990174214247086042763368701538895425544
8605196615601145707431101267836061897633765408595584416739699898991714686664840902419001493

```
1111734620629582307787057948676463855675872109951364683099777160945465572016812285393776737
4099428303951557494531692065820371452045827753578337982711615753554754759598809028882500151
3269030621837535588152280080499462199263139514759007671504441201028640422323467572146522255
4333746454076955442963733651832944081148165531123178885685344936256510923382232508875197006
4021785626240504392039311551274241981278661180457520379031352263821500210772130502406624183
0028624776559111141308947497641704427632877747366695141529627972984736229019636223154363191
4184179969689628035927750615513987557853672663537814008171531831879331479803166307354183824
9854774614347582122035033039491346267250843739731331346134971878652215484795211328065589745
1002032487297922392568927537490270425986686856149040537528450466261442642599122957699498459 56
1688661293427415216860453695085827710553806842470639686077813289931062855112879954394336700
9919152088861445556457442279253309475103278639998286086647782469776693646959682093306304832
5230272861628840918540210758575059523354917451756350558943167491291170862073846960048789782
6391090562573959948749249597901109019161465908020748496263935827926505836476767083830119688
5550505186157980972185298078202754679077735284594885548642095718480957735502641837966220105
6062017672410164759618231771444198810096102794777608196256246820854749937593917557752555043
9016442709090994033368202101818918809431446872511944883796072610642894763770508381680928472
8704530854716107278666310122036688758290646249653294421504042608960795596028483768115833106
5639818871541022291856363755468086146768060626175912547513262658963341657062651172681705493
0109406586302669220422989483023764432367142194636490032001891029510553731974203939930380942
8707866552914769288138564587814966477980823314826640216655484671340624018597141217542440978
7127718287785341343837382580995377745556686390309700061492840773024700917201995246206245391
9858592371345074239998517182249542889513234350318233448378831929595533487901092117189922253
6529429365336258259539094655296358137449729369974651187533853748709421770808174570174225160
4090438846121574124452850202379839030699911389696734778804970420888639312843891579868614995 3
5720637694821492093062812513122808049966626255322428383991735202566745252299084099463258646
8341113042084589880324142878241486082621057749475330037706021516825542168588825520528913719
3877249869080202539336294047304750509970440709469358919699005334783044635811964910483163816
0680743239747518737745048539320801189209217620032541285900192128507800878010809612189989721
5672787878360378342850502233591047386100379003368195821534795312420332192379118697973810932
8501036782788060812745282883103918315704414803727152691119589138273502062661678813673893005
8943498719262754217586783775861692911564196954978050050271744148214225317716645648976255943
7582676430949126055292857753556527311492956087911082159619401575024920446262077946805377695
5441637902384442862707600133588293722905895613531099244879237739700126380103906210362971005
4009023326620528685512923889365400766396639839257245082449689892624599243943845087655789090
2818985683433451099619638409116437670596054841952535056878230520679162057973980089695875004
6561196154504016297677700965470185284334977644679496028037224229231209258155238064515073175
8263978489716595610762944958737945685198459060936913497322702482823829358483476200972795732 0
3973908244049026524593739625729544911772960859885910979831916191923715574314777305613275865
0301867128792233399940922106267909462585081169282796692381723798551276299352386088317714689
7285715591047969113529008536773754899551247186890395744660004845794014478028822320824256701
8451147545838594639977604121232182945120720779081768233151618455421959874974555890151199220
6236051896340735393487564095315603407069359582576081667695587492098240480666527562455192322
0032514529417553964682719023521957637963789759417505215867542019285365596662014504563385527
8357125671205128227519609295390924578418855401271282860622031840304162523045733499198620336
8394185491917443128141702746834805331236365464080095227986799808167861438767022991764204219
3577030302889240633823371188316668923472566531471542619736924881856774442368306762858080355
7766708524939432726759182713058028204744986831092388451839656929128269141358028508 79202638
1557594458857783917630415382477745027363004796768568959057429077532824031838874195328472505
7582369989841855736097379347926210756480012760660056848562895296270365033407284992457076821
6606004308519214499399461592740186790670249250918808425497538250005736411527656278820683168
3745613611646610594529609876478676178106573256994413006960404412757484805908154315252191475 9
3078104140991180436770663956672634435356245619356407513565467271679094118794884808680923093 8
3287382250042851308615564678231344891197650330509349488507090436408551170896815968188535 5
5968367767082875926959001222681306340790521808414369868323780805995250749375423599997878744 65577837 12375
303148948100137199901319701262801084969868327908059952507493775423599997878374465577837 12375
3575785267771063814356136789079473724792426181599280191554236358409224109269519498675837014
0080691259459445559254670473203928004701116001559541702028795035929201703968601134563044 49
2333977435455716545727149517353452904622158776693210397256540533868239130580966002121232483
1138704907261634988177752506339880373528304413788504053529141957344862622148033294954488890
8545079248054268374194066918855516757216622110920899731852667678293526613290427617120717343
3002345258919537355747509268743152936342844964077178567399584381489421046285181038496434277
```

```
3551924438540110560036409186090659830023373684591499584014449901293693725893952889834811556
4558106103794545804756646504893576785275211183407994598744205675506984616282978416927434033
1957448112126921989132435503198370546644424960963633748486558714369342400084268306946647268
6782160543076055555157113010549963694214120145286056715492814503563608857935420449883125571
9599558707858336533055121083928499841126847905712972202465501387082052447492723419195036030
3939460347677085153472543380769135430210323311827099410525437316371791899608133844403673509
2091110631733765874016000186973042529842024488852703317251469249747539319823503525226176160
9438480970535124570875131868926737005074427741207097904073463122620529000639189290990331964
3533353377827730338009564355202372811893414222213163841246621876265629262131653747440952305
4540169190591210298332548738443149969008179176662444562571055001406036680013324958090641028
3487716419356471430409550576380385738522098716167959104852220807083954438166529535008774606
8113602730824885662613928667728371703032378323346716406418651059916248176707063456531467640
7449265899040024929433820347665482730341522657904235101310929756783048481363297639763227467
3272990989392744963857214412908487064480704661630671832626973018955052261750367044376560638
6089754748091995263944035360465439982377356190246502693129589140222105988734088163222562586
8617445324411589493035550997748247415150737341194757333735565276274185191642451462010498782
6294536895088446232117635800351184183592675986429712813985384144690969171907995167404678189
3587502744350355118079967776249870628475929132726168844888493914112874532057248359162360674
1616344638801312351161263321415735073587378908986460331910104790495108805327624363438019532
0531364134355459364704198439973273192818302576008576753025832169671464683435884003914203707
2426708260176162533902989867152675622198130603529594844646404039688560064817661090330560790
6503876896844673169485434389183689353793341689876461040506024109359855532664312999759390263
6796969251376936926159102285117216541488921572622359773667701463984585521047074763889722549
0221795578347385363008193343789887481568027697599949512125441570271376490277515078779949109
5614895742622739879403322128257532457845619552714971773748923110717580044852610875339714409
3342364167000739474760533876638025429586355293691303476968899061333624590847353805299916952
3740650576570393490154739065565289258081944696284012213924551119876038074056609941052311643
6019258647220532851072587588370887878354074617797601531730495005829381247505250302170023610
9573670907840223511622259723813014440798479181330321054432443110271979100591373809348377586
3613997719436720065592456993814702761918466612118042961718665283106577660924377161598315122
4593617280103901636552046619370925251253631396559201177821427680194280476586534858158747031
1992677097913350491107205165243246231253831574487512954156035527502636796145461093444168535
7810273138996999546867343518103443255259516930023300505925727997815904820223589052604792034
8250750421717345546642531252852594784406842133378979724559983814529024913412772434245097179
5118644615062815283928650237212926436840813268942319631518881895385268180047631030778038992
4412151871985827222544989996778751458791602397076666044133305940017725196828827618138902540
1421411540322218807522149313870394389483863488048858725731296054402267540119444344271239556
9023790715007138610641985838887956880548633517280844464724813277238595610521301309101510664
2649327631624722285985257102637159462999401322655051880446573989800377544218462997919330400
6051761618798602655576076891495679624033020920353382300641985751212805490876812649998662962
8202160083935774256923900145096765518968300114985803950006246316861680225506687075912748319
7530001455406015411980784113494829465680601707418219448269420291459193117972944253523513933
1012186883167800232663769195193898930495655963644304998263623322213173795863375272901598026
7624382084908943642831249679621625001635299668930446258458041672490710904142795447432277645
0558606449799377481597906129222029306198335261800426117966549675805482901810689473722161202
6571626304363530228212933724508394353437096785432438058312889505278663565717128803698528454
8714950798562466555779317050790289986859714364593077973507014015227544766934198239263898929
4535343190218016938758502877868797020461682319735199280769975865127606468238391696014867111
5009603845938820051061526646256272708637399471502577181072308962043626415525571521279045835
4295905910120518508605199833582952027644524251235773515361451329122133578341196718707585660
6350002976645872189965684680983542255567976997861529583162065743207372109968440619460852752
1399720774602837961829406778265980996983586608974386510365624255625084235434545630151219711
1673283365507058324791727356514276941098498635706661880252843453611977423490001604109135980
6582532510477723487375858846669785802999922419736650411551196281600473215765070051662898453
9963791941447196127536849636484618407835392194951607607529847670841382746044030177075799966
6767568612536105140039171681725678050138978371865837968976150172098480602272151208763671163
5529356196130402092739641852869360472651396687556304008753585686831314128686092282555124226
9595679930350249011366770936403499037484587419891089018945705198578124784403575786713931970
8554989380999706541057916902095988974987384472726137243518065616499316389735111970331039397
8040928094799734337726502122497143409823782635196589288627922322779903941820506856698371166
2377215144120227663379491737437342283179727940119374539049057971446171836025673221405521946
2186285914543896562340248945379811955969469870707302186078051319309467852848442021284324993
0715413564423079386272526585208492269484399394853053527706823358639486081705774075169738521
2021062895941771607925413069913460814382463286693523126590734303668095385956084501673932290
9654282885409786377872218259072743419564661165959340871344812029957960400057641468485638414
9208402583268552123795496248911586260094009876541358587061925113653719481486085710770837602
```

0972374659553114403073394942348448615252372266625317209081622694000211227591834255298281689
9719687610143851919012898807424280528355533252325715485875614477520119468011155094405429655
7310193621595918758219482207475615307833480300854994330873982134027070003112858879279673962
7366092071269711513819537715546410633745558491963169175525559918922408979783312427354538417
9602784595989647060095284180866467711094641598431500095974947022075958749369609348923513155
3087952267531922887519326905699269590112428008437808975802237272111281427715809215786190314
3823282221584311973638679727227684958136328147018276523616998703831654805714617520177978010
7490052009862225386713437898798488104450302717738606821067182348566610328159840918571490847
7074125773721529623628951428193949344923100247552946876881422826882633819921070500314822969
0781270685023609679524561563176253784439086838854547176625054868861453885894019065091841015
8852088336961298773167275269197562386427609513694583842618521833895705186413263202522931391
3483808212879643388136298455390423731285738559006232871979159091218171033492088287365725960
0675103451691730348406647731247285364986970322550580285121031458139716550054021999125846712
4752296233047947620417483573396512933884625986054669020687274310798920093600862996258526495
5692634224434907588987120754055723917788898374740062831035989363975368314316379155350844559
9499815179035719166459579726405356353579622852232320999562529072956596862566647611821743688893
6552658420975880483823563270384629174104274634032764044247217919633892333004523529200287577
3013563038211728971331694363722061750858152029084972463690556676289218426265178197651953855
2464303642562032129591608985533598154070650245252165708822643889695532003307123860177199426
9799874271196603530485283581844146085491345064443171308666656732474479432280547339137606275
81890428365658659895466488561709859023357189364711022191554480141608108632865265720250373477
7965586980289697568756965965966551715729978174149125519450833779497446698060268643181523422924311
677632651015505374677709204156476462475124967230114288483953970600650072465314227321889583838
3550139850224798061638234945366128994040935591780926586823606419849478639492739255146759621
8556484340287163998424165640792243204992151935270942749255097209837640554799507636962370089
6158531420828549780644065756946107401242830116770917540880488062665750487449700100644817281
7033718571687699052050431269126758942354642426321926816126071352559377998468768487666374637
3708483091302303187597551925243991782626402799661636709436911253008628435029788667148387735
5700954085095109925426723708716285087204991001466660693435245396813242277505204120843117783636
2086425913741403701893905849130885307671803377597798154504060045084281692659549424241734343
9682579794296332233121321810780129321979360275038885263104587257887904993301724937169929033
6354529074965146405609127548752881574874850466564788157133643242701577120650882647257091154
5293554151064551035094710720178800179246413597213842994871045977552798427450697742656414883
4068300809230546462603894832672239604062464659457402522108428812826689675278980243468265656
7896265626637974536891092934689209248410970235713162753302389020769867314325842760948183881
2458575873401409706867189561813112229470021978448241581544509819889152942428906934660562607
9565664394339342799835882357116757511632925562149947095183522331245810913158655773591758470
3694148488150386326409866052441608994421423724467318576854052616459608035904616045947747232
0562878910886992342019575526455549151862881030985562898184920845362817607417557822466633879
0726046775548345174434818904966805637650325035359262713745149886240584295624736933344962330
90273911370810584071237265540394440666165466669812794016117438031442545836113138700180051064
2225047421267947599707590971527103141655363347732005496354914667194992566437711351964711224
8442133833448299147401916929709782733048209657023657441662164041385975719940110755054813835
6750975367702086214802247690575931284576120520106065272215959974558956392927416101354477771
4866027222228078789190310493304860642348889412653650919804680472667929079707702290502025677011
3844368458156348290022266587224538924207586781264807425984310372314483507393491632856870879
8935308983035538438395007970780150899316677212153357850476824480668120600816092524900505066
0688200539439752940429777997773909548121823388215997862843934489379186155563845847942592988
9490548450373697647333225685242402160195904472401639944492589154522209473819728573560814166
2944201208296923421367519056921053373592377816006656687636414636657904357378244366516685104
9351957765790791933549005424537483625826410516843786445029591835898396440568593688826368637
1050276878385312777705665995960300157235823714715472190567142601433687966468436491439499572
7221505804289921810098950799344944214199021446892553928676917510398246758246373438052397350
8302806871873446064418762993203121704070483046129164263198208628507869517290189970014342896886
2624417807819162644171950445075766685632424567458175518591360435999585745988250355384667413
2820452537010805090235114840481953058880641604082355235129412814048454488103708569426260002
7163923010086037214242484291264957195698732190524275633949016224645462593474567030056728375
0846724982527983673495617708983651654782788942618610518327692085036036217800339152493371484
4455014157911625050689091071382758022446505098609868832767797118325793918716216767883562241
9886753868393157565897768652016394528273886744065178576600068949821735574807444325577506927
3637848180513357096270189715205890970811986200522767934991330405882845672035856647241058895045
5308752236461838439640259601125485287660886628483076360128700666722802670003614942302612541
6550458296169931638437058296750705322926910916119674936127372916312058636884790525095273515
4380622219327300289599240793907443857366909352949258689440107342217802437077152816124253190
8822717327154338237401474543621843332568029599407713014983323704510969965453202745335070217
7037070611381910516358803074747708198082653195105552403434618908040877285588710261912991092

9595088225181920585188744198634862518824566545078032953634810263484330308372418113655627830
1939101618351740322384509791468752162387714423922232245576364107974700125539832471226019053
0488666649333228486329053808683517096435404402568667911688444342169402517726916720054236587
9524586487291931941963983705910834659556545737455427472255638720491964846804561216346755557
8001839114580572029104091774619788296504861235552872697552000423820381832076425536409632080
9339245449675981523092151894730501978535100152995735305428112836484236594735959609595569801
6202753023959419953344682082649792360794218868041106024158741508575194580615688808343018540
1253781954596974142367787418706672158427522319352770701887762803032337402862660420730505237
8520354210425772442559140427008749076435428269386810716376693070307272374171754245852247735
7582702959966498541023115101387432370479915917879029944855016825586545153881254857425414604
2912012322855614889532717717240122627994410826869139972987438255681581112623872626104264240
9191467303139324078996737861432904142084411467415351674268973370321906902877060200884221903
2125165528911717385674777311366153734391751962707954921617093780054340457873789689579406580
4026092226706663974706474619148511446524438074152055212868620200671723263684717967231549150
3359492453428928874859317664269936209673407497745053070568431410133263287775921305762314700
8743784507626030587577497873242071406651361799495694560108192843193736732841798935189595420
3519702289347297697710497535864995673185046950987396628013953152473360674595746536734225096
5950109876696237341406068393503481983827182118684406017615765602547011395373572678345269455
9607917709449717272346947334367803872237757479168689555204136215380142825486737769528370384
1427934004400130568978355622798607136070596604468533433322470819960517276152201080667106523
7950190709749374182163352993865189170077889883476360923618805269060060640828079713434978942750
9592887202610785155541123973730460975923178834688072538351059080021866049024897911896725936
7552139647290685797350736757182169740366706989613457874506109712035014795653751641661531216
4732544167892775072459436281923825623362981037565328913282392322272506794170946913185669962
2676300847493329492377248202516805506663161990345780050296216095097127831349754974849708075
0146928617797205392087735573542634465404691750787836297830371222126344995376045870682546656
7329277539722860367819247326075875375036396055575551524704479046892790074174408099162153553203795515931682503917084115733894721483377058789369541534827316071703023202492909454665531205
5250126322531741427372940893582323130414035967091049257183835201953577511103030189373873667
2956883475900280466901502804156922062794107897682809626966101213748811955631196777980468124
9306478374053162747606283458668471645943824367753427608269557653234427605339971298708052089
9856144206593472215753513573135315096432568632699760118167688723309047847387826108830027187
6502608262925233194474909940416700264006555597136991814669791135677806574510572964711963826
4380689960233881135307214985853687086285871789268796297801608941639363012094163552302777342
9963015263435775125041351983411873620583345473118538074572684337206905220856255010506100937
9428561404741845592117933927270859725115288005694028053614114492402092462087948741836224854
4537016734793590201500699089471119500954771699606451569340980957608723061167985930544742494
5855927637542655079098507826227452414280564196195794701618141018859396702928840881750713269
4912645147924587138834722095701254537628711546135844710131132320149549094464014760003023763
2857171395365471490013558696330669258112640479200531728092117912870096788138937329594906873
9162309178222864353334059339679169024289327484446631559457485611320451783064649166224181324660
2957675091859029883332306551450236294043474054925561176422160938847117341895740719985035273
6698693386698517025739380660230279106280853525493531661945852938854013476198182979019270269
9755397627097213320775214288831363827940377954810436396846216952494822984432296896920853355
5308531740953971002744873252832757362479458012780445503610606455857803573626525255636064773
4905686383246005882645729967286706470688197188048995918209538769867241261058123133718832815
3873053240635171604883731863483194487855245340213105960543269787362789902736235815268667728
6484137632175406689989734882611860180029360022362615884959038938183847815021647310891383690
5373808683164369908798085930128373528762206005362275872876794657916805763581432409253055023
8865482949257251276097710430841424132714922301455502491538011651570107259919660889103344587
7802018420198687255798348589279411579165489841807965598165292440028600089283308995984612515
4134736412475537056580724960733728968639565510344975858300171880139293408159346577407491687
3140199038284277122623332446508878567398385935007695131185563168457388365551229294080306842
0362567245918113860635048015522616706356496428673234596566937992435872932911668849839364206
9797039019159319455970361259262706370837171360797222924483897365994926322185943095293445517
0540094592748703284351993881402670859152894963595076363807323470534623093244150957569185048
0891957173919165310002415714293566869097067553848502610840743406457426342832522110207103450
3745383407217192728609307970908786402740375603419620326095180233319446604704393480054063586
9102941831438198076626369229201519626745478890548730085334220881597403289253567824780457230
4485556638842993651785938154287147347054077625040798071086832571272096595247028093129849059
7903061967508059944217988506983161096380431857573493208970279214433939134282900983890292760
0998103497167534005535026657548513582069817189431736521873727203866524342059269683995858707
1658075362930491745821027533012670236222733052137092747575492754032246665363239284288788070
1811943447754439431574633737742190514462638401483845223060132636502788451471704790583180583
4894085694924994415155483863342377204069960193358031375344976028444995154109011381560664130
2329431053540356633498250090053413621495974752980282398461972836700621058461397781582746765

```
7982601784729657646395894187742496331695884228391191590565640228193496801758163840139429208
1420882045469029946376520599881978317544801271199655622131732442716080219316644607184506702
4516046120117976382723921134833943879896290584017968636094325530065062888973239251361632702
3907523959826534893994680658059487686462751410940649931153419873217299143125910097771886869
4557124444935828613812597646375511342798457376202343562568983122530420590214907099967416032
1546707538816502965863991553151342905513331653248308850347019549055674484101032187658995675
8394558238286883108141862835473194755252747115754025434480466177480387868598378715694913427 8
5308294728873541204319023209059529543286106613269760762669266113521144662527698412773408524 1
9138268582809550758375787518294419538166996475933805810974419704088768832525737438561825911
0897501964314793725720708094058960553970982858004455630785998611082978451980399882309416250
9868026351628228075608165070483489644168361836594632976919733266450443327026529644073326083
5948712972056368036299922692205555021936131309439292561689825893809531154348132895184916542
8725462863519781030237300349037991793076886122045326513181013816898791956784667866144331058
0143812599127914158876671702906759990712229281727452785443191763775186488544690552141829475
4607553734560608556346420396176670957528745494901204660351964636873577292974282347505496786
5445927360627608989246978241890713669103009266781913030559195116956931783197540796240338421
1046644652404581868693326096463530334711292131543695714422067237270190321612831636606835353
5914027988526095314744197670576401090753060472138657067665499726561399562590818508530304555
9284076141246522180996543530716318507488647893313715980401910580102425541713566189612060110
6976120338712176953627748147024046287959447965689291666561516291177369461849461776831663594
5285117164140087961096558671942116381654578935594374741659601910402650699653760891088490540
9088076624223624452531328521785687211710750728725802437027495835664624563513977205964778734
7672137096977874372222228544415051625814759001600103498734216428737941520917280874385287068
7452996758506346236156568380656846858665912883929939874919280450975993576219153034533964024
1628163756457337985969012829274187962762503806403057998223939350958921995278510291646380478
3293620919278040771504187300689178573817825793126532269564298480575057043385936993433934 56
0449623259372433043576671477116642620566716193777375770182049361597820655177596044557427140
1595850624208614320221027947003286440974985311949339722052560172438067839808063019803303871
4010823370202178023999196594847420810041624631399989387267812969837139653343697806394667 64
2860024152824873785639412927935383607707608300750085468836684968344738138000194809994639279
3972548092617557123230722879914729499627829318121179995311913936829142170803917108392039 9
6253246571242671148076218732388866302732632605102274855876858248299627378563037502052629488
3169608949012916313726348858049819248754553524887326239439367504501654768934020682145856556
6171050775119437380589413425696041313947581919706682302632423409024450540958834108768989805
8360019058008561994910332388450133139604194546882835906148062791702742550569836303868190408
0769860746508844236776170546226084543972221940355420265203310445526900704688277458214569663
6674469994288417347114807023479517943077836152757400116754238104978226516996793270179099132
5359692564131021203176759602636795510869259891936051529316116399937906052216218262573447363
3420263075057264252255255006962503721338053244844653771497170577712173855502140364109117838
9721417976354731764860997323702087657166232862736406666652522444884423704743212042701940529 32
5392038812456116783922607147800119571847504556116152503844822082691866745295001945479554742
6703119533884633675047534119243051728905583063906427300931789903397134393158405916100 85863
9382213820227170819247577821001503916384866601709081390913595334061901462690424095680526240
1070564777661840736519965983120159148619124791045328208490037696235790452049281474814484658
1726874291601112567800981177269122209070237851486611243714459198466857630947375120942433520
0446505329739125167083018255429713022606746609800526039196275579838950906924319004737564018
3607454934859101794475577162863150554887610286729181867586476644478659627827294039993209905
3354969138475743042203580266820050183524856515170342099431107260374750821643495885414321045
7355741980118294006516384590778313094730099299395418278180599773199552253765623522616 87988
0482847203149589062569689442427840761719747852121117086752944603670533555703336195269940643
5233081909574370804656078412350061934156495100497331738362040042273443789157896534958611591
9181358972444956070703223227828015791485580886632670092404234203139271646896301370562218550
3990346229467917697832970152412757358458013089759525863985502154636770509007033290797558326
5256973309925199423352342674324526287834348780393209901478697413172811254964459042777973691
2668770753379381052959792195600945196472452145664478112940888425973995022893156732048900359
5653148818181335248844869869480061253647427755000504204046210344255558808662144252379324645
8613086709152614396887816336773496951240900773916726414094124216456185364620858380521948089
8873774634285140004397923506702424670667069730792355322976556684570476290256322597831961833
3972491546952552514351434797307250589539350344143010372769330828701075552612212323794891532
4248501547845700977456836739576046245323167834271605995132533503844764618045298891008925761
4236456892093712162335777919010169852746507433133940386055838356051252991146475251049740083
9238188040952466569782190675007745127340413746948598902430384217737576080925883639849 42852
4916612397421340306639968399457315314592189561854297369416392912745866021491932560629083547
8894538705890991028776842634449092427581953822771544550755082820784883600938857504071 3380643
1446435106635772542001072151282148738012783255219477266669643519639951388097664532433272355
7684264153138097822980463213153774625235404290603580170561927446884847759849178086745549832
```

9658519534616200108125422426766724465919850037372467000945314183285138022443386726425015956
7592114147496245184912047206467560940593359887917979059001367488538645068696206561499083496
8225785681134556483957272889037685647348587027874709244378417015400337456982748232469221776
7073805998507558616687137871868309680967655837021661114077220785221064026826988873072896051
6843783520367402250033012942208799728073355203320849825187947636617429055283759128564164974
1372819365114332541321596654479750889663784405834138448245573385931223675087756917458077706
6637614313837033604334586746501571999949357092631498313539476010997460000053765814494573326
7458610633049321502973839393544273709938641506048171338107605825309439419878575323657233234
0479592495750580234655485576017407830040764894676825864095103880437439926955341506260955209
9668496362196097541990256689273001830398841155263548758410191862585651958949917543670137752
6296212355626089075981447245106345316843742039269634125122549425532446603922385414921802547
4882876575364066956656854499049481491528050382532855646720044252289431463574597056054132111
1347761834591435006804097516578939671178548516522920677835710752551395314528231222460774326
4857802147106967125824905495325200298011874329803856098208474987810516242573853621749468345
6079440138680427259737217799597613484926836925904945447285453485554767285509262696633351543
9531919992620902229011791650354053205354155732396286587788501001210509448364369355455656529877
0251042733731127036864327018539304622986390184984977908527046638100741060641993467683487921
4901823792623153577676004525398309488349953129731567381103576713809560026898810326066044317
6435502995330743512178353637422630730894118909833411963860551522024968443939425305314272823
8451977244601660403995835472791372579948769056309963892047062937605056521820542134579977355
4893538368033652820760812514894362469001742501483694891032497863941911460054023062161855699
0861024673154864609880202781073473737770491883439815296069606617171547709155804539147212137944
8863070275106259100795373999513948617449030229789218152339558821015764964020945919409001606
1165874111119807343351033819020401202992932403144329877164721941875892567634592321990922901
5723933728886071369406177616450934567152280499827475092783026359931981639916855626044956799
3519483203844703965009899853801126586133337947755213032889161978793372768447413283162153822
1350502232982479519855842530644062732756704048542157953717334438301365792271697658152542272
3190269172158356347906550143393222118454577433731865452718559410210622948825204347308783812
2229831687235778373373445155994823292332969578929447998242009493926642707394323274713200971
6034757074410728503079630390757270283805020959161755070005016627792429318124505238672399685
8519317795903884046755651332557582149431535179594987901759399540186995861620669715389333257
5600180920779578501271585250132437026798381532168315105880273745589398225165079655680674055
2933580416458692852316528925062441034507254751746696957664759912065568479831778838862444164664
9541919134116638313595094269840789705549465807294598318386546217752106311455510433633536617
7573050374063429208912775022362094183093820379420494301832564881514621747314953122724966519944
0332666946548174825341725229124749705114616160054281880540354198947234572559079014198518298
1481459902714051432660710262229634919481259342145337898724583097604861888669585130390729173
33920772256896909836520912793114821797475064465597613403875759224022396034735708491833781121499
8925829532335444378531833361017437217127075561619143805327266024494866847503438075251839224
5923957178302347141902235035038079411272774872895040023080470722455600012476207315992125045
7886191338649903391268514724339910608559436605624848676475330103366598577489631564641346528
1763741261581100817367012495447965411601224900939460349933099940239274943813504008029448999
1687939366761086755035469238657089414703946164778455893070118950360169684300781588665329135
6205568916972515781275439554162151952105300131336221871938145719744354678463679883187413333
0551292210015747304782227473543623380608200983366453685586892563315746920243151683123406729
7731417050798536830021146553627357812063386973246879064859587581672286764887437654650449048
3805651802297321117954065437944615042021563406645608062174908344929657888829537930350472660
8621682320154984933606588503695960666607613634125466771426576696938253333538296866778018555
4763758741375614974085168362938644445437282528212759657334188069780403863756243213593533382
7691436403187220519444882699899867804379050317265195333242884761680065162980299075023247883
4434240656782881288607696374064960256307156567675052037053083913616628392164184509828446743
0512284442398334641301530273921750420119266145727508281390376733635763925446052971601765375
7738989469139770671718421230296681287204971364532552889308640123305232226054081611387888925311
9487861723276315274802047699701084142223997929110102895691963294280332770835525258903514318
5882863193742926542221292762852600422545397998100595536678399989239291809150387773614009281
5308190786066474842382225957635285178492414744484368434252066821565966919769728805736670362
1563551249944361226689330580394804546277509788735672716123758257138391394108724319551951605
3376515555892535518269797147560668931735310531915212298359173023026753892741649314224393897
4431008744911962224480737158524947552758284137168733885684513971935717435137665104895239029
0170630927122646840669278348399886285959423967936456417355871840199018757254634606762070626
2789632220348053718363517946910877638519911078379366902264789614265281989949894409583646926
5144316565821247179207892033514059366782849401779896529798150547543580317758562255869061012
3023401093612955353576358432997463079288408167023366788970128145958847428199428749866143771
1859701046078611831222856749469131900448256430282620072487875253943979012522035179906701088
6444417333294270385047776295948438149909989126253488800224701126853866059437662227036508267
2212322235157255037650385409525310175758687338353111996936024166003965092807274380713754704

4844568868489196872123109819908730747953205414010395973619696752305244216405619005267427599397913726868627853543055179125750471576601849237182239348493919692953944998838019657266250365175749403311969597941171212576237138316511479626055791784402781881225538340896398270407890725743044303411791081090599505417122077373797475030368125820309958441194867999857940111713933242395262703619927063772417033978111333238271568277342014790547261654340193226714421801961053370502633374273190455187948713485249862668222211111389144557622104228983473903499812597781108090131864256708891036742980304913636514213249820339892382623311457754007631638251268666848503158411111411558864267907213460409221705074598247207024552431403520119565313924583310091425363495878979074393713659709552725556666007024202839100745946246631307454467511305993777512041192805564972915123491505532781022986430608405376440989174443107699871727600381516344286065218306921009179927941709319362942477458068173353359701759893286031485320156876979156521218967004030959172775708160301869459714079982443633328754319221407359969526268303856595845208956554977810132745394340864386526954140660420525015130837808664572997492569037617093002816162250318700303273714486051251640723900700882382390681147399580435559035124122182329827436677789038538586239181478158833525813789319130516472390159051500732925827462042891439266753495215494292409278561294142586937295146893142705444227000932416109334447817626188849164416925608135907757944738620601592404012063374998954252911634095244853142318247458686792135102696628751705210646078470497466615451881451510351673498157830888050629025247278491328835858571968770316330097553904904884566448974688882484225042274107690691547824158619851842195790909459139269455393497074170826012991361372933199089961244761127027704388927170172348861763196368502467208266987608481975265151178468397433083172604878540303329427864430609114897628797413020336753926893185945801618329179440100958324989058750645836641276952928598265770333006234582654955532316653230563737351219528492148963929423810595598227092759973032994737505687449872812934702606624477615834666170491626975719758724292911418797507487821715334199745268055732256003141704634220318975782077302373862469785041650979758445271645852204355139759287529508954652280662696943449901488020041811864203977422040427026695544603299092549594352025279648873458005434584684945297535391583792911305703761773663375795239771087393379547332118548790619268542240083953610368778991522104521065020030800518083477093161510544129726850899664228246448977642323194767560243809769463100168877605725679893692800865024874467608245459575013283810001229747305653999137661127606785834512958030384050253041663117398222113792207474393966300340704960764328821987339877333802859793609821535465591007243170971570609710596868869066479067951508101151970513635751636112075963738637573858499983786453057903044394301295041097437837274732158210702226767570396614186087744396909624777614298268125725518207382106291429179289825779700233074929888523533993193563942526806194864206708332451046817067040554212134187651641921977618886029589218724367391297929679217002604707954099869653829470682629475007992091780545010872131836710302140341239939886741014047291317644420908011091980352443211333653582852718284326236725037002411625948225597448808317606737015485628911866544655045630521377904505732818512019796654094302700497446325461212441128329366437940321984479276656109271707635594012205535902446730707378406810891604840226316131653788226130623476493228155229195223409251839601714955706253393019190674597189900775643585394537305708587673393775225561885790826265572607148136026843048094633781089487053325334693152865228148850150399380033663878973389341128843457735232319997625754387619478290608410492317086979272668565017717845357601444068717168669095280680343189335630427097277870650886333372970310015932022324797004101814946764613369688447909453611490174462989749323003758025319176955052416250065528426114373076226542082682213459467537033662184218165664434775720963001368851514596794720360121393994632611454144468275264866158675668160232339217047451257013486590616430860058855687920847833606246304195846417470830336606533005342062042836863188883242668616035175214007464026900758761089479463515084495961700050182770896682426327475529391344648268756009627622425072962721883787469558539680869873126892374812698135012870259485298709385372712995055630159371662858218865916052074038057260330451319721679291477186756305293557276882390292266219730580487311401175308133892170118618011733725143663530875657342089417048072193359887479736426861987941028542129529410436548061666466560953506812679860837723468522061587477450454408597241235728136293950248772132291814474603528240905004101773662698641702181670351818974670512042796054366627945217494148564864043237595905490601360969309168410629163679468923218912091274019517061803872122843070879607731137254413060541729899550548378827270466638641911377988697406327767999608103275565628709067701614858118516715255720673109259432660248555938871841243042256167746151083897288342422589148505084729051760618997775830070656525208474082088421733739107673981148807733322016588911410051585422388406367286567250897128850384529403162918837144537878661305400091705011115471854363558310332072119813348586311534236019202937183043526169084419550044814506589376871523847124158820705644135304874205156145120866680968865536473070145171155583996458356780034909490393274451441177991637963103382544506126729662982076892834738348275637617138396079392508938287519388908374248283953342256640130058887766579178359774040670750177108719391145784682542500121104011567813812956625725510917646036596778057996130862820011501251679248494760484988420373339395434686685902354575230954073815304116759191964033950082322121220319485821924434755293375301739351818146692053006768354983260897626736030117845855487527030732200353241223910296706664816719559254532213478249740250027027480599816837621411818338760834879258098138151

```
6616041464208075202053745495801305135529753878317955606609534527502899952843052599586314977
9903125995926852386759975764413602257604706511987193235226264910813019359159967624775420058
8332913608093323184530910326642695702736368861586841986355898696621612636942346269870652951
6460365908897763094369532892149718025971263107919863423433683379854278159243753610595231367
6705884251472686692596225562333882544491533895148078035316009623627236262932109383812134429
2596168977607129610965328581263856352840691870726909508719908487588059768061543438498330786
2237329950538595446528725800917384821639524761866919428440920203252858635973427365210841779
2406533769948709190400653628400265799102780858816942811241986780321267661190821206876943902
5689831855029507358136283325881329349787561199657064770323354601359330157371869985275952788
4015523130446664670070445701673747302944778425837971339579810234192743011416633563104720020
6230346672004347363362091860740637938741083779837265910226226628166836817461450888105867940
2091696237070267227078556702466996621523592324890655654114232165300123066831581370950117516 4
9747417707710478671144231270308259649702806523097265225953502609376032046418104012825702971
5290996630179728749671607818738643460436560312600913080199055913449698243059810448121422323
9198832330517487617761060380242248693360782698348799053187120193656571881137988285470003661
8033764616418080056211056665713544573803557216270206698706659611630266928133512859723422734
7404355045030184366157059758602591897297176293782075851521436630058441375435301528736386393
7555920249401991229614783120533902040215249571623751773920740481216320695616878374406751427
6611819357040926225442812572446747935669902240001616279356999773793622932889951096671881 47
2547244744233245083281611358850626177813475226377416689306796189069817385426207116834520208
6617225540215131520301426153635292417624887240193843284703145335685532116346032411910969004
9806616365370483004401011812918656108974698069557691913585155593833791589067981878573696873
3491665317029348327448262349678936713440726772268408403907850447337091690161948341749284476
8576605582389499762665707260959172810261123708822042404896741798176105971216524341898769732
5405183576390689675246430494598140399601983368186282170586073372014699356972850002318515413
5769994130028979845463872060925991656750042574557721385582160662381881843260855908648842305
7729024583754833271946592218906082255771930310244284508802380411824587454595405991187938986
6524346777606716241118610010104090734913030671369690732159434848129745453214650616171015870
7923782677675224366356639191960427312642890214401873475928547074256703449969176752335984781
3886556570589998331860123461503647593817115860385697047892499359044412797604188982091303483
3021495306782619690302406082509918409496241117147501936682547196684447339851530387850051106
9790200649735354559385757078833367688924611079346271444198027290305966709465426946680003655
7248250538537265700346455298437548560576643654846895919870325550908590937420980486241309926
7432372863561176180971636873658852587542928998684070667409131052333116913901759061177908405
5504104097301267508771676860043264047173173087489457953682806516682884188097638768775167 72
2540150700393369379883713582313675501585287524033755398687094783975615794630852599146212072
3856095229220102419422643655009643728162123659295649212034193108558048057925207056097073311
0036108725733655124436397417268775153220654225639339142498791922029992430401513532618304251 6
3982175998799403271770630652960196594660331660919322521397851742027560453282255800911070557
0160851977806571014316301211880912558064986030948049146676107720745502634506956158153283070
4419644626444019789530416738083329238465451537251333168403312563896589471100879881182953 23
6468004613394537670149121770428219428285050662218846305088040978357011532665491625524952638
5096275796794975771603492347359628017615562674390623303470044538119409528697550938580679702
6611456848448463089914943151524881780244169740998906039084394418502530473572469373056161853
7934068829460142540221142337313972408574494586237761932255185568911036463768407051600360614
0643570811847797770405995641200104601413000890788089377595295745047655039053183599146854554
0757025419445358817282302171840873401560659477066982172966386591321277165192516662912421600
2608240455641818282420715559304141284792123814859514483996567150576460271361040734548881707
2271800832968140120396622375240917625930501196457437538992864618902187410750169415517307487
9655579434122134018619457111141451434767911050873858437954322814623925103215251780610220029
8506117151152292468440623367092708922645324107817862349300203648615299307013684697050663695
8762130387191849673626286128773135307721316622088806901178452231994936532272443177479044080
5210124268282757760576852072110323533635517332228464585385579072592997658497868869011934 5292
7464227525558504878241741596277439272695086300373919723243280964233209858067469745511572367
0387955932445758453122600239564518634241370010986150265195096501276333828196736597643559400
0089837050721922683756253424579642152081415381403528342327457452821886539984540277441222545
2294226541450102462883885257064639199041273858637472377197018166150155930655258040244909298
2449535013277809532564263426263432798995168669229691978769462307638213428791853401663826586
1389810556650674010634208285394781800204536422696790163479917796814269701962431418370171332
3920820696391145686534357517893702466426959525960065432609160427090327733412487937622089785
4569431847419434510620397466555147205617061019461222686681596904838394290430992831677354144
4293722192576392177792342237733971484881819101699820182786211318128453632639843862156550967
7653198854178318558674158239004305345117073737286728018823354578530695996778806741796430097
9384132540544812380831903058654085153227854231354283742353758721688236322055070652706495251
3569636752121046320641843223935637795209989654547200169683510743077019398841978707094769498
7486420085547074572670602171274095669266543143833776902401314278999775677872417957135722306
```

0632305238563514763132557264467597733776986284175094033938121692142673563864623543402066943
0635075139402744288976582370030756493010657345186982126947578850411919613610460934316440741
5337439577243588525650231378094754319577305451878520720986386116227304334532958754748551273
3832797221918503504787189788424928710689618210899417158677612083801516188865145400128585971
6463013644965160551493822792834449083767432819892114291043106111086869216552792079820164932
9374581342150765511878489276738254879351178323516112085517841083762117528150078518547781860
7679428641484323323319109726685003293412891404585820443155761077878576257742383848993157237
3959838110607812467786358556899652736884524094252870459643592076057934668432414532559635624
8748821179120818397034784641754929142224861988169835836819129231902407171295700076874633450[?]
8546053618974136529114874878826670127663175041210072031578108892437664036773091175530904092
8171196136210539234138733422593767876852625713512243413482449243786331885276827537431049035
4455242143571369313856402904000656993625368177991878558718447307705825297435057486641270846
5442603847274453318352984893683898897808289018623074484047084490852849403039434295546385274
0854759015268816000374772522811781161157423713981950740674175343184146350544342438357451924
8611580880039606683439401908987378192440400219832284520765154792113692550747874165836602422
1854621946430775152186135581519887540463551761409590543738570052501358093904859672162021606
9844161569078771684068127414376614091118139631085599151661481079544515324959921366825499632
7123735625684147454143123120604881956549350282357979943767775183566590069020417993369091721
8241049062313271244249416014285160962807790636038335841419927091542276842581774992219930572
5803259512377120129944248470122796867944473418067925826579349589147678883789154409326316561
7006089847310932561056198803086054865208774564545247485353154050111681242847495790437215941
5539436702907125778653689754228949640116185024437131408434630354358064772127114350431362548
4386609243615500319651085500509071583370415025568891024584004181933520252124498457167679255
6822180232663962315709645890796869994137343262118149547389785624882172010558278984533333131
6548489450888785675190404459592653195215811924489811352902213455038356598271936949317656578
1867600470073169181645503419476677438018159033309930256659566680601025092653011515016062241
6861638971930902143214170400219145772685840786520972216809806340340974308690729882230975195
1983100298612670489081778827687757961178330223290184600190716087476842315224050774360779330
6997142082661884079404692580632742472750415657425467147233099626039572865385905528880059112
2257746897621928238904065552137197494522321276833845155145768466112776688207883475885860064
8865735763165275569994119108346614456186706812749463392864273661511558891224086859707892700[?]
5033942198758365359734300410695592267610355330599310591763127935116297140796065012532936194
0136650630794157005021118804358149453379132085873254843046365963575445347023689576407547704
4155714931768679302027775311988218483730191178628930694011158935995127482991205306812955192[?]
8249382721477955410129443773451756425117165262161669991858356468746493579240977245513328023
6293667570990769785251422664119119358543450137409607937600508655283422806572647802204206130
7951699639533247616622891546684694096914515252563415426976270965428923669684031925350949061
7384509020297243180912312701825519538346002937882176207767661470179105698709532770660030841
1618105920658748656005148395218482499254325485613250858519743641707255380319640692807156322
1322173345451876615575526390318339396568420029460701119129003740322343976701062591895494110
8166177756219216231211370903139719951093000601030071533334529015978893587985958847841800525
3796008798347110926578754895419075386106622018995978954059343787394706384236767750218336928
8728660527834544522024058057113629600759746651977711112630969469503423846510531433667095110[?]
6068629058782907882208713346420036439036633298098850085133781496316618857710806631255804432
4207698647512216582361620834681484140831525275396050627066696526301902593848744034126606357
4737719247252151652293940669552453422481299918326565944237591205598820047286420420670742228
7275907409713982157237963214549916729673080286486448406832219033684902698992971020092041186
5787025178591835750552703347688775638585462739607509976147400572192898182966726201203114582
6081585538269225101382561102542944306796243640089978100544006780213427670764254992593671010
0228467486622594117529405166755581862694175059399711153767539966509833016157369709227005573[?]
9695955649272385182575875534178887526397885559646244749232640748216285423380363359493748991
5268060167544219788350902373105768750328191826590521253318494318306100702202678580520715630
2432419555393856571133062252246234147971144793257899373626522022284579923034601177104157440
9412468197295002911413986761550352599819480735239154528581118222981815649447927563553322350
6290496237602188857729408189351450563943338935339776554563408665552826581360008164633345254
4948450595556670516310770887250520662602256057362921445167472113886016916293005420512420641
5555272401945587359509752625533729093899907528808524234255268789623261274535575780817153091
0245963535394814762771969164198426111827588625890580436615487562068163743408004760016441981[?]
4380293734146828677717616041428541260642564158093743961591292427136313673177612445899338591
7773061133298846655245748283492523119458706998912381600083802270265985625763339190336729401
0012642906996683842381794361274698665931896190453222232936031663296014943687182809327430491
5238932256255191114730075314812880720642684222698113618552015447980876010728760945026924945
4061487952597780986360069669101377814123490020686919838926415376722551768749515204014883031
2041130202278064596458948058713779967688734939187037982143916720645908696519872256916985099
9031020309665736330187721579107878142644572561741158418587769963563529157661151716117556191
2146377213801136522636271278503521453330658424042719346570805618056428626998831932727372468

5080806372534586774314356471343299136108458711456701768060241563987452403858336379398356339
3494459503071442769421392165933515161002806826001862171080275899091634546246022698586717454
2310977297306019504557502121786672926863366512580710505001747213369207269807192779063301291
9033429182201301171302068612463736153617639480556112267903595998345820736803032156050836640
1669154640260872605066519849075749621296331192046086424701059966275204067990852111188739395
2622217171839456743584366250259407567787455206883177021018226392892933199461895562143339398
7537774182334907763855993540087193532155781063434926469216680197306958779347172225448079118
1111963926392764800123517725719274788305783971136690606455254331919032228919360954971843249
1009045406627292385027405633838548590188268149435843645843980262611116171765842816097957652
5067876117951163239962635170032619534150929750055340488664096583519165979491935086348821926
5981448436924375455651122041980552682307533247690884727787435452359272108804052625835368
6891993198446098971608446742636735916800552847863406269127172173171756061677171463475561619
8078843903113584777164260510474745766361438320854993672197457399797866522775035398061891408
8883859093213743752720336230257877956104792856386085130915778464960008736333920310489778160
9199045483721157693261472210169373395677086569137611086915327835405568948605071082295422480
9180558080958528406673528714803865380214664675714389654758086043451295539355130958693211080
6299311106058399394249657601065749524026444946365524442407305990365284908966648040467945517680
0568902763171719187687277257489033656717785638232165305692129115050326412815732707501138355
1978930940891074880342610908827414137119409123094371678696136360724776571046234861504060685
4704645771878916603821401434750973053691031108440796955045623775381198275521595213650187756
3397073543958012047196601951288251054503317305162163410905181922605255463122643553225929574
7572882001626270802360424445903581361990459604491675403755372720618198899951477716149327600
7979993540532317930374352758499542681718721374730002593356153619211112926163891621846956695
6203356497059650933237168855187842033304180750306650556062517416050526233166409192522382588
7095521890288129575052171165597917130825340460843307974654768816669196814476897328483917920
1776776427103215174524479507358807632890541673160318119261024170038177565961182565415251809
6798760261634301727837032796173292508134704765485765605901072673521385459827689298733297580
3299446853656599192720272312841968966632593594772667223500113719502646432664312264355322598520
5224095218223592003147069826977926672250423655929192492054350354442390940880576201050465300
9269773134941085727997638011304927973986558419898876583320159334396104687507963520178472987
3173044084272669658406096180546546563193025050149598884019250855963188092332801473038791291
9579582510129204377653347410891807580724712724027616662968626222223166070448752292147150714
6159607733512382721669154552729130788761367040033447710520770059428997271177365919242991321
2080970648963125588439119442642483455502072746152267209925644565283467989949066603417416847
6155773134407346980037980421412267132037246532107321735737604919320627556467665460391302868
9978015277912027247510532924595527398642066245295718008680915733555397019651293100483231470
4135049429359651182657240498204431397567031470537098506131461559915459679080382063327112705
3976438946130683352466915676444805847905318562649578393545468362970975088640725578236692990
6508127064320767425390436885713810940745855659674181134810267297801287659770581626728457561
5932812660645753286938567541694373351718691544942980395328095625329671764742784192171054963
8534142832198621486189526791483040045423024372446249427695881885130478794805150924022184727
2687432602896204859856831807437521486290992133913992180695380744363471106230210202399080166
4283121979039310889902868127744913987781601236963493538379048337388616497398864240856403880
6001217356037125663028241932844139371526035502553650068469137995125330157088169317619805957
6609611328145362486381437470813760997339279340713871021835604437946559576321085972638056113
1738627799618662828106580006360605669651605002754632000642838339900470686106215897801359187
0802388375768955791117132702187191386124460928250946621788009123566467142528458131688323343
8617026345453106357326861714173268252109927195832490783232192898048512298230337937859269722
6931958950333541260677636845192027990112943513290085258960490613481768461244818586345267324
9441239503370242895528566745576377654831303915449072417446990333489630103269608512640536887
8222121462152194238250907818894026435367515689104488568329212836025815748009984583205487653
0840824256135089359722960318588385803835818566441215386708767601248310104630844744321880140
4790933674746884478564148174459091245398103230088592063710156358756516430959611273964015861
7697813140879507371428831776043668981962641347500697194056519504550516774239794019689986252
7890085237445807328867069741773963572545060985423456789852042507322860709420263948418286692
5660616654440720457756839393231226540781247831666880180301842250452005355186868485055845308
5253849754261205794305353308074775082649608852944557278500344139558937933505118403022529870
6162915059642259996005856485572336531798691366969944278665789125256846260414798110865685571
7390721330789331085259033333117185772870349262790271567329168662716674908199318258316683280
2850015757078016119316922193151475493775515980465409283999109493742010371705608605881785440
9005704104136040435137642468998152680609255401123465329504349180537477356166667104692983095
6789203164820639317392212484055120347806321113168133722406321645541558823786409194273808850
2838312366549744300558099898299574258432353764298631465630552835604770907574732826367704
3963097923465629794934456641396085146437130393213677421247090445272154068792154263064259702
6029201899465529811514261260490076386714173023572727683904155972345066666938664605882920124
7114417788317822348215338918760583632761818194332276955531125819048475174629056200134689964

0716198232054347184611020511315550930226825107491990149608178562605108859036584745150376384
9151340003295163991062192405572830081035217619796168322139816924083576395562116571261121929
0508716325525855864961663825419359148218187619592329205699550637645818268557522115278701180
2994335467415362762077497854054133303136335423682410108464763749063885279841490076464697648
5400947963589549754614481376369705916356998368119875250547930693532075707667801484477014247
1624190816682249007420711186488154772891718653596776539579933503342728214605416964960098470
6979585592643042870363664713071314782330611576419913222420646099898830762685836055527409904
7846761076042417842150628517557352999647862552954283674298706645794337580101407402116186144
8432976574426342852870477855630830963143527878304194501970294657577732816746858087453931 60
3937253315899280579434631408735860861778826334927746151184911655130681846713677348823341085
1364039479392088768863363394613823583447940815696109142938773471389342377361910964605642444
7477908207604966027135616895410644483213659808293890972961891211834291490616389638610693752
0895346883983344467189821243478072387407457697554507436846747135024858818399665568196344528
8119418331726368250506118649003941255205745712036035578025141904352671837219213848299058032
2469584243231589844325103965443535053543229216747040778614684859762557446153511880031430569
9549278471674544972697612839332518381972223283607075227812928130106569412629487306342688373
3818174217060864754827639424239140275321804295190341163517046980742335155605785756245099925
3201787499636640473477038985587306507603870997731843128109897898820854359550943253902371 89
5216820233442455725753078792633985509016455942373396625223351648750589556942172972448959988
2508923211203479589415465460303787861759157166139886932687374968473054965329378214756481057
9380828530053244708050656929422340010959348294614539078890661626402150130735330033192074563
7263770770999399922886212243248802062634850888530360107234368901360642758142528398785949179
9796112196379757651924521867096088092137111977500087815930430729344883930957574159241375285
9777972918934538505080383198677459002518657917237080857416429715380788406071306868036198241
9715774763895072534684045691927595319372237022290155800656076047385473599044779967487499697
6942713766869553319512533776409858709668386326392616494560868414037456842071940595070174303
5469182150900466493998551741389385197573121568261622862231881096729747606013028331193716114
0874727067625585677751199566674861519649129701933180849941096181392964927893609021253544332
7375064260624299412032736255824417498345094730945343661590728416319368307571979806823153573
7155571816122156787936425013887117023275555779302266785803199930810830576307652332050740013
9390958079016377176292592837648747901772741256781905555621805048767469911408399779193765423
2062337471732470336976335792589151526031561403332127284919441843715069655208754245059895678
79613033116462839963464604220901061057 79458151

www.ingramcontent.com/pod-product-compliance
Lightning Source LLC
Chambersburg PA
CBHW071053240526
45471CB00015B/1802